食品生产加工环节培训系列丛书
质量检验部分

饮料产品质量检验

陈洪波　主编

中国质检出版社
中国标准出版社
北　京

图书在版编目（CIP）数据

饮料产品质量检验/陈洪波主编. —北京：中国质检出版社，2018.5

食品生产加工环节培训系列丛书

ISBN 978 - 7 - 5026 - 4167 - 2

Ⅰ．①饮…　Ⅱ．①陈…　Ⅲ．①饮料—食品检验—教材　Ⅳ．①TS272.7

中国版本图书馆 CIP 数据核字（2015）第 123543 号

内 容 提 要

　　本书围绕饮料产品企业质量控制需求，按照各类饮料产品标准、《食品安全国家标准　食品生产通用卫生规范》（GB 14881—2013）和《饮料通则》（GB/T 10789—2015）中具体饮料产品类别确定质量检验内容，并编写检验方法。全书内容共七章，主要为：饮料企业实验室检验项目和检验方法标准、企业实验室规格和布局的确定、企业检验人员资质、岗位职责和规章制度、企业实验室检验设备及器皿的采购、量值溯源及安装、企业实验室检验试剂及用水的采购及溶液配制、检验样品的抽取及留样、饮料产品检验项目及检验方法。本书涵盖了饮料企业常用原辅料、常用包装材料、饮料成品出厂检验等检验项目及方法的描述，并对饮料企业实验室的布局、环境设施、规章制度和人员等提出了要求，对饮料检验中常用仪器设备及器皿的配备和操作方法进行了介绍。

　　本书主要用于饮料食品企业质量控制，也可用于高校食品类专业综合实验指导及相关食品类检测实验室的指导。

中国质检出版社
中国标准出版社　出版发行

北京市朝阳区和平里西街甲 2 号（100029）

北京市西城区三里河北街 16 号（100045）

网址：www.spc.net.cn

总编室：（010）68533533　发行中心：（010）51780238

读者服务部：（010）68523946

中国标准出版社秦皇岛印刷厂印刷

各地新华书店经销

*

开本 787×1092　1/16　印张 16.5　字数 364 千字

2018 年 5 月第一版　　2018 年 5 月第一次印刷

*

定价：49.00 元

审定委员会

本书编委会

主　　编　陈洪波

副 主 编　李秀娣　　沈　坚

编　　委　郑小乐　　杜晓婷　　戴绚丽　　袁　伟

　　　　　姜宏毅　　张爱芝　　张少华　　徐　梦

　　　　　励　丹　　周　玲

Sequence
序

　　食品生产加工是整个食品产业链的重要部分，也是保障食品供应的质量和安全的重要环节。为此，国务院食品安全委员会办公室发布了《食品安全宣传教育工作纲要（2011—2015年)》，2015年10月，新修订的《中华人民共和国食品安全法》正式实施，对食品生产加工的要求提到了前所未有的高度。

　　早在2012年5月，国家质检总局就发布了《关于进一步做好食品生产加工环节监管人员和从业人员培训工作的指导意见》，要求各级质量技术监督部门要紧紧围绕《食品安全宣传教育工作纲要》精神，以健全食品生产加工环节安全管理工作质量为动力，统筹部署监管人员和从业人员的培训工作；以创新培训机制为抓手，形成领导重视、全员参与的培训环境；以科学监管、依法行政理念为核心，不断推动食品生产加工环节安全管理工作有序开展。要求建立健全食品生产加工环节监管人员和从业人员职业培训制度，构筑多元的职业培训体系，推进法律法规、安全标准、工艺技术、诚信经营的多元职业培训，基本实现每人每年接受不少于40小时的食品安全培训，有效提高质监系统依法行政和科学监管的能力，努力提高食品生产企业从业人员的法制观念、主体责任意识和诚信意识，使食品生产加工环节监管人员和从业人员培训工作普及化、规范化、长效化。

本套丛书以我国法律法规、国家最新标准为依据，尊重科学的培训理念与方法，采用通俗易懂的语言、深入浅出的介绍，以方便实用的方法及技巧，传播食品安全监管的理念，普及食品安全知识。每个系列图书根据读者对象的不同，采取不同知识层次和知识结构编排，针对食品监管人员的培训图书，包括法律法规体系、食品生产基本知识、食品工艺、食品检验、食品行政执法等知识；针对审查人员的培训用书，包括许可证制度、行政许可与监管、现场审查与抽样调查、法律法规与标准规范等知识；针对食品从业人员的培训图书，包括食品法律法规、食品中的危害因子、食物中毒、食品原料卫生、食品卫生管理等方面的基本知识。

食品安全体系的不断完善与发展需要来自全社会各个环节的协同配合，尤其是为企业和科研单位培养专业人才的培训工作，对食品安全的保障起到了决定性的作用。这套丛书满足了我国食品监管人员、食品审查人员和食品企业从业人员对食品安全法律法规、国家标准、工艺技术和质量安全控制等方面的迫切需要，对提高国家在食品安全方面的监管能力起到积极的作用。

中国工程院院士

2018 年 3 月

Preface
前言

　　为提高饮料生产企业质量检验水平，促进产品质量的提高，中国质检出版社在组织编撰《食品生产加工环节培训系列丛书》（以下简称系列丛书）的过程中，委托浙江省质量检测科学研究院杭州市标准化研究院、宁波市食品检验检测研究院共同编写了《饮料产品质量检验》一书。本书按照《食品安全国家标准　食品生产通用卫生规范》（GB 14881—2013）中对质量检验的要求和系列丛书之《饮料产品生产卫生规范实施细则》（以下简称《实施细则》）中具体饮料食品类别确定质量检验内容。对《实施细则》确定的检验项目给出检验方法并按 GB 14881 的要求给出实验室规模和布局以及对检验人员的要求和规章制度，然后，锁定确定的检验项目，按通常的检验方法标准格式和顺序进行编写。

　　本书是一部用于指导饮料生产加工企业如何进行原辅料质量把关和成品质量控制的检验用书，具有很强的指导性、知识性和操作性，是用于饮料加工企业质量管理和检验人员学习的一套实用教材，该套教材的出版，将对进一步深化和完善食品质量安全工作发挥积极的推动作用。

编者

2018 年 3 月

Contents
目录

第一章 饮料企业实验室检验项目 和检验方法标准

第一节 成品出厂检验项目和检验方法标准

一、碳酸饮料（汽水）

碳酸饮料（汽水）产品是指在一定条件下充入二氧化碳气的饮料，不包括由发酵法自身产生二氧化碳气的饮料。碳酸饮料（汽水）中二氧化碳气的含量（20℃时体积倍数）应符合相关规定。

（一）产品分类及依据质量标准

依据 GB/T 10792—2008《碳酸饮料（汽水）》，碳酸饮料（汽水）分为果汁型碳酸饮料、果味型碳酸饮料、可乐型碳酸饮料和其他型碳酸饮料四种。

表 1-1-1 常见碳酸饮料（汽水）产品及依据质量标准

产品名称	定 义	依据质量标准	标签注意事项
果汁型碳酸饮料	含有一定量果汁的碳酸饮料，如橘汁汽水、橙汁汽水、菠萝汁汽水或混合果汁汽水等	GB/T 10792—2008 产品明示执行标准 GB 2759.2—2003	果汁型碳酸饮料应标明果汁含量，可溶性固形物含量低于 5％的产品可声称为"低糖"
可乐型碳酸饮料	以可乐香精或类似可乐果香型的香精为主要香气成分的碳酸饮料	GB/T 10792—2008 产品明示执行标准 GB 2759.2—2003	——
果味型碳酸饮料	以果味香精为主要香气成分，含有少量果汁或不含果汁的碳酸饮料，如橘子味汽水、柠檬味汽水等	GB/T 10792—2008 产品明示执行标准 GB 2759.2—2003	——
其他型碳酸饮料	除上述三类以外的碳酸饮料，如苏打水、盐汽水、姜汁汽水、沙士汽水等	GB/T 10792—2008 产品明示执行标准 GB 2759.2—2003	——

（二）出厂检验项目和检验方法

表 1-1-2　碳酸饮料（汽水）产品出厂检验项目和检验方法

项　目	主要检验设备	检验方法
感　官	—	GB/T 10792—2008、产品明示执行标准相关条款
净含量	计量容器或天平	JJF 1070
可溶性固形物	阿贝折光计	GB/T 12143
二氧化碳气容量	二氧化碳测定装置	GB/T 10792
总　酸	酸碱滴定装置	GB/T 12456
菌落总数	无菌室或超净工作台；灭菌锅；微生物培养箱；生物显微镜	GB 4789.2
大肠菌群		GB 4789.3

二、果蔬汁类及其饮料

是指用水果和（或）蔬菜（包括可食的根、茎，叶、花、果实）等为原料，经加工或发酵制成的液体饮料。

（一）产品分类及依据标准

依据 GB 10789—2015《饮料通则》，果蔬汁类及其饮料包括果蔬汁（浆）、浓缩果蔬汁（浆）、果汁饮料、蔬菜汁饮料、果汁饮料浓浆和蔬菜汁饮料浓浆、复合果蔬汁（浆）、复合果蔬汁饮料、果肉饮料、发酵型果蔬汁饮料、水果饮料和其他果蔬汁饮料。

表 1-1-3　常见饮料产品及依据质量标准

产品名称	定　义	依据质量标准	标签注意事项
果蔬汁（浆）	以水果或蔬菜为原料，采用物理方法（机械方法、水浸提等）制成的可发酵但未发酵的汁液、浆液制品；或在浓缩果蔬汁（浆）中加入其加工过程中除去的等量水分复原制成的汁液、浆液制品，如原榨果汁（非复原果汁）、果汁（复原果汁）、蔬菜汁、果浆/蔬菜浆、复合果蔬汁（浆）等	GB/T 31121—2014 执行、产品明示执行标准	预包装产品标签除应符合 GB 7718、GB28050 的有关规定外，还应符合：　a) 加糖（包括食糖和淀粉糖）的果蔬汁（浆）产品，应在产品名称〔如××果汁（浆）〕的邻近部位清晰地标明"加糖"字样。　b) 果蔬汁（浆）类饮料产品，应显著标明（原）果汁（浆）总含量或（原）蔬菜汁（浆）总含量，标示位置应在"营养成分表"
浓缩果蔬汁（浆）	以水果或蔬菜为原料，从采用物理方法榨取的果汁（浆）或蔬菜汁（浆）中除去一定量的水分制成的，加入其加工过程中除去的等量水分复原后具有果汁（浆）或蔬菜汁（浆）应有特征的制品。含有不少于两种浓缩果汁（浆），	GB/T 31121—2014 执行、产品明示执行标准	

表 1 - 1 - 3 （续）

产品名称	定 义	依据质量标准	标签注意事项
浓缩果蔬汁（浆）	或浓缩蔬菜汁（浆），或浓缩果汁（浆）和浓缩蔬菜汁（浆）的制品为浓缩复合果蔬汁（浆）	GB/T 31121—2014 执行、产品明示执行标准	附近位置或与产品名称在包装物或容器的同一展示版面。 c）果蔬汁（浆）的标示规定：只有符合"声称100％"要求的产品才可以在标签的任意部位标示"100％"，否则只能在"营养成分表"附近位置标示"果蔬汁含量：100％"。 d）若产品中添加了纤维、囊胞、果粒、蔬菜粒等，应将所含（原）果蔬汁（浆）及添加物的总含量合并标示，并在后面以括号形式标示其中添加物（纤维、囊胞、果粒、蔬菜粒等）的添加量。
果蔬汁（浆）类饮料	以果蔬汁（浆）、浓缩果蔬汁（浆）为原料，添加或不添加其他食品原辅料和（或）食品添加剂，经加工制成的制品，如果蔬汁饮料、果肉（浆）饮料、复合果蔬汁饮料、果蔬汁饮料浓浆、发酵果蔬汁饮料、水果饮料等	GB/T 31121—2014 执行、产品明示执行标准	

（二）出厂检验项目及检验方法标准

表 1 - 1 - 4　果蔬汁类及其饮料产品出厂检验项目和检验方法

项　目	主要检验设备	检验方法	备　注
感　官	—	产品明示执行标准相关条款	—
净含量	计量容器或天平	JJF 1070	—
菌落总数	无菌室或超净工作台； 灭菌锅； 微生物培养箱； 生物显微镜	GB 4789.2	适用于非罐头加工工艺生产的罐装果蔬汁饮料
大肠菌群		GB 4789.3	
商业无菌		GB 4789.26	适用于罐头加工工艺生产的罐装果蔬汁饮料

三、蛋白饮料

以乳或乳制品、或其他动物来源的可食用蛋白，或含有一定蛋白质的植物果实、种子或种仁等为原料，添加或不添加其他食品原辅料和（或）食品添加剂，经加工或发酵制成的液体饮料。

（一）产品分类及依据标准

依据 GB 10789—2015《饮料通则》，蛋白饮料类产品包括含乳饮料、植物蛋白饮料和复合蛋白饮料等。

表1—1—5 常见蛋白饮料类产品及依据质量标准

产品名称		定 义	依据质量标准	标签注意事项
含乳饮料	配制型含乳饮料	以乳或乳制品为原料,加入水以及糖和(或)甜味剂、酸味剂、果汁、茶、咖啡、植物提取液等的一种或几种调制而成的饮料	GB/T 21732—2008 含乳饮料、GB 11673—2003 含乳饮料卫生标准	产品标签应符合 GB 7718 和 GB 13432 和相关法规的规定,应标明蛋白质含量。发酵型含乳饮料及乳酸菌饮料产品标签应标示杀菌(非活菌)型、或杀菌(活菌)型。未杀菌(活菌)型含乳饮料及未杀菌(活菌)型乳酸菌饮料产品应标明含乳酸菌活菌数;应标示产品运输、贮存的温度
	发酵型含乳饮料	以乳或乳制品为原料,经乳酸菌等有益菌培养发酵制得的乳液中加入水,以及糖和(或)甜味剂、酸味剂、果汁、茶、咖啡、植物提取液等的一种或几种调制而成的饮料。根据其是否经过杀菌处理而区分为杀菌(非活菌)型和未杀菌(活菌)型	GB/T 21732—2008 含乳饮料、GB 11673—2003 含乳饮料卫生标准	
	乳酸菌饮料	以乳或乳制品为原料,经乳酸菌发酵制得的乳液中加入水以及糖和(或)甜味剂、酸味剂、果汁、茶、咖啡、植物提取液等的一种或几种调制而成的饮料,根据其是否经过杀菌处理而区分为杀菌(非活菌)型和未杀菌(活菌)型	GB/T 21732—2008 含乳饮料、GB 16321—2003 乳酸菌饮料卫生标准	
植物蛋白饮料		以一种或多种含有一定蛋白质的植物果实、种子或种仁等为原料,添加或不添加其他食品原辅料和(或)食品添加剂,经加工或发酵制成的制品,如豆奶(乳)饮料、豆浆、豆奶(乳)、杏仁露(乳)、椰子汁(乳)、核桃露(乳)等。以两种或两种以上含有一定蛋白质的植物果实、种子、种仁等为原料,添加或不添加其他食品原辅料和(或)食品添加剂,经加工或发酵制成的制品也可称为复合植物蛋白饮料,如花生核桃、核桃花生、花生杏仁、核桃杏仁等的复合植物蛋白饮料	GB 16322—2003 植物蛋白饮料卫生标准(含第1号修改单)、NY/T 433—2000 绿色食品 植物蛋白饮料、QB/T 2301—1997 植物蛋白饮料 核桃乳、QB/T 2438—2006 植物蛋白饮料 椰子汁及复原椰子汁饮料、QB/T 2439—1999 植物蛋白饮料 花生乳(露)、QB/T 2300—2006 植物蛋白饮料 椰子汁及复原椰子汁饮料、QB/T 2132 植物饮料、SB/T 10506 早餐工程食品 植物蛋白饮料	产品的标签除应符合 GB 7718 的规定外,还应注标蛋白质含量。椰子汁或复原椰子汁产品配料表中应标明新鲜椰子果肉或椰子果肉制品如椰子果浆、椰子果粉等。若以椰子果肉经加工制得的产品为复原椰子汁。核桃乳产品应标注产品的级别和类型及蛋白质含量。添加甜味剂的应标明甜味剂的名称。花生乳、早餐工程食品还应标明可溶性固形物含量
复合蛋白饮料		以乳或乳制品、和一种或多种含有一定蛋白质的植物果实、种子或种仁等为原料,添加或不添加其他食品原辅料和(或)食品添加剂,经加工或发酵制成的制品	QB/T 4222—2011 复合蛋白饮料	除应符合 GB 7718、GB 13132 以及国家相关标准和法规外,还应符合下列规定: ①应标明植物蛋白质贡献率。示例:如产品命名为"核桃牛奶复合蛋白饮料",应在标签上标示"核桃蛋白贡献率××%"; ②发酵制成的产品标签应标示杀菌(非活菌)型、或杀菌(活菌)型。 ③未杀菌(活菌)型产品还应标明乳酸菌活菌数;同时标示产品运输、贮存温度

(二) 出厂检验项目及检验方法标准

表 1-1-6 蛋白饮料类产品出厂检验项目和检验方法

项 目	主要检验设备	检验方法	备 注
感 官	—	GB/T 21732、QB/T 2301、QB/T 2438、QB/T 2439、QB/T 2300、QB/T 2132、QB/T 4222 和产品明示执行标准	—
净含量	计量容器或分析天平	JJF 1070	—
蛋白质	凯氏定氮装置	GB 5009.5	—
可溶性固形物	阿贝折光仪或糖度计	GB/T 12143	执行标准中有此项要求的需要检验
pH	酸度计	GB/T 10786	执行标准中有此项要求的需要检验
菌落总数	无菌室或超净工作台、灭菌锅、微生物培养箱、生物显微镜	GB 4789.2	非活菌型产品
大肠菌群		GB 4789.3	—
商业无菌		GB 4789.26	罐装产品
乳酸菌数		GB 4789.35	活菌型产品
氰化物	分光光度计	GB/T 5009.36、GB/T 5009.48	杏仁露产品
脲酶活性	容量瓶、比色管	GB/T 5009.183、GB/T 5009.186	乳酸菌饮料、以大豆为原料的饮料及执行标准中有此项目的需检验

四、包装饮用水

包装饮用水类是指密封于容器中可直接饮用的水。

(一) 产品分类及依据标准

依据 GB 10789—2015《饮料通则》，包装饮用水可分为饮用天然矿泉水、饮用纯净水、其他饮用水（饮用天然泉水、饮用天然水和其他饮用水）。

表 1-1-7　常见包装饮用水类产品及依据质量标准

产品名称		定　义	依据质量标准	标签注意事项
饮用天然矿泉水		采用从地下深处自然涌出或经钻井采集的，含有一定的矿物质、微量元素或其他成分，在一定区域内未受污染并采取预防措施避免污染的水，在通常情况下，其化学成分、流量、水温等动态指标在天然周期波动范围内相对稳定	GB 8537—2008	除应符合 GB 7718 有关规定外，还应符合下列要求：①标示天然矿泉水水源点名称；②标示产品达标的界限指标、溶解性总固体含量以及主要阳离子（K^+、Na^+、Ca^{2+}、Mg^{2+}）的含量范围；③当氟含量大于 1.0mg/L 时，应标注"含氟"字样；④标示产品类型，可直接用定语形式加在产品名称之前，如："含气天然矿泉水"；或者标示产品名称"天然矿泉水"，在下面标注其产品类型：含气型或充气型；对于"无气"和"脱气"型天然矿泉水可免于标示产品类型
饮用纯净水		以直接来源于地表、地下或公共供水系统的水为水源，经适当的水净化加工方法制成的制品	GB 17323—1998	采用蒸馏法加工的产品方可用："蒸馏水"名称；其他方法加工的产品不得使用"蒸馏水"名称。在使用"新创名称"、"奇特名称"、"牌号名称"或"商标名称"时，在其产品名称后需用醒目字样标明"饮用纯净水"
其他饮用水	饮用天然泉水	以地下自然涌出的泉子或经钻井采集的地下泉水，且未经过公共供水系统的自然来源的水为水源制成的制品	产品明示执行标准 GB 19298—2014	当包装饮用水中添加食品添加剂时，应在产品名称的邻近位置标示"添加食品添加剂用于调节口味"等类似字样；包装饮用水名称应当真实、科学，不得以水以外的一种或若干种成分来命名包装饮用水
	饮用天然水	以水井、山泉、水库、湖泊或高山冰川等，且未经过公共供水系统的自然来源的水为水源制成的制品	产品明示执行标准 GB 19298—2014	
	其他饮用水	饮用天然泉水和饮用天然水之外的饮用水。如以直接来源于地表、地下或公共供水系统的水为水源，经适当的加工方法，为调整口感加入一定量矿物质，但不得添加糖或其他食品配料制成的制品	产品明示执行标准 GB 19298—2014	

（二）出厂检验项目及检验方法标准

表 1－1－8　包装饮用水类产品出厂检验项目和检验方法

项　目	主要检验设备	检验方法	备　注
色　度	比色管	GB/T 8538	—
浑浊度	浊度仪	—	—
嗅和味	—	—	—
肉眼可见物	—	—	—
净含量	计量容器或分析天平	JJF 1070	—
pH	酸度计	GB/T 5750.4	纯净水及执行标准中有此项目的需检验
电导率	电导率仪	GB 17323	纯净水及执行标准中有此项目的需检验
菌落总数	无菌室或超净工作台；灭菌锅；微生物培养箱；生物显微镜	GB 4789.2	纯净水及执行标准中有此项目的需检验
大肠菌群		GB 4789.3	—
铜绿假单胞菌		GB/T 8538	饮用矿泉水
产品明示执行标准规定的检验项目	产品执行标准	产品明示执行标准	—

五、茶（类）饮料

以茶叶或茶叶的水提取液或其浓缩液、茶粉（包括速溶茶粉、研磨茶粉）或直接以茶的鲜叶为原料，添加或不添加食品原辅料和（或）食品添加剂，经加工制成的液体饮料，如原茶汁（茶汤）/纯茶饮料、茶浓缩液、茶饮料、果汁茶饮料、奶茶饮料、复（混）合茶饮料、其他茶饮料等。

（一）产品分类及依据标准

依据 GB/T 21733—2008《茶饮料》，茶饮料产品分为：茶饮料（茶汤）、复（混）合茶饮料、果汁茶饮料和果味茶饮料、奶茶饮料和奶味茶饮料、碳酸茶饮料、其他调味茶饮料、茶浓缩液。

表 1-1-9　常见茶饮料类产品及依据质量标准

产品名称	定义	依据质量标准	标签注意事项
茶饮料 （茶汤）	以茶叶的水提取液或其浓缩液、茶粉等为原料，经加工制成的，保持原茶汁应有风味的液体饮料，可添加少量的食糖和（或）甜味剂	GB/T 21733—2008 GB 19296—2003	—
复（混）合茶饮料	以茶叶和植（谷）物的水提取液或其浓缩液、干燥粉为原料，加工制成的，具有茶与植（谷）物混合风味的液体饮料	GB/T 21733—2008 GB 19296—2003	—
果汁茶饮料和果味茶饮料	以茶叶的水提取液或其浓缩液、茶粉等为原料，加入果汁、食糖和（或）甜味剂，食用果味香精等的一种或几种调制而成的液体饮料	GB/T 21733—2008 GB 19296—2003	应在标签上标明果汁含量
奶茶饮料和奶味茶饮料	以茶叶的水提取液或其浓缩液、茶粉等为原料，加入乳或乳制品、食糖和（或）甜味剂，食用奶味香精等的一种或几种调制而成的液体饮料	GB/T 21733—2008 GB 19296—2003	应在标签上标明蛋白质含量
碳酸茶饮料	以茶叶的水提取液或其浓缩液、茶粉等为原料，加入二氧化碳气、食糖和（或）甜味剂，食用香精等调制而成的液体饮料	GB/T 21733—2008 GB 19296—2003	—
其他调味茶饮料	以茶叶的水提取液或其浓缩液、茶粉等为原料，加入除果汁和乳之外其他可食用的配料、食糖和（或）甜味剂、食用酸味剂、食用香精等的一种或几种调制而成的液体饮料	GB/T 21733—2008 GB 19296—2003	—
茶浓缩液	采用物理方法从茶叶水提取液中除去一定比例的水分经加工制成，加水复原后具有原茶汁应有风味的液态制品	GB/T 21733—2008 GB 19296—2003	应在标签上标明稀释倍数

（二）出厂检验项目及检验方法标准

表 1-1-10　茶饮料类产品出厂检验项目和检验方法

项　目	主要检验设备	检验方法	备　注
感　官	—	GB/T 21733 产品执行标准	—
净含量	计量容器或分析天平	JJF 1070	—
茶多酚	分析天平；分光光度计	GB/T 21733	—
二氧化碳气容量	二氧化碳测定装置	GB/T 10792	碳酸茶饮料
蛋白质含量	定氮装置	GB 5009.5	奶茶饮料
菌落总数	无菌室或超净工作台； 灭菌锅； 微生物培养箱； 生物显微镜	GB 4789.2	—
大肠菌群		GB 4789.3	—
商业无菌		GB 4789.26	—
产品明示执行标准规定的检验项目	产品明示执行标准的相关条款	产品明示执行标准	—

六、咖啡（类）饮料

以咖啡豆和（或）咖啡制品（研磨咖啡粉、咖啡的提取液或其浓缩液、速溶咖啡等）为原料，添加或不添加糖（食糖、淀粉糖）、乳和（或）乳制品、植脂末等食品原辅料和（或）食品添加剂，经加工制成的液体饮料。

（一）产品分类及依据标准

依据 GB/T 30767—2014《咖啡类饮料》，分为浓咖啡饮料，咖啡饮料，低咖啡因咖啡饮料、低咖啡因浓咖啡饮料等。

表 1-1-11　常见咖啡饮料类产品及依据质量标准

产品名称	定　义	依据质量标准	标签注意事项
咖啡饮料	以咖啡豆和（或）咖啡制品（研磨咖啡粉、咖啡的提取液或其浓缩液、速溶咖啡等）为原料，添加或不添加糖（食糖、淀粉糖）、乳和（或）乳制品、植脂末等食品原辅料和（或）食品添加剂，经加工制成的液体饮料	GB/T 30767—2014 产品明示执行标准	—

（二）出厂检验项目及检验方法标准

表 1-1-12　咖啡类饮料产品出厂检验项目和检验方法

项　目	主要检验设备	检验方法	备注
感　官	—	产品明示执行标准	—
可溶性固形物	阿贝折光仪	GB/T 12143	—
总　酸	酸碱滴定装置	GB/T 12456	—
菌落总数	无菌室或超净工作台；灭菌锅；微生物培养箱；生物显微镜	GB 4789.2	—
大肠菌群		GB 4789.3	—
商业无菌		GB 4789.26	罐头加工工艺生产的罐装咖啡饮料

七、植物饮料

以植物或植物提取物为原料，添加或不添加其他食品原辅料和（或）食品添加剂，经加工或发酵制成的液体饮料。

（一）产品分类及依据标准

依据 GB/T 31326—2014《植物饮料》，分为可可饮料、谷物类饮料、草本饮料/本草饮料、食用菌饮料、藻类饮料、其他植物饮料。

表 1－1－13　常见植物饮料类产品及依据质量标准

产品名称	定 义	依据质量标准	标签注意事项
可可饮料	以可可豆、可可粉为原料，添加或不添加其他食品原辅料和（或）食品添加剂，经加工制成的饮料	GB/T 31326—2014 产品明示执行标准	预包装产品的标签应符合 GB 7718、GB 28050 的有关规定。以有食用量规定的植物为原料的产品，应标注日食用量
谷物类饮料	以谷物为原料，添加或不添加其他食品原辅料和（或）食品添加剂，经加工制成的饮料	GB/T 31326—2014 产品明示执行标准	
草本饮料/本草饮料	以国家允许使用的植物（包括可食的根、茎、叶、花、果、种子）或其提取物的一种或几种为原料，添加或不添加其他食品原辅料和（或）食品添加剂，经加工制成的饮料，如凉茶、花卉饮料等	GB/T 31326—2014 产品明示执行标准	
食用菌饮料	以食用菌和（或）食用菌子实体的浸取液或浸取液制品为原料，或以食用菌的发酵液为原料，添加或不添加其他食品原辅料和（或）食品添加剂，经加工制成的饮料	GB/T 31326—2014 产品明示执行标准	
藻类饮料	以藻类为原料，添加或不添加其他食品原辅料和（或）食品添加剂，经加工制成的饮料，如螺旋藻饮料	GB/T 31326—2014 产品明示执行标准	
其他植物饮料	以符台国家相关规定的其他植物原料经加工或发酵制成的饮料	产品明示执行标准	

（二）出厂检验项目及检验方法标准

表 1－1－14　植物饮料产品出厂检验项目和检验方法

项 目	主要检验设备	检验方法	备 注
感 官	—	产品明示执行标准	—
净含量	计量容器或分析天平	JJF 1070	—
可溶性固形物	阿贝折光仪	GB/T 12143	产品明示执行标准有要求时
总 酸	酸碱滴定装置	GB/T 12456	
pH	酸度计	—	
蛋白质	凯氏定氮仪	GB 5009.5	
菌落总数	无菌室或超净工作台；灭菌锅；微生物培养箱；生物显微镜	GB 4789.2	—
大肠菌群		GB 4789.3	—
商业无菌		GB 4789.26	罐头加工工艺生产的罐装植物类饮料
特征性含量指标	产品明示执行标准中规定的检测设备	产品执行标准中规定的检测方法	产品明示执行标准有要求时

八、风味饮料

以糖（包括食糖和淀粉糖）和（或）甜味剂、酸度调节剂、食用香精等的一种或者多种作为调整风味主要手段，经加工或发酵制成的液体饮料。

（一）产品分类及依据标准

依据 GB 10789—2015《饮料通则》，风味饮料类饮料可分为果味饮料、乳味饮料、茶味饮料、咖啡味饮料、风味水饮料和其他风味饮料。

表 1－1－15　常见风味饮料产品及依据质量标准

产品名称	定　义	依据质量标准	标签注意事项
果味饮料	以食糖和（或）甜味剂、酸味剂、果汁、食用香精、茶或植物抽提液等的全部或其中的部分为原料调制而成的果汁含量达不到水果饮料基本技术要求的饮料，如橙味饮料、柠檬味饮料	产品明示执行标准	—
乳味饮料	以食糖和（或）甜味剂、酸味剂、乳或乳制品、果汁、食用香精、茶或植物抽提液等全部或其中部分为原料，经调配而成的乳蛋白含量达不到配置型含乳饮料基本技术要求的，或经发酵而成的乳蛋白含量达不到乳酸菌饮料基本技术要求的饮料	产品明示执行标准	—
茶味饮料	以茶或茶香精为主要赋香成分，茶多酚含量达不到茶饮料基本技术要求的饮料	产品明示执行标准	—
咖啡味饮料	以咖啡或咖啡香精为主要赋香成分，咖啡因含量达不到咖啡饮料基本技术要求的饮料，不含低咖啡因咖啡饮料	产品明示执行标准	—
风味水饮料	不经调色处理、不添加糖（包括食糖和淀粉糖）的风味水饮料，如苏打水饮料、薄荷水饮料、玫瑰水饮料等	产品明示执行标准	—
其他风味饮料	上述4类之外的风味饮料	产品明示执行标准	—

（二）出厂检验项目及检验方法标准

表 1－1－16　风味饮料产品出厂检验项目和检验方法

项　目	主要检验设备	检验方法	备　注
感　官	—	产品明示执行标准	—
净含量	计量容器或分析天平	JJF 1070	—

表 1-1-16（续）

项　目	主要检验设备	检验方法	备　注
可溶性固形物	阿贝折光仪	GB/T 12143	产品明示执行标准 有要求时
总　酸	酸碱滴定装置	GB/T 12456	
pH	酸度计	—	
蛋白质	凯氏定氮仪	GB 5009.5	
菌落总数	无菌室或超净工作台； 灭菌锅； 微生物培养箱； 生物显微镜	GB 4789.2	—
大肠菌群		GB 4789.3	
商业无菌		GB 4789.26	罐头加工工艺生产的 罐装风味饮料类饮料
特征性含量指标	产品明示执行标准中 规定的检测设备	产品执行标准中 规定的检测方法	产品明示执行标准 有要求时

九、特殊用途饮料

加入具有特定成分的适应所有或某些特殊人群需要的液体饮料。

（一）产品分类及依据标准

依据 GB 10789—2015《饮料通则》，特殊用途饮料类饮料可分为运动饮料、营养素饮料、能量饮料、电解质饮料和其他特殊用途饮料。

表 1-1-17　常见特殊用途饮料产品及依据质量标准

产品名称	定　义	依据质量标准	标签注意事项
运动饮料	营养素及其含量能适应运动或体力活动人群的生理特点的饮料，能为机体补充水分、电解质和能量，可被迅速吸收的制品	产品明示执行标准	—
营养素饮料	添加适量的食品营养强化剂，以补充机体营养需要的制品，如营养补充液	产品明示执行标准	—
能量饮料	含有一定能量并添加适量营养成分或其他特定成分，能为机体补充能量或加速能量释放和吸收的制品	产品明示执行标准	—
电解质饮料	添加机体所需要的矿物质及其他营养成分，能为机体补充新陈代谢消耗的电解质，水分的制品	产品明示执行标准	—
其他特殊用途饮料	为适应特殊人群的需要而调制的饮料	产品明示执行标准	—

（二）出厂检验项目及检验方法标准

表 1－1－18　特殊用途饮料产品出厂检验项目和检验方法

项目	主要检验设备	检验方法	备注
感官	—	产品明示执行标准	
净含量	计量容器或分析天平	JJF 1070	—
可溶性固形物	阿贝折光仪	GB/T 12143	
总酸	酸碱滴定装置	GB/T 12456	产品明示执行标准有要求时
pH	酸度计	—	
蛋白质	凯氏定氮仪	GB 5009.5	
菌落总数	无菌室或超净工作台；灭菌锅；微生物培养箱；生物显微镜	GB 4789.2	—
大肠菌群		GB 4789.3	—
商业无菌		GB 4789.26	罐头加工工艺生产的罐装特殊用途饮料类饮料
特征性含量指标	产品明示执行标准中规定的检测设备	产品执行标准中规定的检测方法	产品明示执行标准有要求时

十、固体饮料

用食品原辅料、食品添加剂等加工制成粉末状、颗粒状或块状等供冲调或冲泡饮用的固态制品。

（一）产品分类及依据标准

依据 GB/T 29602—2013《固体饮料》，固体饮料类产品可分为风味固体饮料、果蔬固体饮料、蛋白固体饮料、茶固体饮料、咖啡固体饮料、植物固体饮料、特殊用途固体饮料和其他固体饮料。

表 1－1－19　固体饮料类产品及依据质量标准

产品名称	定义	依据质量标准	标签注意事项
风味固体饮料	以食用香精（料）、糖（包括食糖和淀粉糖）、甜味剂、植脂末等一种或几种物质作为调整风味主要手段，添加或不添加其他食品原辅料和食品添加剂，经加工制成的固体饮料	GB/T 29602 GB 7101	除应符合 GB 7718、GB 28050 标准外，还需标注产品的冲调或冲泡方法
果蔬固体饮料	以水果和（或）蔬菜（包括可食的根、茎、叶、花、果）或其制品等为主要原料，添加或不添加其他食品原辅料和食品添加剂，经加工制成的固体饮料	GB/T 29602 GB 7101	需标注产品的冲调或冲泡方法，应标注果汁和（或）蔬菜汁的含量，复合产品应标注不同果汁和（或蔬菜汁）的混合比例

表 1-1-19（续）

产品名称	定义	依据质量标准	标签注意事项
蛋白固体饮料	以乳和（或）乳制品，或其他动物来源的可食用蛋白，或含有一定蛋白质含量的植物果实、种子或果仁或其制品等为原料，添加或不添加其他食品原辅料和食品添加剂，经加工制成的固体饮料	GB/T 29602 GB 7101	需标注产品的冲调或冲泡方法，复合蛋白固体饮料应标注不同蛋白来源的混合比例
茶固体饮料	以茶叶的提取液或其提取物或直接以茶粉（包括速溶茶粉、研磨茶粉）为原料，添加或不添加其他食品原辅料和食品添加剂，经加工制成的固体饮料	GB/T 29602 GB 7101	需标注产品的冲调或冲泡方法，果汁茶固体饮料应标注果汁含量
咖啡固体饮料	以咖啡豆及咖啡制品（研磨咖啡粉、咖啡的提取液或其浓缩液、速溶咖啡等）为原料，添加或不添加其他食品原辅料和食品添加剂，经加工制成的固体饮料	GB/T 29602 GB 7101	需标注产品的冲调或冲泡方法
植物固体饮料	以植物及其提取物（水果、蔬菜、茶、咖啡除外）为主要原料，添加或不添加其他食品原辅料和食品添加剂，经加工制成的固体饮料	GB/T 29602 GB 7101	需标注产品的冲调或冲泡方法
特殊用途固体饮料	通过调整饮料中营养成分的种类及其含量，或加入具有特定动能成分适应人体需要的固体饮料，如运动固体饮料、营养素固体饮料、能量固体饮料、电解质固体饮料等	GB/T 29602 GB 7101	需标注产品的冲调或冲泡方法
其他固体饮料	除上述描述的以外的固体饮料，乳植脂末、泡腾片、添加可用于食品的菌种的固体饮料等	GB/T 29602 GB 7101	需标注产品的冲调或冲泡方法

（二）出厂检验项目及检验方法标准

表 1-1-20　固体饮料类产品出厂检验项目和检验方法

项目	主要检验设备	检验方法	备注
感官	—	产品明示执行标准	—
净含量	计量容器或分析天平	JJF 1070	—
水分	电子天平、干燥箱等	GB 5009.3	—
菌落总数	无菌室或超净工作台； 灭菌锅； 微生物培养箱； 生物显微镜	GB 4789.2	—
大肠菌群		GB 4789.3	—

十一、其他类饮料

按产品明示执行标准。

第二节　原辅材料、包装材料检验项目和检验方法标准

饮料生产企业对于所采购或者外协加工的原辅料和包装材料应实施入厂验收，入厂验收应首先检查其生产厂是否在合格供方名录内、检查出厂检验合格证是否齐备，包装是否完好无破损，至少有一层内袋完好，不直接接触空气。在上述三个方面符合要求的基础上实施产品检验。本节对饮料企业主要使用的原辅材料和包装材料的验收要求进行阐述。

一、乳原料

（一）乳原料分类

饮料生产常用乳原料包括生乳、全脂乳粉、脱脂乳粉、乳清蛋白粉等，一般在饮料生产中单独或合并使用。

（二）每种乳原料验收质量指标及检验方法标准

1. 生乳

生乳是指从符合国家有关要求的健康奶畜乳房中挤出的无任何成分改变的常乳。产犊后七天的初乳、应用抗生素期间和休药期间的乳汁、变质乳不应用作生乳。生乳应符合 GB 19301—2010《食品安全国家标准 生乳》及卫生部 2011 年第 10 号《关于三聚氰胺在食品中的限量值的公告》的规定。生乳原料验收质量指标包括感官要求、理化指标、污染物限量、真菌毒素限量及微生物限量等指标。

表 1-2-1　生乳原料质量指标及检验方法

项　目	指标与要求	检验方法
色泽	呈乳白色或微黄色	适量试样置于 50mL 烧杯中，在自然光下观察其色泽和组织状态。闻其气味，用温开水漱口，品尝滋味
滋味、气味	具有乳固有的香味，无异味	
组织状态	呈均匀一致液体，无凝块、无沉淀、无正常视力可见异物	
冰点/℃	-0.500～-0.560	GB 5413.38
相对密度/（20℃/4℃）	≥1.027	GB 5413.33
蛋白质/（g/100g）	≥2.8	GB 5009.5
脂肪/（g/100g）	≥3.1	GB 5413.3

表 1-2-1（续）

项　目	指标与要求	检验方法
杂质度/（mg/kg）	≤4.0	GB 5413.30
非脂乳固体/（g/100g）	≥8.1	GB 5413.39
酸度/°T	12～18	GB 5413.34
菌落总数/CFU/g（mL）	≤2×10^6	GB 4789.2
抗生素	阴性	GB/T 4789.27
三聚氰胺/（mg/kg）	≤2.5	GB/T 22388 或 GB/T 22400
黄曲霉毒素 M_1/（μg/kg）	≤0.5	GB 5413.37
铅（以 Pb 计）/（mg/kg）	≤0.05	GB 5009.12
铬（以 Cr 计）/（mg/kg）	≤0.3	GB/T 5009.123
总汞（以 Hg 计）/（mg/kg）	≤0.01	GB/T 5009.17
总砷（以 As 计）/（mg/kg）	≤0.1	GB/T 5009.11
亚硝酸盐（以 $NaNO_2$ 计）/（mg/kg）	≤0.4	GB 5009.33

2. 全脂乳粉

全脂乳粉是以生牛乳为原料，经杀菌、浓缩、干燥而制成的粉状产品。根据是否加糖又分为全脂淡乳粉和全脂甜乳粉。饮料生产企业一般使用的是全脂淡乳粉。全脂乳粉应符合 GB 19644—2010《食品安全国家标准　乳粉》及卫生部 2011 年第 10 号《关于三聚氰胺在食品中的限量值的公告》的规定。全脂乳粉原料验收质量指标包括感官要求、理化指标、污染物限量、真菌毒素限量及微生物限量等指标。

表 1-2-2　全脂乳粉原料质量指标及检验方法

项　目	指标与要求	检验方法
色泽	呈均匀一致的乳黄色	取适量试样置于 50mL 烧杯中，在自然光下观察其色泽和组织状态。闻其气味，用温开水漱口，品尝滋味
滋味、气味	具有纯正的乳香味	
组织状态	干燥均匀的粉末	
蛋白质/（g/100g）	≥非脂乳固体的 34%	GB 5009.5
脂肪/（g/100g）	≥26.0	GB 5413.3
杂质度/（mg/kg）	≤16	GB 5413.30
水分/（g/100g）	≤5.0	GB 5009.3
复原乳酸度/（°T）	≤18	GB 5413.34
三聚氰胺/（mg/kg）	≤2.5	GB/T 22388 或 GB/T 22400
黄曲霉毒素 M_1（按生乳折算）/（μg/kg）	≤0.5	GB 5413.37
铅（以 Pb 计）/（mg/kg）	≤0.5	GB 5009.12
铬（以 Cr 计）/（mg/kg）	≤2.0	GB/T 5009.123
总砷（以 As 计）/（mg/kg）	≤0.5	GB/T 5009.11
亚硝酸盐（以 $NaNO_2$ 计）/（mg/kg）	≤2.0	GB 5009.33

表 1-2-3　全脂乳粉原料验收微生物指标及检验方法标准

项目	采样方案及限量（若非指定，均以 CFU/g 表示）				检验方法
	n	c	m	M	
菌落总数	5	2	50000	200000	GB 4789.2
大肠菌群	5	1	10	100	GB 4789.3 平板计数法
金黄色葡萄球菌	5	2	10	100	GB 4789.10 平板计数法
沙门氏菌	5	0	0/25	—	GB 4789.4

3. 脱脂乳粉

脱脂乳粉是以生牛乳为原料，经预热、离心分离获得脱脂乳，再经杀菌、浓缩、干燥而制成的粉状产品。脱脂乳粉应符合 GB 19644—2010《食品安全国家标准　乳粉》及卫生部 2011 年第 10 号《关于三聚氰胺在食品中的限量值的公告》的规定。脱脂乳粉原料验收质量指标包括感官要求、理化指标、污染物限量、真菌毒素限量及微生物限量等指标。脱脂乳粉对脂肪指标没有要求，其余质量指标同全脂乳粉。

4. 乳清蛋白粉

乳清蛋白粉是以乳清为原料，经分离、浓缩、干燥等工艺制成的蛋白含量不低于 25％的粉末状产品。乳清蛋白粉应符合 GB 11674—2010《食品安全国家标准　乳清粉和乳清蛋白粉》及卫生部 2011 年第 10 号《关于三聚氰胺在食品中的限量值的公告》的规定。乳清蛋白粉原料验收质量指标包括感官要求、理化指标、污染物限量、真菌毒素限量及微生物限量等指标。

表 1-2-4　乳清蛋白粉原料质量指标及检验方法

项目	指标与要求	检验方法
色泽	呈均匀一致的色泽	取适量试样置于 50mL 烧杯中，在自然光下观察其色泽和组织状态。闻其气味，用温开水漱口，品尝滋味
滋味、气味	具有产品特有的滋味、气味，无异味	
组织状态	干燥均匀的粉末状产品、无结块、无正常视力可见杂质	
蛋白质/（g/100g）	≥按供方产品规格	GB 5009.5
灰分/（g/100g）	≤9.0	GB 5009.4
水分/（g/100g）	≤6.0	GB 5009.3
三聚氰胺/（mg/kg）	≤2.5	GB/T 22388 或 GB/T 22400
黄曲霉毒素 M_1（按生乳折算）/（μg/kg）	≤0.5	GB 5413.37

表 1-2-5　乳清蛋白粉原料验收微生物指标及检验方法标准

项　目	采样方案及限量（若非指定，均以 CFU/g 表示）				检验方法
	n	c	m	M	
金黄色葡萄球菌	5	2	10	100	GB 4789.10 平板计数法
沙门氏菌	5	0	0/25	—	GB 4789.4

二、果蔬汁（浆）

（一）果蔬汁（浆）分类

天然果汁和蔬菜汁在饮料中占有较大的分量，形成了饮料独特的风味。一般饮料中常以原果汁（浆）、原蔬菜汁（浆）或浓缩果汁（浆）、浓缩蔬菜汁（浆）为主要原料。果蔬汁（浆）是用机械方法（如压榨）或分离工艺从一种或多种新鲜、冷冻、干燥水果或蔬菜中获得的汁（浆）或其浓缩物。原果蔬汁（浆）是未经浓缩具有原水果、蔬菜及其他植物色泽、风味和可溶性固形物含量的制成品；浓缩果蔬汁（浆）是经浓缩工序，可通过加入浓缩过程中失去的天然水分，复原成具有原水果、蔬菜及其他植物色泽、风味和可溶性固形物含量的制成品。

饮料中常用的果蔬汁（浆）主要有浓缩橙汁、浓缩苹果汁、浓缩葡萄汁等。

（二）果蔬汁（浆）验收质量指标及检验方法标准

1. 浓缩橙汁

浓缩橙汁是采用物理方法从橙果实榨取的汁液（浆）中除去一定比例的水分，加水复原后具有所榨取汁液（浆）应有特征的制品。浓缩橙汁应符合 GB/T 21730—2008《浓缩橙汁》的规定。浓缩橙汁原料验收质量指标包括感官要求、理化指标、微生物指标等。

表 1-2-6　浓缩橙汁原料验收感官要求及检验方法

项目	指标与要求	检验方法
状态	呈均匀汁液或浆液，允许有果肉沉淀	将浓缩橙汁稀释至可溶性固形物含量为 11.2%（20℃）的汁液，取约 50g 混合均匀的复原橙汁，置于 100mL 无色透明的容器中，在光亮处，观察其色泽、状态和杂质
色泽	橙黄色至橙红色	
杂质	无正常视力可见外来杂质	
气味和滋味	复原后具有橙汁应有的香气及滋味，无异味	在室温下，取一定量混合均匀的复原橙汁，嗅其气味，品尝其滋味

表 1-2-6（续）

项 目	指标与要求	检验方法
可溶性固形物（20℃，未校正酸度）/（g/100g）	≥按供方产品规格	GB 5009.5
橙汁（复原后）/（g/100g）	≥100	GB/T 16771
蔗糖（复原后）/（g/kg）	≤50.0	复原后按 GB/T 21730 中的附录 A
葡萄糖（复原后）/（g/kg）	20.0～35.0	复原后按 GB/T 21730 中的附录 A
果糖（复原后）/（g/kg）	20.0～35.0	复原后按 GB/T 21730 中的附录 A
葡萄糖（复原后）/果糖	≤1.0	复原后按 GB/T 21730 中的附录 A
菌落总数/（CFU/mL）	≤1000	GB 4789.2
大肠菌群/（MPN/100mL）	≤30	GB 4789.3
霉菌/（CFU/mL）	≤20	GB 4789.15
酵母/（CFU/mL）	≤20	GB 4789.15

2. 浓缩苹果汁

浓缩苹果汁是以苹果为原料，采用机械方法获取的可以发酵但未发酵，经物理方法去除一定比例的水分获得的浓缩液，按照产品的组织状态可分为浓缩苹果清汁和浓缩苹果浊汁。浓缩苹果汁因原料产地、季节等不同会有不同的风味特征及规格，饮料生产企业应结合 GB 18963—2012《浓缩苹果汁》的规定及特定规格制定相应的验收质量指标。以浓缩苹果清汁原料为例，验收质量指标包括感官要求、理化指标、微生物指标等。

表 1-2-7 浓缩苹果清汁原料质量指标及检验方法

项 目	指标与要求	检验方法
香气和滋味	具有苹果固有的滋味及香气，无异味，符合同一型号的标准样品	取约 60g 混合均匀的样品及标准样品，嗅其气味，品尝其滋味
外观状态	澄清透明，无沉淀物，无悬浮物	取约 60g 混合均匀的样品于无色透明容器中，在自然光下或相当于自然光的感官品评室，目测观察
杂质	无正常视力可见外来杂质	
可溶性固形物（20℃，以折光计）/（g/100g）	按供方产品规格	GB/T 12143
可滴定酸（以苹果酸计）/（g/100g）	按供方产品规格	GB/T 12456
透光率/（g/100g）	按供方产品规格	GB/T 18963 中的 6.8
浊度/NTU	按供方产品规格	GB/T 18963 中的 6.9
色值	按供方产品规格	GB/T 18963 中的 6.10
富马酸/（mg/L）	≤5.0	SN/T 2007

表 1-2-7（续）

项目	指标与要求	检验方法
乳酸/（mg/L）	≤500	SN/T 2007
羟甲基糠醛/（mg/L）	≤20	GB/T 18932.18
果胶试验	阴性	GB/T 18963 中的 6.15
淀粉试验	阴性	GB/T 18963 中的 6.16
菌落总数/（CFU/mL）	≤1000	GB 4789.2
大肠菌群/（MPN/100mL）	≤30	GB 4789.3
霉菌/（CFU/mL）	≤20	GB 4789.15
酵母/（CFU/mL）	≤20	GB 4789.15
展青霉素/（μg/kg）	≤50	GB/T 5009.185

3. 浓缩葡萄汁

浓缩葡萄汁是以葡萄为原料，经机械榨汁、浓缩、杀菌等工艺制成的浓缩液。按照产品的组织状态可分为清汁和浊汁。浓缩葡萄汁因原料产地、季节等不同会有不同的风味特征及规格，饮料生产企业应结合 GB 17325—2005《食品工业用浓缩果汁卫生标准》的规定及特定规格制定相应的验收质量指标。浓缩葡萄汁原料验收质量指标包括感官要求、理化指标、微生物指标等。

表 1-2-8　浓缩葡萄汁原料质量指标及检验方法

项目	指标与要求	检验方法
香气和滋味	具有新鲜葡萄固有的滋味及香气，无异味，符合同一型号的标准样品	取约 60g 混合均匀的复原果汁样品及标准样品，嗅其气味，品尝其滋味
外观状态	质地均匀，无沉淀物，无悬浮物	取约 60g 混合均匀的复原果汁样品于无色透明容器中，在自然光下或相当于自然光的感官品评室，目测观察
杂质	无正常视力可见外来杂质	
可溶性固形物（20℃，以折光计）/（g/100g）	按供方产品规格	GB/T 12143
可滴定酸（以酒石酸计）/（g/100g）	按供方产品规格	GB/T 12456
菌落总数/（CFU/mL）	≤1000	GB 4789.2
大肠菌群/（MPN/100mL）	≤30	GB 4789.3
霉菌/（CFU/mL）	≤20	GB 4789.15
酵母/（CFU/mL）	≤20	GB 4789.15

三、茶叶及速溶茶

(一) 茶叶及速溶茶分类

茶叶及速溶茶是茶饮料的主要原料。茶叶可分为绿茶、红茶、乌龙茶、黄茶、白茶和黑茶六大类，再加工茶有花茶、紧压茶等，各类茶风味各异，形成了不同风味的茶饮料。茶饮料中最常见的茶叶原料有红茶、绿茶、乌龙茶和花茶等。

食品工业用速溶茶是以茶叶或茶鲜叶为主要原料，经水提取或采用茶鲜叶榨汁，可在生产过程中加入食品添加剂和食品加工助剂，经加工制成的，作为食品、饮料原辅料的固体产品。按使用的茶原料可分为速溶红茶、速溶绿茶、速溶乌龙茶、速溶白茶、速溶黄茶、速溶黑茶、速溶花茶、其他速溶茶等。茶饮料中最常见的是速溶红茶。

(二) 茶叶及速溶茶验收质量指标及检验方法标准

1. 红碎茶

红碎茶是以茶树的芽、叶、嫩茎为原料，经萎凋、揉切、发酵、干燥等工艺而制成的。红碎茶应符合 GB/T 13738.1—2008《红茶　第 1 部分：红碎茶》及 GB 2762、GB 2763 和 NY 659 的规定。红碎茶原料验收质量指标包括感官要求、理化指标、污染物限量等指标。

表 1-2-9　红碎茶原料质量指标及检验方法

项目	指标与要求	检验方法
外形	符合同一型号的标准样品	对照同一型号的标准样品评比条索、色泽、整碎、净度
香气	符合同一型号的标准样品	对照同一型号的标准样品，开汤后闻香气
滋味	符合同一型号的标准样品	对照同一型号的标准样品，开汤后尝滋味
汤色	符合同一型号的标准样品	对照同一型号的标准样品，开汤后，看汤色
叶底	符合同一型号的标准样品	对照同一型号的标准样品，开汤后，看叶底
水分/（g/100g）	≤7.0	GB/T 8304
总灰分/（g/100g）	4.0～8.0	GB/T 8306
粉末/（g/100g）	≤2.0	GB/T 8311
茶多酚/（g/100g）	按供方产品规格	GB/T 8313
咖啡因/（g/100g）	按供方产品规格	GB/T 8312
铅（以 Pb 计）/（mg/kg）	≤5.0	GB 5009.12
铬（以 Cr 计）/（mg/kg）	≤5.0	GB 5009.123

2. 工夫红茶

工夫红茶是以茶树的芽、叶、嫩茎为原料，经萎凋、揉捻、发酵、干燥和精制加工等工艺而制成的。工夫红茶应符合 GB/T 13738.2—2008《红茶　第 2 部分：工夫红茶》及 GB 2762、GB 2763 和 NY 659 的规定。工夫红茶原料验收质量指标包括感官要求、理化指标、污染物限量等指标。

表 1－2－10　工夫红茶原料质量标准及检验方法

项目	指标与要求	检验方法
外形	符合同一型号的标准样品	对照同一型号的标准样品评比条索、色泽、整碎、净度
香气	符合同一型号的标准样品	对照同一型号的标准样品，开汤后闻香气
滋味	符合同一型号的标准样品	对照同一型号的标准样品，开汤后尝滋味
汤色	符合同一型号的标准样品	对照同一型号的标准样品，开汤后，看汤色
叶底	符合同一型号的标准样品	对照同一型号的标准样品，开汤后，看叶底
水分／（g/100g）	≤7.0	GB/T 8304
总灰分／（g/100g）	≤6.5	GB/T 8306
粉末／（g/100g）	按供方产品规格	GB/T 8311
茶多酚／（g/100g）	按供方产品规格	GB/T 8313
咖啡因／（g/100g）	按供方产品规格	GB/T 8312
铅（以 Pb 计）／（mg/kg）	≤5.0	GB 5009.12
铬（以 Cr 计）／（mg/kg）	≤5.0	GB 5009.123

3. 绿茶

绿茶是以茶树的芽、叶、嫩茎为原料，经杀青、揉捻、干燥等工序而制成的。绿茶应符合 GB/T 14456.1—2008《绿茶　第 1 部分：基本要求》及 GB 2762、GB 2763 和 NY 659 的规定。绿茶原料验收质量指标包括感官要求、理化指标、污染物限量等指标。

表 1－2－11　绿茶原料质量指标及检验方法

项目	指标与要求	检验方法
外形	符合同一型号的标准样品	对照同一型号的标准样品评比条索、色泽、整碎、净度
香气	符合同一型号的标准样品	对照同一型号的标准样品，开汤后闻香气

表 1-2-11（续）

项目	指标与要求	检验方法
滋味	符合同一型号的标准样品	对照同一型号的标准样品，开汤后尝滋味
汤色	符合同一型号的标准样品	对照同一型号的标准样品，开汤后，看汤色
水分/（g/100g）	≤7.0	GB/T 8304
总灰分/（g/100g）	≤7.5	GB/T 8306
茶多酚/（g/100g）	按供方产品规格	GB/T 8313
咖啡因/（g/100g）	按供方产品规格	GB/T 8312
铅（以 Pb 计）/（mg/kg）	≤5.0	GB 5009.12
铬（以 Cr 计）/（mg/kg）	≤5.0	GB 5009.123

4. 茉莉花茶

茉莉花茶是以绿茶为原料，经加工成级型坯后，由茉莉鲜花窨制而成。茉莉花茶应符合 GB/T 22292—2008《茉莉花茶》及 GB 2762、GB 2763 和 NY 659 的规定。茉莉花茶原料验收质量指标包括感官要求、理化指标、污染物限量等指标。

表 1-2-12 茉莉花茶原料质量指标及检验方法

项目	指标与要求	检验方法
外形	符合同一型号的标准样品	对照同一型号的标准样品评比条索、色泽、整碎、净度
香气	符合同一型号的标准样品	对照同一型号的标准样品，开汤后闻香气
滋味	符合同一型号的标准样品	对照同一型号的标准样品，开汤后尝滋味
汤色	符合同一型号的标准样品	对照同一型号的标准样品，开汤后，看汤色
水分/（g/100g）	≤8.5	GB/T 8304
总灰分/（g/100g）	≤6.5	GB/T 8306
茶多酚/（g/100g）	按供方产品规格	GB/T 8313
咖啡因/（g/100g）	按供方产品规格	GB/T 8312
铅（以 Pb 计）/（mg/kg）	≤5.0	GB 5009.12
铬（以 Cr 计）/（mg/kg）	≤5.0	GB 5009.123

5. 乌龙茶

乌龙茶应符合 DB35/T 943—2009《地理标志产品　福建乌龙茶》及 GB 2762、GB 2763

和 NY 659 的规定。乌龙茶原料验收质量指标包括感官要求、理化指标、污染物限量等指标。

表 1－2－13　乌龙茶原料质量指标及检验方法

项目	指标与要求	检验方法
外形	符合同一型号的标准样品	对照同一型号的标准样品评比条索、色泽、整碎、净度
香气	符合同一型号的标准样品	对照同一型号的标准样品，开汤后闻香气
滋味	符合同一型号的标准样品	对照同一型号的标准样品，开汤后尝滋味
汤色	符合同一型号的标准样品	对照同一型号的标准样品，开汤后，看汤色
水分/（g/100g）	≤7.0	GB/T 8304
总灰分/（g/100g）	≤7.0	GB/T 8306
茶多酚/（g/100g）	按供方产品规格	GB/T 8313
咖啡因/（g/100g）	按供方产品规格	GB/T 8312
铅（以 Pb 计）/（mg/kg）	≤5.0	GB 5009.12
铬（以 Cr 计）/（mg/kg）	≤5.0	GB 5009.123

6. 速溶红茶

速溶红茶应符合 QB/T 4067—2010《食品工业用速溶茶》的规定。速溶红茶原料验收质量指标包括感官要求、理化指标、污染物限量、微生物限量等指标。

表 1－2－14　速溶红茶原料质量指标及检验方法

项目	指标与要求	检验方法
感官	具有该产品应有的特征外形、色泽、香气和滋味，无结块，无酸败等异味和其他异常，用水冲溶后呈澄清或均匀状态、无正常视力可见的茶渣或外来杂质。符合同一型号的标准样品	QB/T 4067 中的 6.1
茶多酚（以干基计）/（g/100g）	按供方产品规格	QB/T 4067 中的附录 A
咖啡因（以干基计）/（g/100g）	按供方产品规格	QB/T 4067 中的附录 B
水分/（g/100g）	≤6.0	GB/T 18798.3
铅（以 Pb 计）/（mg/kg）	≤5.0	GB 5009.12
总砷（以 As 计）/（mg/kg）	≤2.0	GB/T 5009.11
菌落总数/（CFU/g）	≤10000	GB 4789.2
大肠菌群/（MPN/100g）	≤30	GB 4789.3
霉菌及酵母/（CFU/g）	≤100	GB 4789.15

四、天然甜味料

(一) 天然甜味料分类

砂糖和果葡糖浆是饮料生产中最常用的天然甜味料，赋予饮料甜味和良好的风味。

(二) 天然甜味料验收质量指标及检验方法标准

1. 白砂糖

蔗糖是由甘蔗或甜菜经过提汁、澄清、煮炼、结晶、分蜜、干燥工序而制成的。有砂糖和绵白糖两种形式。绵白糖是制成晶粒较细的白糖后，加入转化糖浆而成。饮料中常用的是砂糖。白砂糖应符合 GB 317—2006《白砂糖》的规定，根据不同饮料产品的工艺要求，可选用优级白砂糖、一级白砂糖或二级白砂糖。白砂糖原料验收质量指标包括感官要求、理化指标、卫生指标等。

表 1 - 2 - 15　一级白砂糖原料质量指标及检验方法

项目	指标与要求	检验方法
感官	晶粒均匀，晶粒或其水溶液味甜，无异味、干燥松散、洁白、有光泽，无明显黑点	用目测法观察
蔗糖分 / (g/100g)	≥99.6	GB 317 中的 4.3
还原糖分 / (g/100g)	≤0.10	GB 317 中的 4.4
电导灰分 / (g/100g)	≤0.10	GB 317 中的 4.5
干燥失重 / (g/100g)	≤0.07	GB 317 中的 4.6
色值/IU	≤150	GB 317 中的 4.7
混浊度/MAU	≤160	GB 317 中的 4.8
不溶于水杂质 / (mg/kg)	≤40	GB 317 中的 4.9
二氧化硫（以 SO_2 计）/ (mg/kg)	≤30	GB/T 5009.55

2. 果葡糖浆

果葡糖浆是一种有甜味的，富于营养的糖类混合物，主要成分为果糖和葡萄糖。按果糖含量分为 42 型（F42）和 55 型（F55）。42 型（F42）系果糖含量不低于 42％（占干物质）的果葡糖浆，55 型（F55）系果糖含量不低于 55％（占干物质）的果葡糖浆。果葡糖浆应符合 GB/T 20882—2007《果葡糖浆》的规定，饮料生产厂可以根据需要参考国际饮料技术学会（ISBT）标准中的相关规定。果葡糖浆原料验收质量指标包括感官要求、理化指标、卫生指标等。

表 1-2-16　F55 果葡糖浆原料质量指标及检验方法

项目	指标与要求	检验方法
感官	无色或浅黄色透明粘稠液体，甜味柔和，具有果葡糖浆特有的香气，无异味。无正常视力可见杂质	GB/T 20882 中的 5.1
干物质（固形物）/（g/100g）	≥77.0	GB/T 20885 中的 6.2
果糖（占干物质）/（g/100）	55~57	GB/T 20882 中的 5.3
葡萄糖＋果糖（占干物质）/（g/100）	≥95	GB/T 20882 中的 5.3
pH	3.3~4.5	GB/T 20882 中的 5.4
色度/RBU	≤50	GB/T 20882 中的 5.5
不溶性颗粒物/（mg/kg）	≤6.0	GB/T 20882 中的 5.6
硫酸灰分/（g/100）	≤0.05	GB/T 20882 中的 5.7
透射比/（g/100）	≥96	GB/T 20882 中的 5.8
二氧化硫（以 SO_2 计）/（mg/kg）	≤40	GB/T 5009.34
菌落总数/（CFU/g）	≤3000	GB 4789.2

五、二氧化碳

（一）二氧化碳分类

二氧化碳是碳酸饮料等含气饮料的重要原料之一，用于饮料的碳酸化。二氧化碳的产品形式有气态、液态和干冰，在饮料中使用的二氧化碳通常为液体二氧化碳。二氧化碳气源众多，主要有合成氨厂脱碳工序排放气、二氧化碳气田气、酒精厂排放废气、制氢装置副产气、石灰石锻烧窑气和石油化工副产气等。由于原料气来源不同，其二氧化碳的纯度不同，总烃、醇、醛、苯、各种形态硫等有害杂质成分也不同，因此会有不同的纯化处理工艺。

（二）二氧化碳验收质量指标及检验方法标准

液体二氧化碳应符合 GB 10621—2006《食品添加剂 液体二氧化碳》的规定，饮料生产厂可以根据需要参考国际饮料技术学会（ISBT）标准中的相关规定。

表 1-2-17　液体二氧化碳原料质量指标及检验方法

项目	指标与要求	检验方法
二氧化碳的体积分数/10^{-2}	≥99.9	GB 10621 中的 5.2
水份的体积分数/10^{-6}	≤20	GB 10621 中的 5.3
酸度	按 5.4 检验合格	GB 10621 中的 5.4

表 1 - 2 - 17（续）

项目	指标与要求	检验方法
一氧化氮的体积分数/10^{-6}	≤2.5	GB 10621 中的 5.5
二氧化氮的体积分数/10^{-6}	≤2.5	GB 10621 中的 5.5
二氧化硫的体积分数/10^{-6}	≤1.0	GB 10621 中的 5.6
总硫的体积分数（除二氧化硫外，以硫计）/10^{-6}	≤0.1	GB 10621 中的 5.6
碳氢化合物总的体积分数（以甲烷计）/10^{-6}	≤50（其中非甲烷烃不超过 0）	GB 10621 中的 5.7
苯的体积分数/10^{-6}	≤0.02	GB 10621 中的 5.8
甲醇的体积分数/10^{-6}	≤10	GB 10621 中的 5.8
乙醇的体积分数/10^{-6}	≤10	GB 10621 中的 5.8
乙醛的体积分数/10^{-6}	≤0.2	GB 10621 中的 5.8
其他含氧有机物的体积分数/10^{-6}	≤1.0	GB 10621 中的 5.8
氯乙烯的体积分数/10^{-6}	≤0.3	GB 10621 中的 5.8
油脂的质量分数/10^{-6}	≤5	GB 10621 中的 5.9
水溶液气味、味道及外观	按 5.10 检验合格	GB 10621 中的 5.10
蒸发残渣的质量分数/10^{-6}	≤10	GB 10621 中的 5.11
氧气的体积分数/10^{-6}	≤30	GB 10621 中的 5.12
一氧化碳的体积分数/10^{-6}	≤10	GB 10621 中的 5.14
氨的体积分数/10^{-6}	≤2.5	GB 10621 中的 5.13
磷化氢的体积分数/10^{-6}	≤0.3	GB 10621 中的 5.15
氰化氢的体积分数/10^{-6}	≤0.5	GB 10621 中的 5.16

六、食品添加剂　甜味剂

（一）常用甜味剂

甜味剂是饮料生产中基本的原料，按其来源可分为天然甜味剂和人工合成甜味剂。天然甜味剂中的蔗糖、果葡糖浆等具有较高的营养价值，属于原料范畴，不作为食品添加剂。人工合成甜味剂具有较高的甜度，不产生热量。饮料中常用的人工合成甜味剂主要有糖精钠、环己基氨基磺酸钠（又名甜蜜素）、乙酰磺胺酸钾（又名安赛蜜）、天门冬酰苯丙氨酸甲酯（又名阿斯巴甜）、三氯蔗糖（又名蔗糖素）等。

（二）验收质量指标及检验方法标准

1. 糖精钠

糖精钠是有机化工合成产品，甜度为蔗糖的 500 倍。糖精钠应符合 GB 4578—2008《食品添加剂　糖精钠》的规定。验收质量指标包括感官要求、理化指标等。

表 1-2-18　糖精钠原料质量指标及检验方法

项目	指标与要求	检验方法
感官	无色或稍带白色的结晶性粉末，无臭或有微弱香气	GB 4578 中的 5.1
含量/（g/100g）	99.0～101.0	GB 4578 中的 5.3
干燥减量／（g/100g）	≤15.0	GB 4578 中的 5.4
酸度和碱度	通过试验	GB 4578 中的 5.7
苯甲酸盐和水杨酸盐	通过试验	GB 4578 中的 5.8

2. 环己基氨基磺酸钠

环己基氨基磺酸钠又称甜蜜素，甜度约为蔗糖的 50 倍。环己基氨基磺酸钠分为 A 型及 B 型（含两个结晶水）。环己基氨基磺酸钠应符合 GB 12488—2008《食品添加剂　环己基氨基磺酸钠（甜蜜素）》的规定。验收质量指标包括感官要求、理化指标等。

表 1-2-19　环己基氨基磺酸钠 A 型原料质量指标及检验方法

项目	指标与要求	检验方法
感官	白色结晶粉末，针状结晶；无臭，有甜味	用目测法观察
环己基氨基磺酸钠（以干基计）/（g/100g）	98.0～101.0	GB 12488 中的 7.4
干燥失重／（g/100g）	≤0.5	GB 12488 中的 7.5
pH（100g/L 水溶液）	5.5～7.5	GB 12488 中的 7.6
透明度（以 100g/L 溶液的透光率表示）/（g/100g）	≥95	GB 12488 中的 7.10

3. 乙酰磺胺酸钾

乙酰磺胺酸钾又称安赛蜜或 AK 糖，甜度约为蔗糖的 200 倍。乙酰磺胺酸钾应符合 GB 25540—2010《食品安全国家标准　食品添加剂　乙酰磺胺酸钾》的规定。验收质量指标包括感官要求、理化指标等。

表 1－2－20　乙酰磺胺酸钾原料质量指标及检验方法

项目	指标与要求	检验方法
色泽和组织状态	无色结晶或白色结晶性粉末	取适量样品置于清洁、干燥的白瓷盘中，在自然光线下，观察其色泽和组织状态，并嗅其味
气味	无臭	
乙酰磺胺酸钾（以干基计）/（g/100g）	99.0～101.0	GB 25540 附录 A 中的 A.3
干燥减量/（g/100g）	≤1.0	GB 5009.3—2010 直接干燥法（干燥温度和时间分别为 105℃和 2h）
pH	5.5～7.5	GB 25540 附录 A 中的 A.4
有机杂质/（mg/kg）	≤20	GB 25540 附录 A 中的 A.5

4. 天门冬酰苯丙氨酸甲酯

天门冬酰苯丙氨酸甲酯又称阿斯巴甜，甜度约为蔗糖的 200 倍。天门冬酰苯丙氨酸甲酯是一种新型的氨基酸类高甜度甜味剂，是由 L－天冬氨酸和 L－苯丙氨酸组成的二肽化合物。天门冬酰苯丙氨酸甲酯应符合 GB 22367—2008《食品添加剂　天门冬酰苯丙氨酸甲酯（阿斯巴甜）》的规定。验收质量指标包括感官要求、理化指标等。

表 1－2－21　天门冬酰苯丙氨酸甲酯原料质量指标及检验方法

项目	指标与要求	检验方法
感官	无色结晶颗粒或粉末，微溶于水和乙醇	用目测法观察
含量（以干基计）/（g/100g）	98.0～102.0	GB 22367 中的 5.2
干燥减量/（g/100g）	≤4.5	GB 5009.3—2010 直接干燥法（干燥温度和时间分别为 105℃和 4h）
灼烧残渣/（g/100g）	≤0.2	GB 22367 中的 5.6
pH	4.5～7.0	GB 22367 中的 5.7
透光率	≥0.95	GB 22367 中的 5.4
5－苄基－3，6－二氧－2－哌嗪乙酸/（g/100g）	≤1.5	GB 22367 中的附录 A
其他相关物/（g/100g）	≤2.0	GB 22367 中的附录 A

5. 三氯蔗糖

三氯蔗糖是以蔗糖为原料，用氯原子选择性取代三个羟基而制得，甜度约为蔗糖的 600 倍。三氯蔗糖应符合 GB 25531—2010《食品安全国家标准　食品添加剂　三氯蔗糖》的规定。验收质量指标包括感官要求、理化指标等。

表 1 - 2 - 22　　三氯蔗糖原料质量指标及检验方法

项目	指标与要求	检验方法
色泽	白色至近白色	取适量样品置于清洁、干燥的白瓷盘中，在自然光线下，观察其色泽和组织状态，并嗅其味
气味	无臭	
组织状态	结晶性粉末	
三氯蔗糖（以干基计）/（g/100g）	98.0～102.0	GB 25531 附录 A 中的 A.3
水分/（g/100g）	≤2.0	GB/T 6283
甲醇/（g/100g）	≤0.1	GB 25531 附录 A 中的 A.7

七、食品添加剂 酸味调节剂

（一）常用酸味调节剂

酸味调节剂是构成饮料的主要成分之一，可使饮料具有特定酸味，从而改善饮料风味。酸味调节剂按其酸味可以分为三类，令人愉快的酸味如柠檬酸，带有苦味的酸味如苹果酸，带有涩味的酸味如乳酸；按组成可分为有机酸和无机酸，常用的无机酸有磷酸，常用的有机酸主要有柠檬酸、苹果酸、乳酸、柠檬酸钠、碳酸氢钠等。由于不同的酸味调节剂有不同的特点和功能，因此在饮料生产中经常使用两种或两种以上的酸味调节剂。

（二）验收质量指标及检验方法标准

1. 柠檬酸

柠檬酸是饮料中应用最广泛的酸味调节剂，可以单独或与其他酸味调节剂配合使用。柠檬酸按是否含结晶水分为无水柠檬酸和一水柠檬酸。柠檬酸应符合 GB 1987—2007《食品添加剂　柠檬酸》的规定。验收质量指标包括感官要求、理化指标等。

表 1 - 2 - 23　　一水柠檬酸原料质量指标及检验方法

项目	指标与要求	检验方法
感官	无色或白色结晶状颗粒或粉末，无臭，味极酸，易溶于水，溶于乙醇，微溶于乙醚，水溶液呈酸性反应，一水柠檬酸在干燥空气中略有风化	肉眼观察、嗅闻
含量/（g/100g）	99.5～100.5	GB 1987 中的 6.3
透光率/（g/100g）	≥95.0	GB 1987 中的 6.4
水不溶物	过滤时间不超过 1min，滤膜基本不变色，目视可见杂色颗粒不超过 3 个	GB 1987 中的 6.15

2. 磷酸

磷酸为无机酸,具有很强的收敛味和涩味,其独特的酸味可以和可乐型香精很好地混合,因此特别适合在可乐型饮料中使用。磷酸应符合 GB 3149—2004《食品添加剂 磷酸》的规定。验收质量指标包括感官要求、理化指标等。

表 1－2－24 磷酸原料质量指标及检验方法

项目	指标与要求	检验方法
感官	无色透明或略带浅色稠状液体	肉眼观察、嗅闻
含量/（g/100g）	85.0～86.0	GB 3149 中的 4.4

3. 苹果酸

苹果酸,又名 2-羟基丁二酸,存在三种异构体,分别是 D-苹果酸、L-苹果酸及其混合物 DL-苹果酸。最常见的是左旋体 L-苹果酸,存在于不成熟的山楂、苹果和葡萄果实的浆汁中。作为食品添加剂的 L-苹果酸以酶工程法或发酵法制得,DL-苹果酸则是以顺丁烯二酸酐、顺/反丁烯二酸为原料经水合反应、浓缩结晶、脱水、干燥而制得。L-苹果酸是人体内部循环的重要中间产物,易被人体吸收,因此在饮料生产中最为常用。L-苹果酸应符合 GB 13737—2008《食品添加剂 L-苹果酸》的规定。验收质量指标包括感官要求、理化指标等。

表 1－2－25 L-苹果酸原料质量指标及检验方法

项目	指标与要求	检验方法
感官	白色结晶或结晶性粉末,有特殊的酸味	肉眼观察、嗅闻
L-苹果酸（以 $C_4H_6O_5$ 计）/（g/100g）	≥99.0	GB 13737 中的 6.4
比旋光度 α_m（25℃,D）/［（°）·dm^2·kg^{-1}］	－1.6～－2.6	GB 13737 中的 6.4
富马酸/（g/100g）	≤0.5	GB 13737 中的 6.13
马来酸/（g/100g）	≤0.05	GB 13737 中的 6.13

4. 乳酸

乳酸,又名 α-羟基丙酸,存在三种异构体,分别是 D-乳酸、L-乳酸及其混合物 DL-乳酸。由于人体只具有代谢 L-乳酸的酶,因此只有 L-乳酸能被人体代谢利用,因此在饮料生产中最为常用。L-乳酸应符合 GB 2023—2003《食品添加剂 乳酸》的规定。验收质量指标包括感官要求、理化指标等。

表 1－2－26 L-乳酸原料质量指标及检验方法

项目	指标与要求	检验方法
感官	油状液体,无刺激,无异味	肉眼观察、嗅闻
乳酸含量/（g/100g）	80～90	GB 2023 中的 5.5
L（＋）乳酸占总酸的含量/（g/100g）	≥95	GB 2023 中的 5.3
色度（APHA）	≤50	GB 2023 中的 5.4

5. 柠檬酸钠

柠檬酸钠，又名枸橼酸钠，二水柠檬酸三钠。柠檬酸钠是目前最重要的柠檬酸盐，是以淀粉质或糖质原料，经发酵生成柠檬酸，再跟碱类物质中和并提纯而得。柠檬酸钠应符合 GB 6782—2009《食品添加剂　柠檬酸钠》的规定。验收质量指标包括感官要求、理化指标等。

表 1-2-27　柠檬酸钠原料质量指标及检验方法

项目	指标与要求	检验方法
感官	白色或无色结晶状颗粒或粉末；无臭，味咸；在湿空气中略有潮解性，在热空气中略有风化；易溶于水，不溶于乙醇	肉眼观察、嗅闻
含量（以干物质计）/（g/100g）	99.0～100.5	GB 6782 中的 5.3
透光率/（g/100g）	≥95.0	GB 6782 中的 5.4
酸碱度	符合试验	GB 6782 中的 5.6
水不溶物	符合试验	GB 6782 中的 5.15

6. 碳酸氢钠

碳酸氢钠，俗称小苏打。碳酸氢钠应符合 GB 1887—2007《食品添加剂　碳酸氢钠》的规定。验收质量指标包括感官要求、理化指标等。

表 1-2-28　碳酸氢钠原料质量指标及检验方法

项目	指标与要求	检验方法
感官	白色结晶粉末	肉眼观察、嗅闻
总碱量（以 Na_2CO_3 计）/（g/100g）	99.0～100.5	GB 1887 中的 6.4
干燥减量/（g/100g）	≤0.20	GB 1887 中的 6.5
pH（10g/L 水溶液）	≤8.5	GB 1887 中的 6.6
澄清度	通过试验	GB 1887 中的 6.10
白度	≥85	GB 1887 中的 6.12

八、食品添加剂　防腐剂

（一）常用防腐剂

防腐剂是加入食品中防止或延缓食品由微生物所引起的腐败变质，延长食品保质期的添加剂。防腐剂按来源分可分为化学防腐剂和天然防腐剂，化学防腐剂又分为酸性防腐剂、酯型防腐剂和无机盐防腐剂，饮料中常用的山梨酸及其钾盐、苯甲酸及其钠盐均属于酸性防腐剂；天然防腐剂根据其来源不同可分为微生物源、动物源、植物源防腐剂，饮料中常用的乳酸链球菌素属于微生物源天然防腐剂。

（二）验收质量指标及检验方法标准

1. 山梨酸及其钾盐

山梨酸（钾）是一种不饱和脂肪酸（盐），在人体内可被代谢系统吸收而迅速分解为二氧化碳和水，在体内无残留，因此是公认的比较安全的防腐剂。山梨酸钾应符合 GB 13736—2008《食品添加剂 山梨酸钾》的规定。验收质量指标包括感官要求、理化指标等。

表 1-2-29 山梨酸钾原料质量指标及检验方法

项目	指标与要求	检验方法
感官	白色或类白色粉末或颗粒	肉眼观察、嗅闻
山梨酸钾（以 $C_6H_7KO_2$ 计）（以干基计）/（g/100g）	98.0～101.0	GB 13736 中的 5.5
干燥减量/（g/100g）	≤1.0	GB 13736 中的 5.8
澄清度试验	通过试验	GB 13736 中的 5.6
游离碱试验	通过试验	GB 13736 中的 5.7

2. 苯甲酸及其钠盐

苯甲酸又名安息香酸，是一种常用的防腐剂，由于其安全性较山梨酸钾低，目前应用范围已越来越窄。苯甲酸钠应符合 GB 1902—2005《食品添加剂 苯甲酸钠》的规定。验收质量指标包括感官要求、理化指标等。

表 1-2-30 苯甲酸钠原料质量指标及检验方法

项目	指标与要求	检验方法
感官	白色颗粒或结晶形粉末，无臭或微带安息香味	肉眼观察、嗅闻
苯甲酸钠（以干基计）/（g/100g）	99.0～100.5	GB 1902 中的 4.4
干燥减量/（g/100g）	≤1.5	GB 1902 中的 4.14
溶液的澄清度试验	通过试验	GB 1902 中的 4.6
酸碱度	通过试验	GB 1902 中的 4.8

3. 乳酸链球菌素

乳酸链球菌素，又名 Nisin，是由乳酸链球菌产生的一种多肽物质，可作为营养物质被人体吸收利用，是一种安全的微生物源天然防腐剂。乳酸链球菌素应符合 QB 2394—2007《食品添加剂 乳酸链球菌素》的规定。验收质量指标包括感官要求、理化指标、微生物指标等。

表 1-2-31 乳酸链球菌素原料质量指标及检验方法

项目	指标与要求	检验方法
感官	浅棕色至乳白色粉末	肉眼观察
效价	≥900	QB 2394 中的 5.3
干燥减量/（g/100g）	≤3.0	GB 5009.3
菌落总数/（CFU/g）	≤10	GB 4789.2
大肠菌群/（MPN/100g）	≤30	GB 4789.3

九、食品添加剂　乳化剂

（一）常用乳化剂

乳化剂是添加于食品后可显著降低油水两相界面张力，使互不相溶的油（疏水性物质）和水（亲水性物质）形成稳定乳浊液的食品添加剂。饮料生产中常用的乳化剂包括蔗糖脂肪酸酯、单硬脂酸甘油脂肪酸酯等。

（二）验收质量指标及检验方法标准

1. 蔗糖脂肪酸酯

蔗糖脂肪酸酯是由蔗糖和脂肪酸（主要是硬脂酸、棕榈酸和油酸、月挂酸）酯化而成。商品的蔗糖脂肪酸酯是由多种脂肪酸和不同酯化度（某一种为主）及不同位置异构体等组成的混合体。蔗糖脂肪酸酯应符合 GB 8272—2009《食品添加剂　蔗糖脂肪酸酯》的规定。验收质量指标包括感官要求、理化指标等。

表 1-2-32　蔗糖脂肪酸酯原料质量指标及检验方法

项目	指标与要求	检验方法
感官	白色至黄褐色粉末状、块状或无色至黄褐色的粘稠树脂状或油状物质，无味或略带油脂味	肉眼观察，嗅闻
酸值（以 KOH 计）/（mg/g）	≤6.0	GB 8272 中的 5.3
游离糖（以蔗糖计）/（g/100g）	≤10.0	GB 8272 中的 5.4
水分/（g/100g）	≤4.0	GB 8272 中的 5.5
灰分/（g/100g）	≤4.0	GB 8272 中的 5.6

2. 单硬脂酸甘油脂肪酸酯

单硬脂酸甘油脂肪酸酯是由氢化棕榈油和甘油在催化剂存在下加热酯化，并经提纯而得，是非均一结构的混合物，包含单酯、双酯、三酯等，其中要求单酯含量大于 90%。单硬脂酸甘油脂肪酸酯应符合 GB 15612—1995《食品添加剂　蒸馏单硬脂酸甘油酯》的规定。验收质量指标包括感官要求、理化指标等。

表 1-2-33　单硬脂酸甘油脂肪酸酯原料质量指标及检验方法

项　目	指标与要求	检验方法
感　官	乳白色或浅黄色蜡状或粉状固体，无臭无味	肉眼观察，嗅闻
单硬脂酸甘油酯含量/（g/100g）	≥90.0	GB 15612 中的 4.2.1
游离酸（以硬脂酸计）/（g/100g）	≤2.5	GB 15612 中的 4.2.4

十、食品添加剂　增稠剂

(一) 常用增稠剂

增稠剂可提高饮料的粘稠度，改变其物理性质，起到乳化、稳定作用，并兼有赋予饮料粘润、适宜、真实、天然的口感。增稠剂种类很多，按来源分可分为天然增稠剂和合成增稠剂。天然增稠剂多从含多糖类粘质物的植物和海藻类制取，如果胶、瓜尔胶等，也有从含有蛋白质的动物制取，如明胶、酪蛋白等，以及从微生物制取的黄原胶等。合成增稠剂主要有羧甲基纤维素钠、变性淀粉等。按水合性质分有冷溶胶如黄原胶和热溶胶如果胶、卡拉胶、结冷胶等。饮料中常用的增稠剂有羧甲基纤维素钠、黄原胶、瓜尔胶、果胶等。

(二) 验收质量指标及检验方法标准

1. 羧甲基纤维素钠

羧甲基纤维素钠是纤维素经碱化、醚化、中和及洗涤等工艺而制成的。羧甲基纤维素钠根据其黏度、取代度不同会有不同的型号，饮料生产企业应结合 GB 1904—2005《食品添加剂 羧甲基纤维素钠》的规定及特定型号的具体规格制定相应的验收质量指标。验收质量指标包括感官要求、理化指标等。

表 1-2-34　羧甲基纤维素钠原料质量指标及检验方法

项　目	指标与要求	检验方法
感　官	白色或微黄色纤维状粉末	肉眼观察，嗅闻
黏度/（mPa·s）	按特定产品规格	GB 1904 中的 5.4
取代度	按特定产品规格	GB 1904 中的 5.5
pH（10g/L）	6.0～8.5	GB 1904 中的 5.6
干燥减量/（g/100g）	≤10.0	GB 1904 中的 5.7
氯化物（以 Cl 计）/（g/100g）	≤1.2	GB 1904 中的 5.8

2. 黄原胶

黄原胶是一种微生物多糖，是以淀粉质为主要原料，经特定的微生物发酵而得。黄原胶根据其黏度、剪切性能值不同会有不同的型号，饮料生产企业应结合 GB 13886—2007《食品添加剂 黄原胶》的规定及特定型号的具体规格制定相应的验收质量指标。验收质量指标包括感官要求、理化指标、微生物指标等。

表 1-2-35　黄原胶原料质量指标及检验方法

项　目	指标与要求	检验方法
感　官	类白色或浅米黄色粉末	肉眼观察
黏度/（mPa·s）	按特定产品规格	GB 13886 中的 5.2.1
剪切性能值	按特定产品规格	GB 13886 中的 5.2.2

表 1 - 2 - 35（续）

项 目	指标与要求	检验方法
干燥减量/（g/100g）	≤15.0	GB 13886 中的 5.2.3
灰分/（g/100g）	≤16.0	GB 13886 中的 5.2.4
总氮/（g/100g）	≤1.5	GB 13886 中的 5.2.5
丙酮酸/（g/100g）	≥1.5	GB 13886 中的 5.2.6
菌落总数/（CFU/g）	≤5000	GB 4789.2
大肠菌群/（MPN/100g）	≤30	GB 4789.3
霉菌和酵母/（CFU/g）	≤500	GB 4789.15

3. 瓜尔胶

瓜尔胶是一种植物性天然增稠剂，是以瓜尔豆胚乳片为原料，经水化、粉碎等步骤加工而制得，其主要成分是半乳甘露聚糖。瓜尔胶应符合 GB 28403—2012《食品安全国家标准　食品添加剂　瓜尔胶》的规定。验收质量指标包括感官要求、理化指标、微生物指标等。

表 1 - 2 - 36　瓜尔胶原料验收质量指标及检验方法

项目	指标与要求	检验方法
色泽	白色至淡黄色	取适量样品置于清洁、干燥的玻璃皿中，在自然光线下，观察其色泽和状态，嗅其气味
状态	粉末	
气味	几乎无味或有淡淡的豆腥味	
黏度/（mPa·s）	按特定产品规格	GB 28403 附录 A 中的 A.3
干燥减量/（g/100g）	≤15.0	GB 5009.3 直接干燥法（干燥温度和时间分别为 105℃ 和 5h）
灰分/（g/100g）	≤1.5	GB 5009.4
酸不溶物/（g/100g）	≤7.0	GB 28403 附录 A 中的 A.4
蛋白质/（g/100g）	≤7.0	GB 5009.5（蛋白质系数为 6.25）
硼酸盐试验	通过试验	GB 28403 附录 A 中的 A.5
淀粉试验	通过试验	GB 28403 附录 A 中的 A.6
菌落总数/（CFU/g）	≤5000	GB 4789.2（样品稀释方法见 GB 28403 附录 A 中的 A.7）
大肠菌群/（MPN/g）	<30	GB 4789.3（样品稀释方法见 GB 28403 附录 A 中的 A.7）

4. 果胶

果胶一般以柚子、柠檬、柑橘、苹果等水果的果皮或果渣以及其他适当的可食用的植物为原料，经提取、精制而得。商品化的果胶产品可含有用于标准化目的的糖类和用于控制 pH 的缓冲盐类。果胶应符合 GB 25533—2010《食品安全国家标准　食品添加剂　果胶》的规定。验收质量指标包括感官要求、理化指标等。

表 1－2－37　果胶原料质量指标及检验方法

项目	指标与要求	检验方法
色泽	白色、淡黄色、浅灰色或浅棕色	取适量样品置于清洁、干燥的白瓷盘中，在自然光线下，观察其色泽和外观
组织状态	粉末	
干燥减量/（g/100g）	≤12.0	GB 5009.3 直接干燥法（干燥温度和时间分别为 105℃和 2h）
二氧化硫/（mg/kg）	≤50	GB/T 5009.34
酸不溶灰分/（g/100g）	≤1.0	GB 25533 附录 A 中的 A.3
总半乳糖醛酸/（g/100g）	≥65	GB 25533 附录 A 中的 A.4

5. 褐藻酸钠（海藻酸钠）

褐藻酸钠又名海藻酸钠，是从褐藻中提取的一种天然增稠剂。其主要成分是直链糖醛酸聚糖。褐藻酸钠根据其黏度不同会有不同的型号，饮料生产企业应结合 GB 1976—2008《食品添加剂　褐藻酸钠》的规定及特定型号的具体规格制定相应的验收质量指标。验收质量指标包括感官要求、理化指标等。

表 1－2－38　褐藻酸钠原料质量指标及检验方法

项　目	指标与要求	检验方法
色泽与性状	乳白色至浅黄色或浅黄褐色粉状或粒状	将样品平摊于白瓷盘中，于光线充足、无异味的环境中用目视测定
黏度/（mPa·s）	按特定产品规格	GB 1976 附录 A
pH	6.0～8.0	GB 1976 附录 B
水分/（g/100g）	≤15.0	GB 1976 附录 C
灰分（以干基计）/（g/100g）	18～27	GB 1976 附录 D
水不溶物/（g/100g）	≤0.6	GB 1976 附录 E
透光率/（g/100g）	符合规定	GB 1976 附录 F

6. 结冷胶

结冷胶同黄原胶一样也是一种微生物多糖，是以淀粉质为主要原料，经特定的微生物发酵而得，分为高酰基结冷胶及低酰基结冷胶。结冷胶应符合 GB 25535—2010《食品安全国家标准　食品添加剂　结冷胶》的规定。验收质量指标包括感官要求、理化指标、微生物指标等。

表 1-2-39　结冷胶原料质量指标及检验方法

项　目	指标与要求	检验方法
色　泽	类白色	取适量样品置于清洁、干燥的白瓷盘中，在自然光线下，观察其色泽和组织状态
组织状态	粉末	
结冷胶/（g/100g）	85.0～108.0	GB 25535 附录 A 中的 A.3
干燥减量/（g/100g）	≤15.0	GB 5009.3 直接干燥法（干燥温度和时间分别为 105℃ 和 2.5h）
菌落总数/（CFU/g）	≤10000	GB 4789.2
大肠菌群/（MPN/100g）	≤30	GB 4789.3
霉菌和酵母/（CFU/g）	≤400	GB 4789.15

7. 卡拉胶

卡拉胶是以红藻类植物为原料，经水或碱液等提取并加工而成。其主要成分是由半乳糖及脱水半乳糖所组成的多糖类硫酸酯，根据半乳糖上硫酸基的个数，有 Iota、Kappa、Lambda 三种基本型号。商品卡拉胶是三种基本型号卡拉胶的混合物，可含有用于标准化目的的糖类和用于特殊胶化或稠化效果的盐类或干燥过程中带入的乳化剂。卡拉胶应符合 GB 15044—2009《食品添加剂　卡拉胶》的规定。验收质量指标包括感官要求、理化指标、微生物指标等。

表 1-2-40　卡拉胶原料质量指标及检验方法

项目	指标与要求	检验方法
感官	灰白色或淡黄色至棕黄色粉末，无异味	取适量样品置于清洁、干燥的白瓷盘中，在自然光线下，观察其外观，嗅其气味
硫酸酯（以 SO_4^{2-} 计）/（g/100g）	14～40	GB 15044 中的 4.3.1
黏度/（mPa·s）	按特定产品规格	GB 15044 中的 4.3.2
干燥减量/（g/100g）	≤12.0	GB 5009.3 直接干燥法（干燥温度和时间分别为 105℃ 和 4h）
总灰分/（g/100g）	15～40	GB 15044 中的 4.3.4
酸不溶灰分/（g/100g）	≤1.0	GB 15044 中的 4.3.5
大肠菌群/（MPN/100g）	≤30	GB 4789.3

8. 氧化羟丙基淀粉

氧化羟丙基淀粉是以食用淀粉或由生产食用淀粉的原料得到的淀粉乳为原料与氧化剂和醚化剂发生反应制得的食品添加剂，以及结合酶处理、酸处理、碱处理和预糊化处理中一种或多种方法加工后的食品添加剂。氧化羟丙基淀粉应符合 GB 29933—2013《食品安

全国家标准　食品添加剂　氧化羟丙基淀粉》的规定。验收质量指标包括感官要求、理化指标等。

表1-2-41　氧化羟丙基淀粉原料质量指标及检验方法

项目	指标与要求	检验方法
色泽	白色、类白色或者淡黄色	取试样50g置于洁净的白瓷盘中，在自然光线下，观察其色泽、状态，嗅其气味
状态	呈颗粒状、片状或粉末状，无可见杂质	
气味	具有产品固有的气味，无异味	
干燥减量／（g/100g）	≤按特定产品规格	GB/T 12087
二氧化硫残留／（mg/kg）	≤30	GB/T 22427.13
羧基／（g/100g）	≤1.1	GB/T 20274
羟丙基／（g/100g）	≤7.0	GB 29933 附录A中的A.4
氯丙醇／（mg/kg）	≤1.0	GB 29933 附录A中的A.5

十一、食品添加剂　香精与香料

（一）常用香精、香料

香料是来自自然界动物、植物的或经人工单离、合成而得到的发香物质。香精是以天然或人造香料为原料，经过调香，有的加入适当的稀释剂，配制而成的多成分的混合体。香料分为天然香料和人工香料，饮料中常用的天然香料有桔子油、甜橙油、柠檬油等，人工香料有苯甲醛、香兰素、乙基香兰素、薄荷脑、乙酸异戊酯等。饮料用的香精按形态可分为水溶性香精、油溶性香精、乳化香精和粉末香精等。

（二）验收质量指标及检验方法标准

1. 液体香精

液体香精应符合GB 30616—2014《食品安全国家标准 食品用香精》的规定，验收质量指标最重要的是香气和香味，另外还有理化指标等。

表1-2-42　水溶性液体香精质量指标及检验方法

项目	指标与要求	检验方法
色状	符合同一型号的标准样品	GB 30616 附录B中的B.1
香气	符合同一型号的标准样品	GB/T 14454.2
香味	符合同一型号的标准样品	GB 30616 附录B中的B.2
相对密度（25/25℃或20/20℃或20/4℃）	D标样±0.010	GB/T 11540
折光指数（25℃或20℃）	N标样±0.010	GB/T 14454.4

2. 粉末香精

粉末香精应符合 GB 30616—2014《食品安全国家标准　食品用香精》的规定，验收质量指标最重要的是香气和香味，另外还有理化指标等。

表 1-2-43　粉末香精质量指标及检验方法

项目	指标与要求	检验方法
色状	符合同一型号的标准样品	GB 30616 附录 B 中的 B.1
香气	符合同一型号的标准样品	GB/T 14454.2
香味	符合同一型号的标准样品	GB 30616 附录 B 中的 B.2
水分/（g/100g）	按特定产品规格	GB 5009.3 及 GB 30616 附录 B 中的 B.3

3. 乳化香精

乳化香精应符合 GB 30616—2014《食品安全国家标准　食品用香精》的规定。验收质量指标包括香气和香味及理化指标等。

表 1-2-44　乳化香精质量指标及检验方法

项目	指标与要求	检验方法
色状	符合同一型号的标准样品	GB 30616 附录 B 中的 B.1
香气	符合同一型号的标准样品	GB/T 14454.2
香味	符合同一型号的标准样品	GB 30616 附录 B 中的 B.2
粒度	≤2μm 且分布均匀	GB 30616 附录 B 中的 B.4
原液稳定性	不分层	GB 30616 附录 B 中的 B.5
千倍稀释液稳定性	无浮油，无沉淀	GB 30616 附录 B 中的 B.6

十二、食品添加剂　着色剂

（一）常用着色剂

着色剂是使食品着色和改善食品色泽的添加剂，按其来源可分为天然着色剂和人工合成着色剂。饮料中常用的天然着色剂有焦糖色、葡萄皮红等，常用的人工合成着色剂有日落黄、柠檬黄等。

（二）验收质量指标及检验方法标准

1. 焦糖色

焦糖色通常是一种复杂的混合性化合物，一般是以蔗糖、淀粉糖浆、木糖母液等为原料，通过加热碳水化合物单独制成或在食用的酸、碱、盐参与下合成。按生产中加入的反应剂不同分为普通法、氨法、亚硫酸铵法焦糖色。焦糖色应符合 GB 8817—2001《食品添

加剂　焦糖色（亚硫酸铵法、氨法、普通法）》的规定。验收质量指标包括感官要求、理化指标等。

表 1-2-45　液体焦糖色原料质量指标及检验方法

项　目	指标与要求	检验方法
色泽和外观形状	黑褐色，稠状液体	将样品置于无色玻璃烧杯中，观察其色泽和外观形状
气　味	具有焦糖色素的焦香味，无异味	将样品稀释成 5g/L～20g/L 的水溶液，嗅其气味
澄清度	应澄清，无混浊和沉淀	将样品稀释成 2g/L～4g/L 的水溶液，置于 50mL 比色管中。在明亮处自上而下观察
吸光度，$E_{1cm}^{0.1\%}$（610nm）	按特定产品规格	GB 8817 中的 4.2
氨氮（以 NH_3 计）/（g/100g）	≤0.50	GB 8817 中的 4.4
二氧化硫（以 SO_2 计）/（g/100g）	≤0.1	GB/T 5009.34
4-甲基咪唑/（g/100g）	≤0.02	GB 8817 中的 4.6

2. 日落黄

日落黄是由对氨基苯磺酸重氮化后与薛佛氏盐偶合而制得。日落黄应符合 GB 6227.1—2010《食品安全国家标准　食品添加剂　日落黄》的规定。验收质量指标包括感官要求、理化指标等。

表 1-2-46　日落黄原料质量指标及检验方法

项目	指标与要求	检验方法
色泽	橙红色	自然光线下采用目视评定
组织状态	粉末或颗粒	
日落黄/（g/100g）	≥87.0	GB 6227.1 附录 A 中的 A.4
对氨基苯磺酸钠/（g/100g）	≤0.20	GB 6227.1 附录 A 中的 A.7
2-萘酚-6-磺酸钠/（g/100g）	≤0.20	GB 6227.1 附录 A 中的 A.8
6,6'-氧代双（2-萘磺酸）二钠/（g/100g）	≤1.0	GB 6227.1 附录 A 中的 A.9
4,4'-（重氮亚氨基）二苯磺酸二钠盐/（g/100g）	≤0.10	GB 6227.1 附录 A 中的 A.10
1-苯基偶氮基-2-萘酚/（mg/kg）	≤10.0	GB 6227.1 附录 A 中的 A.11

3. 柠檬黄

柠檬黄是由对氨基苯磺酸重氮化后与 1-（4'-磺酸基苯基）-3-羧基甲（乙）酯-5-吡唑啉酮偶合并水解或由对氨基苯磺酸重氮化后与 1-（4'-磺酸基苯基）-3-羧基-5-吡

唑啉酮偶合而制得。柠檬黄应符合 GB 4481.1—2010《食品安全国家标准　食品添加剂柠檬黄》的规定。验收质量指标包括感官要求、理化指标等。

表 1-2-47　柠檬黄原料质量指标及检验方法

项　目	指标与要求	检验方法
色　泽	橙黄或亮橙色	自然光线下采用目视评定
组织状态	粉末或颗粒	
柠檬黄/（g/100g）	≥87.0	GB 4481.1 附录 A 中的 A.4
对氨基苯磺酸钠/（g/100g）	≤0.20	GB 4481.1 附录 A 中的 A.7
1-（4′-磺酸基苯基）-3-羧基-5-吡唑啉酮二钠盐/（g/100g）	≤0.20	GB 4481.1 附录 A 中的 A.8
1-（4′-磺酸基苯基）-3-羧酸甲（乙）酯基-5-吡唑啉酮钠盐/（g/100g）	≤0.10	GB 4481.1 附录 A 中的 A.9
4,4′-（重氮亚氨基）二苯磺酸二钠盐/（g/100g）	≤0.05	GB 4481.1 附录 A 中的 A.10

4. 葡萄皮红

葡萄皮红是以葡萄皮或葡萄榨汁后的皮渣为主要原料，经水或食用乙醇提取、精制而成的食品添加剂。其主要着色成分为花色苷。商品化的葡萄皮红产品可由添加食用糊精而制成。葡萄皮红应符合 GB 28313—2012《食品安全国家标准　食品添加剂　葡萄皮红》的规定。验收质量指标包括感官要求、理化指标等。

表 1-2-48　葡萄皮红原料质量指标及检验方法

项　目	指标与要求	检验方法
气　味	无味或稍有气味	取适量样品置于清洁、干燥的白瓷盘中：在自然光线下，观察其色泽、性状；在无异味环境中，嗅其气味
色　泽	红至紫红色	
性　状	粉末、颗粒或液体	
色价，$E_{1cm}^{1\%}$（515～535nm）	按特定产品规格	GB 28313 附录 A 中的 A.3
干燥减量/（g/100g）	≤8.0	GB 5009.3 中直接干燥法
二氧化硫/（mg/kg）	≤500（以一个色价计进行换算）	GB 28313 附录 A 中的 A.4

十三、食品添加剂　抗氧化剂

（一）常用抗氧化剂

抗氧化剂是指能够防止或延缓食品氧化，提高食品稳定性、延长食品贮藏期的食品添加剂。根据抗氧化剂的溶解性可分为水溶性抗氧化剂和油溶性抗氧化剂，饮料中常用的水溶性抗氧化剂有抗坏血酸、异抗坏血酸及其钠盐，油溶性抗氧化剂有生育酚等。

（二）验收质量指标及检验方法标准

D-异抗坏血酸钠应符合 GB 8273—2008《食品添加剂　D-异抗坏血酸钠》的规定。验收质量指标包括感官要求、理化指标等。

表 1-2-49　D-异抗坏血酸钠原料质量指标及检验方法

项目	指标与要求	检验方法
感官	白色或微黄色结晶颗粒或粉末，无臭	肉眼观察、嗅闻
含量（$C_6H_7NaO_6 \cdot 2H_2O$）/（g/100g）	≥98.0	GB 8273 中的 5.3
干燥减量 /（g/100g）	≤0.25	GB 5009.3 中减压干燥法
pH	5.5～8.0	GB 8273 中的 5.5
草酸试验	合格	GB 8273 中的 5.9

十四、食品添加剂　营养强化剂

（一）常用营养强化剂

营养强化剂是为了增加食品的营养成分（价值）而加入到食品中的天然或人工合成的营养素和其他营养成分。其主要有维生素类、矿物质类和其他类。维生素包括脂溶性和水溶性维生素，饮料中常强化的脂溶性维生素有维生素 A、维生素 D、维生素 E 等；水溶性维生素有维生素 C 和 B 族维生素，矿物质类有钙、锌等，其他类的主要是牛磺酸。

（二）验收质量指标及检验方法标准

1. 维生素 A

GB 14880 规定营养强化剂维生素 A 的化合物来源有醋酸视黄酯（醋酸维生素 A）、棕榈酸视黄酯（棕榈酸维生素 A）、全反式视黄醇和 β-胡萝卜素，其中饮料中最常用的是醋酸视黄酯。醋酸视黄酯应符合 GB 14750—2010《食品安全国家标准　食品添加剂　维生素 A》的规定。验收质量指标包括感官要求、理化指标等。

表 1-2-50　醋酸视黄酯原料质量指标及检验方法

项　目	指标与要求	检验方法
色　泽	淡黄色	取适量样品置于清洁、干燥的试管中，在自然光线下，观察其色泽和组织状态，嗅其气味
气　味	无酸败味，几乎无臭或有微弱的鱼腥味	
组织状态	油溶液，冷冻后可固化	
维生素 A（$C_{22}H_{32}O_2$）标示量/%	97.0～103.0	GB 14750 附录 A 中的 A.4
酸值（以 KOH 计）/（mg/g）	≤2.0	GB 14750 附录 A 中的 A.5
过氧化值试验	通过试验	GB 14750 附录 A 中的 A.6
吸收系数比	≥0.85	GB 14750 附录 A 中的 A.7

2. 维生素 D

GB 14880 规定营养强化剂维生素 D 的化合物来源有麦角钙化醇（维生素 D_2）、胆钙化醇（维生素 D_3）。麦角钙化醇（维生素 D_2）应符合 GB 14755—2010《食品安全国家标准 食品添加剂 维生素 D_2（麦角钙化醇)》的规定。验收质量指标包括感官要求、理化指标等。

表 1 - 2 - 51　麦角钙化醇原料质量指标及检验方法

项　目	指标与要求	检验方法
色　泽	无色或白色	取适量样品置于清洁、干燥的试管中，在自然光线下，观察其色泽和组织状态，嗅其气味
气　味	无臭	
组织状态	针状结晶或结晶性粉末	
维生素 D_2（$C_{28}H_{44}O$）/%	98.0～103.0	GB 14755 附录 A 中的 A.4
麦角甾醇/（g/100g）	≤0.2	GB 14755 附录 A 中的 A.5
质量吸收系数 α（265nm）/（L/cm·g）	46～49	GB 14755 附录 A 中的 A.7
还原性物质（四唑蓝显色试验）/（g/100g）	≤0.002	GB 14755 附录 A 中的 A.8

3. 维生素 E

GB 14880 规定营养强化剂维生素 E 的化合物来源有 $d-\alpha$-生育酚、$dl-\alpha$-生育酚、$d-\alpha$-醋酸生育酚、$dl-\alpha$-醋酸生育酚、混合生育酚浓缩物等。饮料中最常用的是 $dl-\alpha$-醋酸生育酚，$dl-\alpha$-醋酸生育酚应符合 GB 14756—2010《食品安全国家标准 食品添加剂 维生素 E（$dl-\alpha$-醋酸生育酚)》的规定。验收质量指标包括感官要求、理化指标等。

表 1 - 2 - 52　$dl-\alpha$-醋酸生育酚原料质量指标及检验方法

项目	指标与要求	检验方法
色泽	微黄色至黄色或黄绿色，遇光色渐变深	取适量样品置于清洁、干燥的试管中，在自然光线下，观察其色泽和组织状态，嗅其气味
气味	几乎无臭	
组织状态	澄清的黏稠液体	
维生素 E（$C_{31}H_{52}O_3$）/（g/100g）	96.0～102.0	GB 14756 附录 A 中的 A.4
酸度试验	≤通过试验	GB 14756 附录 A 中的 A.5

4. 维生素 B_6

GB 14880 规定营养强化剂维生素 B_6 的化合物来源有盐酸吡哆醇和 5′-磷酸吡哆醛等。饮料中最常用的是盐酸吡哆醇，盐酸吡哆醇应符合 GB 14753—2010《食品安全国家标准 食品添加剂 维生素 B_6（盐酸吡哆醇)》的规定。验收质量指标包括感官要求、理化指标等。

表 1－2－53　盐酸吡哆醇原料质量指标及检验方法

项目	指标与要求	检验方法
色泽	白色或类白色	取适量样品置于清洁、干燥的试管中，在自然光线下，观察其色泽和组织状态，嗅其气味
气味	无臭	
组织状态	结晶或结晶性粉末	
维生素 B_6（$C_8H_{11}NO_3 \cdot HCl$，以干基计）/（g/100g）	98.0～100.5	GB 14753 附录 A 中的 A.4
干燥减量/（g/100g）	≤0.5	GB 14753 附录 A 中的 A.5
灼烧残渣/（g/100g）	≤0.1	GB 14753 附录 A 中的 A.6
pH（100g/L）	2.4～3.0	GB/T 9724

5. 维生素 C

　　GB 14880 规定营养强化剂维生素 C 的化合物来源有 L-抗坏血酸、L-抗坏血酸钙、维生素 C 磷酸酯镁、L-抗坏血酸钠、L-抗坏血酸钾和 L-抗坏血酸-6-棕榈酸盐（抗坏血酸棕榈酸酯）。饮料中最常用的是 L-抗坏血酸，L-抗坏血酸应符合 GB 14754—2010《食品安全国家标准　食品添加剂　维生素 C（抗坏血酸）》的规定。验收质量指标包括感官要求、理化指标等。

表 1－2－54　L-抗坏血酸原料质量指标及检验方法

项目	指标与要求	检验方法
色泽	白色或微黄色	取适量试样置于 50mL 烧杯中，在自然光线下，观察其色泽和组织状态，嗅其气味
气味	无臭	
组织状态	结晶或结晶性粉末	
维生素 C（$C_6H_8O_6$）/（g/100g）	≥99.0	GB 14754 附录 A 中的 A.4
比旋光度 α_m（20℃，D）/［（°）· $dm^2 \cdot kg^{-1}$］	＋20.5～＋21.5	GB 14754 附录 A 中的 A.5
灼烧残渣/（g/100g）	≤0.1	GB 14754 附录 A 中的 A.6

6. 碳酸钙

　　GB 14880 规定营养强化剂钙的化合物来源有很多，其中饮料中最常用的是碳酸钙。食品添加剂碳酸钙包括轻质碳酸钙和重质碳酸钙，轻质碳酸钙系用化学法沉淀而得，重质碳酸钙则是以优质的方解石或石灰石为原料，经机械方法粉碎制得，饮料中通常使用轻质碳酸钙。食品添加剂碳酸钙又分为Ⅰ型和Ⅱ型，用作营养强化剂的是Ⅰ型。Ⅰ型轻质碳酸钙应符合 GB 1898—2007《食品添加剂　碳酸钙》的规定。验收质量指标包括感官要求、理化指标等。

表 1-2-55　Ⅰ型轻质碳酸钙原料质量指标及检验方法

项　目	指标与要求	检验方法
感　官	白色粉末	肉眼观察
碳酸钙（$CaCO_3$，干基计）/（g/100g）	98.0～100.5	GB 1898 中的 8.4
盐酸不溶物/（g/100g）	≤0.20	GB 1898 中的 8.5
干燥减量/（g/100g）	≤2.0	GB 1898 中的 8.10

7. 葡萄糖酸锌

GB 14880 规定营养强化剂锌的化合物来源有硫酸锌、葡萄糖酸锌等，其中饮料中较常用的是葡萄糖酸锌。葡萄糖酸锌应符合 GB 8820—2010《食品安全国家标准　食品添加剂　葡萄糖酸锌》的规定。验收质量指标包括感官要求、理化指标等。

表 1-2-56　葡萄糖酸锌原料质量指标及检验方法

项　目	指标与要求	检验方法
色　泽	白色或类白色	取适量样品置于清洁、干燥的白瓷盘中，在自然光线下，观察其色泽和组织状态
组织状态	颗粒或晶状粉末	
葡萄糖酸锌（$C_{12}H_{22}O_{14}Zn$，以干基计）/（g/100g）	97.0～102.0	GB 8820 附录 A 中的 A.4
还原物质（以 $C_6H_{12}O_6$ 计）/（g/100g）	≤1.0	GB 8820 附录 A 中的 A.6
干燥减量/（g/100g）	≤11.6	GB 8820 附录 A 中的 A.7
pH（10.0g/L 溶液）	5.5～7.5	GB/T 9724

8. 牛磺酸

牛磺酸是饮料中常添加的营养强化剂。牛磺酸应符合 GB 14759—2010《食品安全国家标准 食品添加剂 牛磺酸》的规定。验收质量指标包括感官要求、理化指标等。

表 1-2-57　牛磺酸原料质量指标及检验方法

项　目	指标与要求	检验方法
色　泽	白色	取试样 10mL，置于试管中，在自然光线下，观察色泽和组织状态，嗅其气味
气　味	无臭	
组织状态	结晶或结晶性粉末	
牛磺酸（$C_2H_7NO_3S$，以干基计）/（g/100g）	98.5～101.5	GB 14759 附录 A 中的 A.4
电导率（$\mu S \cdot cm^{-1}$）	≤150	GB 14759 附录 A 中的 A.5
pH	4.1～5.6	GB 14759 附录 A 中的 A.6
澄清度试验	通过试验	GB 14759 附录 A 中的 A.11

十五、饮料常用包装材料及容器

用于食品的包装材料和容器，指包装、盛放食品或者食品添加剂用的纸、竹、木、金属、搪瓷、陶瓷、塑料、橡胶、天然纤维、化学纤维、玻璃等制品和直接接触食品或者食品添加剂的涂料。饮料产品中常用的包装材料及容器包括：

（一）玻璃材料及容器：玻璃是一种历史悠久的包装材料，玻璃瓶是我国传统的饮料包装容器，与饮料企业相关的我国现行有效的玻璃容器标准有：QB 2142—1995《碳酸饮料玻璃瓶》，企业在进货验收时，可选择相应的指标实施检验。产品的抽样方法：可以是边卸货边抽样，也可以是堆码后再抽样，分别从不同部位抽取一定数量的玻璃瓶进行检验。

表 1 - 2 - 58　碳酸饮料玻璃瓶检验项目及检验方法

项　目	指标与要求	检验方法
外观质量	QB 2142 或企业验收规程	QB 2142
规格尺寸	QB 2142 或企业验收规程	QB 2142
抗热震性	QB 2142 或企业验收规程	GB/T 4547
耐内压力	QB 2142 或企业验收规程	GB/T 4546
内应力	QB 2142 或企业验收规程	GB/T 4545
抗机械冲击强度	QB 2142 或企业验收规程	GB 6552
耐水性	QB 2142 或企业验收规程	GB/T 4548

（二）金属材料及容器：饮料包装的金属罐分两片罐和三片罐。两片罐以铝合金板材为主，多用于碳酸饮料的包装；而三片罐以镀锡薄钢板（马口铁）为主，多用于不含碳酸气的饮料包装。

表 1 - 2 - 59　金属包装容器检验项目及检验方法

项　目	指标与要求	检验方法
外　观	企业验收规程	在自然光线或日光灯下目测
密封胶	企业验收规程	在自然光线或日光灯下目测，并用精度不低于 0.001g 的量具测量
钩边外径	企业验收规程	沿底盖外缘取 3 点（每 120°取 1 点），用卡尺或钩边外径测试仪测量
埋头度	企业验收规程	在图示处取 3 点，用埋头度检测仪测定
钩边高度	企业验收规程	将 10 片易开盖重叠，用卡尺垂直于钩边处测量 10 片易开盖的钩边高度值再除以 10，为单片易开盖的钩边高度（测量 3 点取平均值）。也可采用钩边高度仪直接测量
钩边开度	企业验收规程	用自制的钩边开度测量工具（尺寸需与标准对应）在盖子钩边处转过一圈，能顺利通过即为合格

表 1－2－59（续）

项　目	指标与要求	检验方法
耐压强度	企业验收规程	使用读数值不大于 10kPa 的盖耐压强度测试仪，对盖缓慢升压至相应压力，保压 1min，卸压后观察盖变形情况
启破力和全开力	企业验收规程	使用读数值不大于 1N 的启破力、全开力测试仪对盖进行检验，读取拉环开启瞬间和拉环完全脱离时的最大值
封口胶重量	企业验收规程	将易开盖的密封胶用专用工具完全挑起，放入精度为 0.001g 或者更高的电子秤进行称量
内涂膜完整性	企业验收规程	使用读数值不大于 0.1mA、工作电压为直流 6.3V 的内涂膜完整性测试仪，调整到盖模式，在特制玻璃容器内加 1％氯化钠溶液（铝盖）或 2％硫酸钠溶液（铁盖），易开盖放在容器上，抽真空后将其翻转，使其溶液要能够完全覆盖易开盖，将盖边缘划破，使其通电，按下脚踏开关，读取第 4 秒的内涂膜缺陷电流值
开启可靠性	企业验收规程	经 200℃、5min 烘烤，冷却后使用手或者简单工具开启易开盖，拉环（片）不得脱落并完全开启
密封性	企业验收规程	在进行耐压强度试验时，观察试样是否有泄漏现象
内涂膜试验	企业验收规程	耐酸试验[a]、耐硫试验[b]、耐冲击性能[c]
罐盖刻痕剩余厚度	企业验收规程	使用易开盖刻痕残留仪检测
羽化试验	企业验收规程	将来料易开盖置于蒸馏水中经规定温度、时间杀菌后，然后瞬间冷却，拉开拉环，检测拉环处涂膜在盖沿的残留情况

[a]耐酸试验

将易开盖放入盛有 2％的柠檬酸溶液的惰性容器内后密封或将易开盖卷封在盛有 2％的柠檬酸溶液的三片罐上，放入杀菌锅中，经规定温度、时间杀菌后取出冷却，观察易开盖内涂膜是否剥离、脱落、腐蚀和明显变色。

[b]耐硫试验

用经乙酸调 pH 为 6.0 的 0.05％硫化钠溶液，将底盖放入盛有硫化钠溶液的惰性容器内后密封或将全开盖封在盛有硫化钠溶液的三片罐上，放入杀菌锅中，经规定温度、时间杀菌后取出冷却，观察全开盖涂膜是否剥离、脱落和明显腐蚀。

[c]耐冲击性能

外涂膜用 20％的硫酸铜溶液、10％盐酸溶液混合溶液中浸泡两分钟，应无明显线状腐蚀或密集性腐蚀点（面盖刻线部位及倒钩截面除外）。溶液具体配制方法：以配制 500mL 为例，天平上用 250mL 烧杯称取 100.0g 五水合硫酸铜。加入约 100mL 室温蒸馏水适当搅拌。用 100mL 量筒量取 50mL 浓盐酸，沿烧杯壁缓慢加入烧杯中（量筒不需清洗转移），并不断搅拌。充分搅拌溶解。待冷却至室温移入 500mL 容量瓶中。用蒸馏水清洗烧杯至少 3 次，并将清洗液移入容量瓶中。加蒸馏水至刻线。加塞摇匀。

（三）塑料材料及容器：塑料容器是饮料行业中使用最广泛的包装容器，常用的塑料材料有 PET、HDPE、PP、PVC 等，食品包装用塑料容器列入国家生产许可证管理范畴，塑料材料的饮料包装生产厂均应具备生产许可资质。

1. 聚对苯二甲酸乙二醇酯（PET）碳酸饮料瓶

表 1-2-60　聚对苯二甲酸乙二醇酯（PET）碳酸饮料瓶检验项目及检验方法

项目	指标与要求	检验方法
外观质量	QB/T 1868 表1～表6	QB/T 1868 6.1～6.5
密封性能（二氧化碳损失率）	QB/T 1868 表7	QB/T 1868 6.6.1
垂直载压	QB/T 1868 表7	QB/T 1868 6.6.2
跌落试验	QB/T 1868 表7	QB/T 1868 6.6.3
耐内压力	QB/T 1868 表7	QB/T 1868 6.6.4
透射比（有色瓶不要求）	QB/T 1868 表7	QB/T 1868 6.6.5
热稳定性	QB/T 1868 表8	QB/T 1868 6.7
乙醛含量	QB/T 1868 表9	QB/T 1868 6.8
卫生要求	GB 13113	GB 13113

2. 聚酯（PET）无气饮料瓶

表 1-2-61　聚酯（PET）无气饮料瓶检验项目及检验方法

项目	指标与要求	检验方法
外观质量	QB 2357 表1～表3.3.1.4	QB 2357 4.2～4.5
密封性能	QB 2357 表4	QB 2357 4.6.1
垂直载压	QB 2357 表4	QB 2357 4.6.2
跌落试验	QB 2357 表4	QB 2357 4.6.3
耐寒性	QB 2357 表4	QB 2357 4.6.4
乙醛含量	QB 2357 表5	QB 2357 4.7
卫生要求	GB 13113	GB 13113

3. 热灌装用聚对苯二甲酸乙二醇酯（PET）瓶

表 1-2-62　热灌装用聚对苯二甲酸乙二醇酯（PET）瓶检验项目及检验方法

项目	指标与要求	检验方法
外观质量	QB/T 2665 表1～表6	QB/T 2665 6.2～6.3
瓶壁负载（适合于圆瓶）	QB/T 2665 表7	QB/T 2665 6.4.1
耐真空度	QB/T 2665 表7	QB/T 2665 6.4.2
垂直载压	QB/T 2665 表7	QB/T 2665 6.4.3
跌落试验	QB/T 2665 表7	QB/T 2665 6.4.4
耐热性能	QB/T 2665 表8	QB/T 2665 6.5
乙醛含量	QB/T 2665 表9	QB/T 1868 6.8
卫生指标	GB 13113	GB 13113

4. 聚乙烯（PE）吹塑瓶

表 1－2－63　聚乙烯（PE）吹塑瓶检验项目及检验方法

项目	指标与要求	检验方法
外观质量	GB/T 13508 表 1～表 5	GB/T 13508 6.1～6.7
密封试验	GB/T 13508 表 6	GB/T 13508 6.8
跌落试验	GB/T 13508 表 6	GB/T 13508 6.9
悬挂试验	GB/T 13508 表 6	GB/T 13508 6.10
堆码试验	GB/T 13508 表 6	GB/T 13508 6.11
应力开裂试验	GB/T 13508 表 6	GB/T 13508 6.12
耐内装液试验	GB/T 13508 表 6	GB/T 13508 6.13

5. 聚碳酸酯（PC）饮用水罐

表 1－2－64　聚碳酸酯（PC）饮用水罐检验项目及检验方法

项目	指标与要求	检验方法
外观质量	QB 2460 表 1～表 3	QB 2460 5.1～5.6
密封性能	QB 2460 表 4	QB 2460 5.7
堆码试验	QB 2460 表 4	QB 2460 5.9
跌落试验	QB 2460 表 4	QB 2460 5.8

6. 塑料防盗瓶盖

饮料企业常用的瓶盖有水盖、热罐装盖、碳酸盖三种，其两种按照 GB/T 17876 分类属于非碳酸盖。

表 1－2－65　塑料防盗瓶盖检验项目及检验方法

项目	指标与要求	检验方法
外观	GB/T 17876 表 1	GB/T 17876 6.1
尺寸	GB/T 17876 表 2	GB/T 17876 6.2
印刷图案附着性能	GB/T 17876 5.3	GB/T 17876 6.3
密封性能	GB/T 17876 表 3	GB/T 17876 6.4.1
热稳定性能	GB/T 17876 表 3	GB/T 17876 6.4.2
跌落性能	GB/T 17876 表 3	GB/T 17876 6.4.3
耐冲击性能	GB/T 17876 表 3	GB/T 17876 6.4.4
开启扭矩性能	GB/T 17876 表 3	GB/T 17876 6.4.5
防盗环物理性能	GB/T 17876 表 3	GB/T 17876 6.4.6
溢脂性能	GB/T 17876 表 4	GB/T 17876 6.5
安全开启性能	GB/T 17876 5.6	GB/T 17876 6.6
卫生性能	GB/T 17876 5.7	GB/T 5009.60

7. 液体食品包装用塑料复合膜、袋

液体食品包装用塑料复合膜、袋分为普通包装用塑料复合膜（SS 膜），无菌包装用塑料复合膜（WSS），无菌包装用塑料与纸和铝箔（或其他阻透材料）复合膜（WSLZ）。其中无菌包装用塑料与纸和铝箔（或其他阻透材料）复合膜（WSLZ）做为饮料产品包装使用较多。

表 1－2－66　无菌包装纸基复合材料检验项目及检验方法

项目	指标与要求	检验方法
外观质量	GB/T 19741 5.1	GB/T 19741
尺寸偏差	GB/T 19741 5.2 表 1～2	GB/T 19741 6.1～6.3
鸡头数量、要求和标记	GB/T 19741 5.3	GB/T 19741
拉断力	GB/T 19741 5.4 表 3	GB/T 19741
封合强度	GB/T 19741 5.4 表 3	GB/T 19741 附录 A
内层塑料剥离强度	GB/T 19741 5.4 表 3	GB/T 19741
复合塑料膜与纸粘接度	GB/T 19741 5.4 表 3	GB/T 19741 附录 B
透氧率	GB/T 19741 5.4 表 3	GB/T 19741
卫生指标	GB/T 19741 5.5	GB/T 19741
耐压性能	GB/T 19741 5.6	GB/T 19741 6.11
跌落性能	GB/T 19741 5.7	GB/T 19741 6.12

（四）纸质材料及容器：主要是指由纸复合 PE 膜或铝箔等制成的利乐包、康美包等纸塑复合包装容器，形状有屋顶包、无菌方形砖等，还有如盛装固体饮料的纸杯。

表 1－2－67　无菌包装纸基复合材料检验项目及检验方法

项目	指标与要求	检验方法
外观质量	GB/T 18192 6.1	GB/T 18192
卷筒质量	GB/T 18192 6.2	GB/T 18192
尺寸偏差	GB/T 18192 6.3 表 1～表 3	GB/T 18192
内层塑料膜定量	GB/T 18192 6.4 表	
拉断力	GB/T 18192 6.5 表 3	GB/T 18192
封合强度	GB/T 18192 6.5 表 3	GB/T 18192
内层塑料剥离强度	GB/T 18192 6.5 表 3	GB/T 8808
透氧率	GB/T 18192 6.5 表 3	GB/T 1038
挺度	GB/T 18192 6.5 表 3	GB/T 2679.3
卫生指标	GB/T 18192 6.6	GB/T 5009.60、GB/T 10004

第三节　企业生产过程控制需要的检验项目
检验方法标准

一、净含量检验

净含量指产品除包装材料后内容物的量，饮料产品一般以体积或重量表示，单位为"mL"或"g"。净含量检验方法应参照 JJF 1070—2005《定量包装商品净含量计量检验规则》。生产过程净含量检验可以在灌装机出口连续取样，或者在生产线上连续取样，或者取整箱成品。在取样过程中，不能挑选样品，取样数越多，越能全面反映生产状况，得出的数据越准确。

二、感官检验

感官检验是企业生产过程控制重要的检验项目，过程产品的感官检验可以提前发现产品的质量问题，减少企业的损失。各类饮料过程产品的感官检验方法同成品出厂检验方法，检验时一般需对照同品种的标准样，按"观色泽、闻气味、尝口感"的步骤对样品及标准样进行品评。

三、可溶性固形物含量的测定

可溶性固形物主要指可溶性糖类物质或其他可溶物质，包括矿物质盐类、有机酸类、蛋白质、可溶性淀粉等。可溶性固形物的测定应参照 GB/T 12143—2008《饮料通用分析方法》中"第4章饮料中可溶性固形物的测定方法（折光计法）"。一般使用阿贝折光仪或糖度计，对于纯蔗糖溶液，折光反映了糖液的浓度；对于非纯蔗糖溶液，除了含糖外，还含有矿物质盐类、有机酸类、蛋白质、可溶性淀粉等，这些称之为可溶性固形物的物质均对折射率产生影响，因此，对于非纯蔗糖溶液的饮料来说，折光反映了可溶性固形物的含量。

四、总酸的测定

总酸是指食品中所有酸性成分的总量。它包括未离解的酸的浓度和已离解的酸的浓度，其大小可借滴定法来确定，故总酸又称为"可滴定酸度"。总酸的检测方法比较简单，所需的仪器设备相对较少，因此比较适合过程检验。各类饮料过程产品的总酸检验方法同成品出厂检验方法。其中 GB/T 12456—2008《食品中总酸的测定》适用于大部分饮料中总酸的测定，含乳饮料则一般按 GB 5413.34—2010《食品安全国家标准　乳与乳制品酸度的测定》中第二法测定酸度。

五、蛋白质的测定

含乳饮料一般需控制蛋白质含量指标，过程检验蛋白质的测定通常采用快速乳成分分析仪。乳成分分析仪应用范围主要是纯乳和含乳饮料产品，检测指标包括蛋白质、脂肪、乳糖、总固体含量、非脂乳固体等。它的特点是检测速度快，操作简单，但属于非标方法，检测的准确度依赖于标准曲线制作时化学方法检测数据的准确性。这类仪器标准曲线会因为配方变化、原料型号不同、原料厂家不同、检测环境变化或零部件磨损等因素的影响产生偏差，从而导致检测结果出现偏离，为保证其检测准确性，在加强仪器维护保养的同时，必须定期用凯氏定氮法（国标法）测定蛋白结果进行比对，对仪器进行校准和修正。

六、pH 的测定

pH 的定义是指溶液中氢离子浓度的负对数，以公式 $pH = -\log [H^+]$ 表示。pH 的测定简单易行，一般只需按照各型号 pH 计的操作说明操作，比较适合过程检验。

第四节　营养标签要求的检验项目和检验方法

食品营养标签是向消费者提供食品营养信息和特性的说明，也是消费者直观了解食品营养组分、特征的有效方式。GB 28050—2011《食品安全国家标准　预包装食品营养标签通则》规定除部分豁免标识的产品以外企业必须强制标示营养标签。包装饮用水是指饮用纯净水及其他饮用水，这类产品主要提供水分，基本不提供营养素，因此豁免强制标示营养标签。对于天然矿泉水，依据相关标准标注产品的特征性指标，如偏硅酸、碘化物、硒、溶解性总固体含量以及主要阳离子（K^+、Na^+、Ca^{2+}、Mg^{2+}）含量范围等，不作为营养信息。

营养成分含量的获得有两种方式：一种是通过国家标准规定的检测方法，没有国家标准规定的检测方法时，可参考国际组织标准或权威科学文献；另一种是企业根据原料成分营养数据，通过产品的原料配方计算所得。当检测数值与标签标示数值出现较大偏差时，企业应分析产生差异的原因，如主要原料的季节性和产地差异、计算和检测误差等，及时纠正偏差。

产品通过检测获得营养成分数据的方法有两种：一是由有检测能力的企业自行开展分析检测获得，二是可委托有资质的检验机构检测获得。判定营养标签标示数值的准确性时，应以企业确定标签数值的方法作为依据。

食品营养成分含量应以具体数值标示，使用了营养强化剂的预包装食品，除核心营养素外，在营养成分表中还应标示强化后食品中该营养成分的含量值及其占营养素参考值（NRV）的百分比。

一、能量

能量指食品中蛋白质、脂肪、碳水化合物等产能营养素在人体代谢中产生能量的总和，能量主要由计算法获得。即蛋白质、脂肪、碳水化合物等产能营养素的含量乘以各自相应的能量系数并进行加和，能量值以千焦（kJ）为单位标示。当产品营养标签中标示核心营养素以外的其他产能营养素如膳食纤维等，还应计算膳食纤维等提供的能量；未标注其他产能营养素时，在计算能量时可以不包括其提供的能量。

二、蛋白质

核心营养素，蛋白质是以氨基酸为基本单位组成的含氮有机化合物。食品中蛋白质含量可参照 GB 5009.5—2010《食品安全国家标准 食品中蛋白质的测定》凯氏定氮法检测。不同食品中蛋白质折算系数不同，根据对应产品选择计算。对于含有两种或两种以上蛋白质来源的加工食品，统一使用折算系数 6.25。

蛋白质换算成能量的折算系数为 17kJ/g。

三、脂肪

核心营养素，脂肪含量可通过测定粗脂肪或总脂肪获得，在营养标签上两者均可标示为"脂肪"。粗脂肪是食品中一大类不溶于水而溶于有机溶剂（乙醚或石油醚）的化合物的总称，除了甘油三酯外，还包括磷脂、固醇、色素等，可通过索氏抽提法或酸水解法等方法测定。总脂肪是通过测定食品中单个脂肪酸含量并折算脂肪酸甘油三酯总和获得的脂肪含量。目前常用方法参照 GB/T 5009.6—2003《食品中脂肪的测定》标准，测得粗脂肪。

脂肪换算成能量的折算系数为 37kJ/g。

四、碳水化合物

核心营养素，《食品营养标签管理规范》中碳水化合物的计算，数值可由减法或加法获得。减法是以食品总质量为 100，减去蛋白质、脂肪、水分、灰分和膳食纤维的质量，称为"可利用碳水化合物"；或以食品总质量为 100，减去蛋白质、脂肪、水分、灰分的质量，称为"总碳水化合物"，上述两者均可以"碳水化合物"标示。加法是以淀粉和糖的总和为"碳水化合物"。膳食纤维的检测方法参照 GB/T 5009.88—2008《食品中膳食纤维的测定》标准，或参照 GB/T 22224—2008《食品中膳食纤维的测定 酶重量法和酶重量法—液相色谱法》。减法涉及数据较多，膳食纤维检测步骤较为复杂，一般由专业检测机构出具数据。

碳水化合物换算成能量的折算系数为 17kJ/g，膳食纤维换算成能量的折算系数为 8kJ/g。

五、钠

核心营养素，食品中的钠指食品中以各种化合物形式存在的钠的总和。食盐是膳食中钠的主要来源，钠的检测参照 GB/T 5009.91—2003《食品中钾、钠的测定》。

企业可自愿标示能量及核心营养素以外的营养成分。饮料产品按照表 1－4－1 所列项目、检验方法、表达单位、修约间隔、"0"界限值等进行标示。没有列出但我国法律法规允许强化的营养成分，应列在所示营养成分之后。具体检验项目及检验方法标准见表 1－4－1。

表 1 – 4 – 1　营养标签检验项目及检验方法

项目/单位（每100g或100mL）	检验方法	修约间隔	"0"界限值（单位同项目）
能量/kJ	计算	1	≤17
蛋白质/g	GB/T 5009.5—2010	0.1	≤0.5
脂肪/g	GB/T 5009.6—2003	0.1	≤0.5
碳水化合物/g	计算	0.1	≤0.5
不溶性膳食纤维/g	GB/T 5009.88—2008 GB/T 22224—2008	0.1	≤0.5
钠/mg	GB/T 5009.91—2003	1	≤5
维生素 A/（μg RE）	GB/T 5009.82—2003	1	≤8
维生素 D/μg		0.01	≤0.01
维生素 E/（mgα – TE）	GB/T 5009.82—2003	0.01	≤0.28
维生素 B₆/mg	GB/T 5009.154—2003	0.01	≤0.03
维生素 C/mg	GB 5413.18—2010 GB/T 5009.86—2003 GB/T 5009.159—2003	0.1	≤2.0
钙/mg	GB/T 5009.92—2003	1	≤8
锌/mg	GB/T 5009.14—2003	0.01	≤0.30
牛磺酸	GB/T 5009.169—2003	0.1	—

第五节　企业综合需求的其他检验项目检验方法标准

一、三聚氰胺的测定

含乳饮料生产中会使用到生乳、全脂乳粉、脱脂乳粉、乳清蛋白粉等原料，为保障产品蛋白质的来源健康，根据卫生部 2011 年第 10 号《关于三聚氰胺在食品中的限量值的公告》的规定对原料及产品进行三聚氰胺项目的检测。检测方法参照 GB/T 22388—2008《原料乳与乳制品中三聚氰胺检测方法》和 GB/T 22400—2008《原料乳中三聚氰胺快速检测　液相色谱法》。常用的方法是用乙腈或三氯乙酸—乙腈溶液作为蛋白沉淀剂和三聚氰胺提取剂，强阳离子交换色谱柱分离，高效液相色谱—紫外检测器测定，外标法定量。

二、灰分的测定

食品经灼烧后残留的物质称为灰分，通常所说的灰分为总灰分或粗灰分，由水溶性灰分、水不溶性灰分、酸性灰分组成。食品中的灰分主要成分是矿物质和无机盐，灰分检测数据的波动能分析食品原料及生产工艺中的卫生状况。灰分超高，说明原料或产品中的无机杂质较高。

灰分数值是用灼烧后物质称重计算得出，检测参照 GB 5009.4—2010《食品安全国家标准　食品中灰分的测定》方法。在电热板或电炉上碳化样品操作时一定要注意用小火并加坩埚盖防护，以免样品受热不均匀从坩埚中溅出。放进马弗炉灼烧时可用三氯化铁和蓝墨水混合在坩埚盖上标识，灼烧完毕的残留物呈浅灰色或白色片状，坩埚的恒重数据直接影响到检测数据的准确性，因此要确保达到恒重要求。

三、高锰酸钾消耗量的测定

高锰酸钾消耗量也称为化学耗氧量，原理是用高锰酸钾在酸性溶液中将还原性物质（有机物及还原性无机物）氧化，过量的高锰酸钾用草酸还原，根据消耗的高锰酸钾的消耗量计算相当的耗氧量。GB 17324—2003《瓶（桶）装饮用纯净水卫生标准》中有高锰酸钾消耗量指标要求，它是测定水中有机物含量的间接指标，耗氧量高的则表示水中的污染程度高。

目前纯净水中耗氧量的检测主要是酸性高锰酸钾氧化法，检测方法参照 GB/T 8538—2008《饮用天然矿泉水检验方法》要求。

第二章　企业实验室规格和布局的确定

第一节　理化实验室设计要求

实验室是进行分析教学、科研实验、控制生产的重要部门。

工厂一般设立中央实验室、车间实验室等。车间实验室主要承担生产过程中成品、半成品的控制分析；中央实验室主要承担原料分析、产品质量检验分析，并且担负分析方法研究、改进、推广的任务及车间实验室所用试剂的发放、标准溶液的配制、标定等工作。

实验室存放样品、试剂、检测设备、计量器具、检测耗材等物品，是开展原料、半成品、成品感官和指标检测分析活动的主要场所。为保障检测仪器和实验方法的有效运行，实验室设计条件需要符合检验要求，进而保障检测结果的准确有效。企业实验室基本条件要求是：结构牢固、布局合理，有适合检验项目开展的面积；水、电、气供应稳定，无辐射、噪声、震动、异味干扰；有充足的光线与通风条件，有环境卫生及洁净度要求，单独设置在生产车间外。

一、实验室的布局要求

在理化实验室中进行样品的化学处理和分析测定，工作中常使用一些小型电器设备及各种化学试剂，如操作不慎会造成一定的危险性。针对这些使用特点，在理化实验室设计上应注意以下要求：

（一）建筑要求

实验室的建筑应耐火或用不易燃烧的材料建成，隔断和顶棚也要考虑到防火性能。可采用水磨地面，窗户要能防尘，室内采光要好。门应向外开，大实验室应设两个出口，以利于发生意外时人员的撤离。

（二）面积要求

兼顾感官检测、理化指标检测、面积按人均 $15m^2 \sim 20m^2$ 设计配备。分析天平分析台最好单独设置，面积大约需 $2m^2$，普通精密仪器，如连接电脑等设备的分光光度计、荧光光度计等每台一般需要 $4m^2 \sim 8m^2$，对于大型精密设备如气相、液相色谱仪、质谱仪等设备一般每台需要 $15m^2 \sim 20m^2$。留样室面积设置需满足所有样品留样时间要求，液体样品一般为 $20m^2 \sim 50m^2$，固体样品一般为 $10m^2 \sim 30m^2$。过程检验室满足检测要求即可。

（三）供水和排水

供水要保证必须的水压、水质和水量，应满足仪器设备正常运行的需要。室内总阀门应设在易操作的显著位置。下水道应采用耐酸碱腐蚀的材料，地面应有地漏，地漏的位置应利于地面流水的流向。

（四）通风设施

由于化验工作中常常产生有毒或易燃的气体，因此实验室要有良好的通风条件，通风设施一般有以下 3 种。

1. 全室通风

采用排气扇或通风竖井，换气次数一般为 5 次/h。

2. 局部排气罩

一般安装在大型仪器发生有害气体部位的上方。在精密仪器室，如分光光度计室，测定有毒有挥发性溶液的吸光度时，应在分光光度计比色槽上方安装万向排气罩，不应将光度计置于通风柜内，以免发生震动，使光度计的光路偏离。

3. 通风柜

这是实验室常用的一种局部排风设备。内有加热源、气源、水源、照明等装置。可采用防火防暴的金属材料制作通风柜，内涂防腐涂料，通风管道要能耐酸碱气体腐蚀。风机应安装在顶层机房内，并应有减少震动和噪音的装置，排气管应高于屋顶 2m 以上。一台排风机连接一扇通风柜较好，不同房间共用一个风机和通风管道易发生交叉污染。通风柜在室内的正确位置是放在空气流动较小的地方，不要靠近门窗，见图 2-1-1。如图 2-1-2所示，是一种效果较好的狭缝式的通风柜，实物见图 2-1-3。通风柜台面高度 850mm，宽 800mm，柜内净高 1200mm～1500mm，操作口高度 800mm，柜长 1200mm～1800mm，条缝处风速应在 5m/s 以上。挡板后风道宽度等于缝宽两倍以上。市场上有专门生产狭缝式通风柜的实验室仪器厂家，能提供符合标准要求的狭缝式通风柜。省去食品企业设计制造等工程，并能得到很好的售后服务。

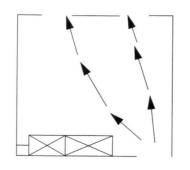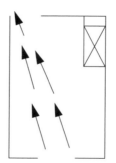

图 2-1-1　通风柜在实验室内的正确位置

（五）煤气与供电

有条件的实验室可安装管道煤气。实验室的电源分照明用电和设备用电。照明最好采用荧光灯。设备用电中，24h 运行的电器如冰箱应单独供电，其余电器设备均由总开关控制，烘箱、高温炉等电热设备应有专用插座、开关及熔断器。在室内及走廊上安置应急

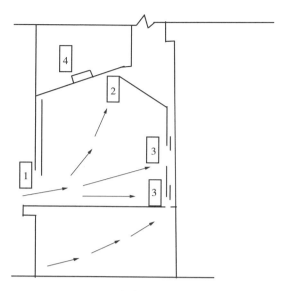

图 2 - 1 - 2　狭缝式通风柜（侧面图）

1—操作口；2—排风口；3—排风狭缝；4—照明灯

图 2 - 1 - 3　狭缝式通风柜（实物图）

灯，以备夜间突然停电时使用。

（六）实验台

实验台主要由台面、台下的支架和器皿柜组成。为方便操作，台上可设置药品架，台的两端可安装水槽。实验台一般宽 750mm，长根据房间尺寸，可为 1600mm～3200mm，高可为 800mm～900mm。材质为全钢或钢木结构。台面应平整、不易碎裂、耐酸碱及溶剂腐蚀，耐热，不易碰碎玻璃仪器等。加热设备可置于砖砌底座的水泥台面上，高度为 500mm～700mm。图 2 - 1 - 4 是一种以陶瓷板为台面的全钢实验台，配备有试剂架、钢玻中央试剂架、防水插座、洗眼器、紧急冲淋器、实验室专用水龙头、玻璃器皿晾干架、万向抽气罩。

图 2-1-4 陶瓷板全钢实验台

（七）其他配备

一般大型企业应该建有专门的药品储藏室。由于很多化学试剂属于易燃、易爆、有毒或腐蚀性物品，故不要购置过多。储藏室仅用于存放少量近期要用的化学药品，且要符合危险品存放安全要求。要具有防明火、防潮湿、防高温、防日光直射、防雷电的功能。药品储藏室房间应朝北、干燥、通风良好，顶棚应遮阳隔热，门窗应坚固，窗应为高窗，门窗应设遮阳板。门应朝外开。易燃液体储藏室室温一般不许超过 28℃，爆炸品不许超过 30℃。少量危险品可用铁板柜或水泥柜分类隔离储存。室内设排气降温风扇，采用防爆型照明灯具。备有消防器材。亦可以符合上述条件的半地下室亦可作为药品储藏室。

二、理化实验室安全要求

保护实验人员的安全和健康，防止环境污染，保证实验室工作安全而有效的进行是实验室管理工作的重要内容。根据化学实验室工作的特点，实验室安全包括防火、防爆、防毒、防腐蚀、保证压力容器和气瓶的安全、电气安全和防止环境污染等方面。

（一）实验室试剂存放的要求

1. 易燃易爆试剂应储于铁柜（壁厚 1mm 以上）中，柜的顶部有通风口。严禁在实验室存放大于 20L 的瓶装易燃液体。易燃易爆药品不要放在冰箱内（防爆冰箱除外）。

2. 相互混合或接触后可能产生激烈反应、燃烧、爆炸、放出有毒气体的两种或两种以上的化合物称为不相容化合物，不能混放。这种化合物系多为强氧化性物质与还原性物质。

3. 腐蚀性试剂宜放在塑料或搪瓷的盘或桶中，以防因瓶子破裂造成事故。

4. 要注意化学药品的存放期限，一些试剂在存放过程中会逐渐变质，甚至形成危害物。醚类、液体石蜡等在见光条件下若接触空气可形成过氧化物，放置越久越危险。

5. 药品柜和试剂溶液均应避免阳光直晒及靠近暖气等热源。要求避光的试剂应装于棕色瓶中或用黑纸布包好存于暗柜中。

6. 发现试剂瓶上的标签掉落或将要模糊时应立即贴制标签。无标签或标签无法辨认的试剂都要当成危险品重新鉴别后小心处理，不可随便乱扔，以免引起严重后果。

7. 剧毒品应锁在专门的毒品柜中，建立领用需经申请、审批、双人登记签字的制度。

（二）实验操作安全要求

1. 一切药品和试剂要有与其内容物相符合的标签。腐蚀性药品、剧毒品发生撒落时，应立即收起并做安全清洗、解毒处理。

2. 鉴别试剂时严禁入口及以鼻子直接接近瓶口。如需鉴别，应将试剂瓶口远离鼻子，以手轻轻扇动，稍闻即止。

3. 处理有毒的气体、产生蒸气的药品及有毒有机溶剂（如氮氧化物、溴、硫化氢、汞、砷化物、甲醇、乙腈、吡啶等），必须在通风柜内进行。取有毒试样时必须站在上风口。

4. 取用腐蚀性药品时，如强酸、强碱、浓氨水、浓过氧化氢、氢氟酸，冰乙酸和溴水等，尽可能戴上防护眼镜和手套，操作后立即洗手。如瓶子较大，应一手托住底部，一手拿住瓶颈。

5. 稀释硫酸时，必须在烧杯等耐热容器中进行，必须在玻璃棒不断搅拌下，缓慢地将硫酸加入到水中！溶解氢氧化钠、氢氧化钾等时，大量放热，也必须在耐热的容器中进行。浓酸和浓碱必须在各自稀释后再进行中和。

6. 取下沸腾的水或溶液时，需先用烧杯夹夹住摇动后再取下，以防使用时液体突然剧烈沸腾溅出伤人。

7. 切割玻璃管（棒）及将玻璃管插入橡皮塞时极易受割伤，应按规程操作，垫以厚布。向玻璃管上套橡皮管时，应选择合适直径的橡皮管，并以水、肥皂水润湿，玻璃管口先烧圆滑。把玻璃管插入橡皮塞时，应握住塞子的侧面进行。

（三）实验室防火、防爆安全要求

1. 实验室内应备有灭火用具，急救箱和个人防护器材。检测人员要熟知这些器材的使用方法。

2. 煤气灯及煤气管道要经常检查是否漏气。如果在实验室已闻到煤气的气味，应立即关闭阀门，不要接通任何电器开关（以免发生火花）！禁止用火焰在煤气管道上寻找漏气的地方，应该用家用洗涤剂水或肥皂水来检查漏气。

3. 操作、倾倒易燃液体时应远离火源，瓶塞打不开时，切忌用火加热或贸然敲打。倾倒易燃液体时要有防静电措施。

4. 加热易燃溶剂必须在水浴或严密的电热板上缓慢进行，严禁用火焰或电炉直接加热。

5. 点燃煤气灯时，必须先关闭风门，划着火柴，再开煤气，最后调节风量。停用时要先闭风门，后闭煤气。不依次序，就有发生爆炸和火灾的危险。还要防止煤气灯内燃。

6. 使用酒精灯时，注意酒精切勿装满，应不超过容量的 2/3，灯内酒精不足 1/4 容量时，应灭火后添加酒精。燃着的灯焰应用灯帽盖灭，不可用嘴吹灭，以防引起灯内酒精起燃。酒精灯应用火柴点燃，不应用另一个正燃的酒精灯来点。以防失火。

7. 易爆炸类药品，如苦味酸、高氯酸、高氯酸盐、过氧化氢等应放在低温处保管，不应和其他易燃物放在一起。

8. 蒸馏可燃物时，应先通冷却水后通电。要时刻注意仪器和冷凝器的工作是否正常。如需往蒸馏器内补充液体，应先停止加热，放冷后再进行。

9. 易发生爆炸的操作不得对着人进行。必要时操作人员应戴面罩或使用防护挡板。

10. 身上或手上沾有易燃物时，应立即清洗干净，不得靠近灯火，以防着火。

11. 严禁可燃物与氧化剂一起研磨。工作中不要使用不知其成分的物质，因为反应时可能形成危险的产物（包括易燃、易爆或有毒产物）。在必须进行性质不明的实验时，应尽量先从最小剂量开始，同时要采取安全措施。

12. 易燃液体的废液应设置专用储器收集，不得倒入下水道，以免引起燃爆事故。

13. 煤气灯、电炉周围严禁有易燃物品。电烘箱周围严禁放置可燃、易燃及挥发性易燃液体。不能烧烤放出易燃蒸气的物料。

三、高精度天平室安装场所要求及使用注意事项

（一）天平室安装场所要求

1. 精度要求高的电子天平（如万分之一天平和十万分之一天平），理想的放置条件是室温 20℃±2℃，相对湿度 45%～60%。

2. 天平台要求坚固，具有抗震及减震性能。不受阳光直射，远离暖气与空调。天平附近不要放置带有（产生）电磁的设备，避免尘埃和腐蚀性气体。

（二）高精度天平使用注意事项

1. 电子天平在安装之后，称量之前必须进行"校准"。校准方法依照天平使用说明进行。

2. 电子天平开机后需要预热较长一段时间，一般为 0.5h 以上，才能进行称量操作。

3. 在较长时间不使用电子天平时，应每隔一段时间通电一次，以保持电子元器件的干燥，一般每周通电两次，湿度大时，更应经常通电。

4. 清洁天平时，用绸布蘸少量无水乙醇擦拭，通风晾干。

第二节　仪器室设计要求

一、实验室布局要求

仪器分析实验室对室内的要求一般比化学实验室要高。仪器分析实验室一般都有空调要求，如恒温恒湿、空气净化、气流、排风等问题。在气候较潮湿地区要求防潮，对于早

期实验室用若干红外线灯、小型去湿器、窗式空调器、小型独立柜式空调器。现代实验室有条件的采用中央空调系统。对于防振要求较高的仪器设备，除了对实验室的位置要进行考虑外，尚需考虑设置独立的设备防振基础和隔振措施。仪器分析实验室一般要求兼有交流、直流电源，以及单相、三相两种电源插座，并常有稳压要求。有的还有防电磁干扰的要求，需要接地和电磁屏蔽等。有的需要有冷却水和各种气体供应，包括真空和压缩空气，保护气体和载气等。仪器分析实验室的建筑装修标准通常较高；墙面做油漆涂料或油漆墙裙；地面做木地板、陶瓷板地面、塑料地面以及大理石地面等；实验室的实验台：如为样品处理室工作台可参照化学实验台；如为放置仪器的工作台需稳固，可采用全钢结构或钢木结构及防静电台面等。同样，实验室要求防尘、防腐蚀，都应给予足够的重视和妥善地解决。

（一）仪器分析实验室的组成

仪器分析实验室组成包括分析仪器室、样品处理室、更衣室、机房等。

（二）仪器分析实验室的平面布置

仪器分析实验室一般都有防振、防尘和较恒定的室温要求和一定的湿度要求，在具体设计时应满足该仪器产品说明书提出的要求。

仪器分析实验室通常可与基本实验室一样沿外墙布置，或将他们集中在某一区域内，这样有利于与基本实验室相联系，并统一考虑诸如空调、防护等方面的措施。如图2-2-1所示，可将精密仪器室、液相室、气相室、原子吸收室等仪器室安排在同一区域，这样就有利于空调的安装、仪器所用气体的传送等。

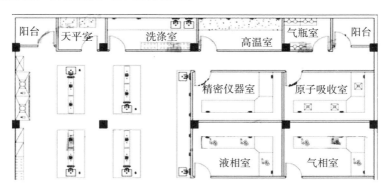

图2-2-1　仪器分析实验室平面布置图

（三）环境要求

1. 湿度和温度

实验室要求适宜的温度和湿度。室内的小气候，包括气温、湿度和气流速度等，对在实验室工作的人员和仪器设备有影响。夏季的适宜温度应是18℃～28℃，冬季为16℃～20℃，湿度最好在30％（冬季）～70％（夏季）之间。除了特殊实验室外，温湿度对大多数理化实验影响不大，但是天平室和精密仪器室应根据需要对温湿度进行控制。

2. 洁净度

经常保持实验室的清洁是非常重要的。室外大气中的尘埃，借通风换气过程会进入实验室，实验内含尘量过高，空气不净，不但影响检测结果，而且，其微粒落在仪器设备的元件表面上，可能构成障碍，甚至造成短路或其他潜在危险。洁净实验室建设价格较高，建议不是特殊需要可不进行洁净实验室设计，若有需要可以对大型精密仪器室、特殊实验室进行设计，一般达到万级净化要求即可。若有多个洁净实验室，送排风系统应各自独立设计，独立使用。

（四）设施要求

1. 供电

仪器分析实验室一般要求兼有交流、直流电源，以及单相、三相两种电源插座，并常有稳压要求。有的还有防电磁干扰的要求，需要接地和电磁屏蔽等。为保障实验室的正常工作，电源的质量、安全可靠性及连续性必需保证。一般用电和实验用电必须分开；对一些精密、贵重仪器设备，要求提供稳压、恒流、稳频、抗干扰的电源；必要时须建立不中断供电系统，还要配备专用电源，如不间断电源（UPS）等。

2. 供气与排气

实验室使用的压缩气体钢瓶，如图 2－2－2 所示，应保持最少的数量，必须牢牢固定，或用金属链栓牢，绝不能靠近火源、直接日晒、或在高温房间等温度可能升高的地方使用。另外，气瓶是否在用应当明确标明，用完的空瓶应当及时关闭，以防止气瓶之间串气。实验室废气的处理，如量少，可直接排出室外；但排出管必须高出附近房顶 3m 左右，对毒性较大或数量多的废气，可参考工业废气处理方法：如用吸附，吸收，氧化，分解等方法来处理。如果理化实验室不是在最高一层，废气的排放必须采用专用管道从楼顶排放。

图 2－2－2　实验室气瓶的使用

（五）仪器分析室的室内装修

1. 地板

小型普通的仪器分析室采用一般的固定地板即可满足需要，但对于大型精密仪器分析实验室，例如 X 荧光光谱室、质谱室等实验室因电缆多、管线复杂，需要采用架空地板。当采用下送上回送风方式时，也可利用架空地板下空间作为送风静压箱。

2. 门窗

（1）有空调、洁净要求的房间应采用密闭保温的单向弹簧门或装自动闭门器，并向室内开启。对有强噪声的房间且开向计算机房的门应采用隔声门。

（2）有空调、洁净要求的房间设置时，应为双层密闭窗。当采用铝合金窗、塑钢窗时，可采用安中空玻璃的单层密闭窗，以保证围护墙结构的热工性能。

（3）仪器室外窗宜朝北。若受条件限制，窗开向东、南、西方向时，应采取遮阳、窗帘等措施防止直射，避免眩光。

（4）各房间的门应保证人员、设备进出方便。

3. 室内装饰要求

精密仪器分析室以及主要的辅助房间室内装修应选用易清洁的、不起尘的难燃材料，墙壁和顶棚表面应平整，减少积尘面，要有保温、隔声、吸声效果。地面材料应平整、耐磨、易除尘，并按需要采取防静电措施。

（六）各类仪器分析实验室的要求

1. 光谱分析室：配备样品处理间：有洗涤池、实验台、通风柜等；仪器室：室温 20℃±5℃，湿度 65 ％±5%；有稳固的色谱仪器台，仪器台应离墙距离 600mm，以便于仪器的检修；通风：仪器激发部位的上方要有局部排气罩装置。

（1）原子吸收光谱室（不宜和液相色谱、气相色谱放在同一个房间）：

1）气路：一般设有三种气路管线：氩气、乙炔气、压缩空气，气路由气瓶贮藏间进入室内，室内总管线通过稳压阀分向每一台光谱仪，在连接每一台光谱仪前加针型阀。助燃气可用空气压缩泵；

2）通风：原子吸收用可燃气体，燃烧放出大量二氧化碳，室内要有良好的通风，仪器的上方要有局部排气罩装置；

3）供电电源：需单相三线 110VAC、220VAC 及三相五线 380VAC 电源。

2. 色谱分析室：配备气瓶贮藏室，室温 20℃±5℃，湿度 65%±5%；有稳固的色谱仪器台，仪器台应离墙距离 600mm，以便于仪器的检修；仪器的上方要有局部排气罩装置；供电电源：需单相三线 110VAC、220VAC 及三相五线 380VAC 电源。

（1）液相色谱室：

1）配备样品处理间：有洗涤池、实验台、药品柜、通风柜等；

2）不宜和原子吸收、气相色谱放在同一个房间，室温 10℃～30℃，湿度≤85%；

3）供电电源：需单相三线 110VAC、220VAC 及三相五线 380VAC 电源。

（2）气相色谱室：

1）配备样品处理间：有洗涤池、实验台、药品柜、通风柜等。

2）不宜和液相色谱、光谱分析放在同一个房间。室温 22℃～27℃，湿度 65%±5%；有稳固的色谱仪器台，仪器台应离墙距离 600mm，以便于仪器的检修。

3）气路：一般设有四种气路管线：氮气、氢气、氦气、压缩空气，气路由气瓶贮藏间进入室内，气路上要加过滤器，进入室内后总管线通过稳压阀分向每一台色谱仪，在连接每一台色谱仪前加针型阀。助燃气可用空气压缩泵，氢气可用氢气发生器。TCD 检测器的尾气要用管线连接到室外。

4）通风：色谱室有氢气和燃烧放出的二氧化碳，室内要有良好的通风。

3. 质谱分析室：

（1）配备样品处理间：有洗涤池、实验台、通风柜等；

（2）仪器室：室温 20℃±5℃，湿度 60%～65%；

（3）通风：质谱仪有汞蒸气逸出，室内需局部通风，仪器上方要有局部排气罩装置；

（4）供水：水压不低于 2kg/cm²；

（5）供电电源：需单相三线 110VAC、220VAC 及三相五线 380VAC 电源，最好能建立不中断供电系统，或配备专用电源，如不间断电源（UPS）等。

二、实验室安全要求

（一）整体设计安全要求

1. 整体安全防范：疏散、撤离、逃生、顺畅无阻的安全通道；一般实验室门主要向里开，但如设置有爆炸危险的房间，房门应朝外开，房门材质最好选择压力玻璃。

2. 在做设计的时候，首先考虑的因素就是"安全"，实验室是最易发生爆炸、火灾、毒气泄漏的场所。在做设计的时候，应尽量保持实验室的通风流畅、逃生通道畅通。根据国际人体工程学的标准，以下划分可作为参考：

$L>500mm$ 时，一边可站人操作；

$L>800mm$ 时，一边可坐人操作；

$L>1200mm$ 时，一边可坐人，一边可站人，中间不可过人；

$L>1500mm$ 时，两边可坐人，中间可过人。

3. 用电安全

（1）为保证大型仪器的使用安全，每台仪器应有固定的单独操作开关，并满足负荷要求。

（2）短路保护设备的额定电流或瞬时脱扣器的动作电流额定值应符合有关规定。

（3）为保证仪器操作人员的安全，防止接触仪器外壳触电，最可靠和最有效的防触电方法是保护性接地，接地装置每年在干燥季节检查一次，一般保护性电阻值不大于 4Ω，在接零线保护回路中，不得在零线回路中装设开关与熔断器。

4. 用火安全

仪器室、实验室均应放置灭火器材。

（二）实验室人员安全管理要求

1. 仪器室、实验室门窗应及时关锁，贵重仪器与剧毒药品应专柜存放，专人保管。

2. 每日下班前应对室内所有水电设施及安全进行检查，发现问题，及时处理，确保安全。

3. 用火、用电、用气时，必须按有关规定操作以保证安全（特别注意停水时关水龙头）。

4. 实验人员在实验室内不应插门上锁，实验室的门应使用透明玻璃，以观察是否存有不安全因素。每次工作完毕或下班前，要有专人负责检查门、窗、水、电、气及仪器是否关闭，是否存有不安全因素。

5. 实验管理人员要定期对灭火器进行检查，过期器材要及时更换，确保设备经常处于正常可用状态，以防事故发生。

6. 高压气瓶的安全使用和保管

（1）高压气瓶应分类保管，远离热源，避免严寒冷冻，不得暴晒和强烈振动。

（2）使用中的高压气瓶应使用皮带或铁套固定，减压器应专用，安装时要紧固螺口，不得漏气。

（3）开启高压气瓶时应在接口的侧面操作，避免气流直冲人体。操作时严禁敲击阀门，如有漏气，应立即修好。

（4）瓶内气体不得用尽，永久性气体气瓶的残压应不小于 0.05MPa。

第三节　微生物实验室设计要求

随着我国这几年食品企业生产许可的实施，对食品生产企业的要求逐年提高，越来越多的食品企业需要建设食品微生物实验室，而对于实验室的前期规划设计十分重要，它将决定该实验室日后能否满足企业的日常检测工作的要求。饮料企业微生物实验室的设计首先要考虑的是实验室的用途，即需要开展哪些微生物检验项目，盲目的建设高级别的实验室会造成资源的浪费；其次，还要对新建的实验室进行选址，实验室宜选择在清洁安静的场所，远离生活区，锅炉房与交通要道；最后，根据所规划的级别和场所，对实验室的布局进行设计。

一、实验室布局要求

GB 4789.1—2010《食品安全国家标准　食品微生物学检验　总则》中对实验室的布局有以下一些要求：实验室的工作区域应与办公室区域明显分开；实验室工作面积和总体布局应能满足从事检验工作的需要，实验室布局应采用单方向工作流程，避免交叉污染；一般样品检验应在洁净区域（包括超净工作台或洁净实验室）进行，洁净区域应有明显标示；病原微生物分离鉴定工作应在二级生物安全实验室进行。

微生物实验室应按照各房间的使用功能进行分区，一般可分为：办公室、样品室、培养基制备室、无菌室、培养室、微生物鉴定室、废弃物灭菌室和洗涤室。

微生物实验室地面、墙面和顶棚一般要求光滑平整，容易清洁，防水防火，抗静电不易附灰尘，耐化学品（如消毒剂）等腐蚀，地面还要求防滑耐磨。现在一般微生物实验室墙面和顶棚较多采用彩钢板，地面较多采用环氧树脂自流坪或 PVC 地胶。

微生物室的门宽度应不小于 1m，双开门宽度应不小于 1.2m，高度应不小于 2.1m，门应结实、密封性好，入口处的门应有挡鼠板等防止啮齿类动物进入的设计。一、二级生物安全实验室可设置窗户来保持实验室通风，但窗户上应设置纱窗来防止蚊蝇进入。

微生物实验室设计时还要充分考虑实验室的电力负荷，根据仪器欲放位置及仪器的电压和功率来设计电源，同时还要考虑实验室未来发展可能购置的仪器并为其预留电源。

微生物实验室必须保证充足的供水和通畅的排水来满足实验、清洁和洗刷的要求，给排水主要分布在培养基制备室、洗刷室、缓冲间、鉴定室、废弃物灭菌室和样品室，这些房间应在便于操作的位置设置水槽，缓冲间应在靠近门口位置设置洗手盆，培养基制备室和废弃物灭菌室还需配置蒸馏水或去离子水的制备装置。

无菌操作环境的设计对微生物实验室来说至关重要，一般可通过建设无菌室、洁净室或购置超净工作台、生物安全柜来实现。

无菌室：无菌室是在实验室内建设一个密闭的可进行无菌操作的房间，由缓冲间和工作间组成，面积不宜过大，一般 $9m^2 \sim 12m^2$ 左右，缓冲间和工作间的比例一般可为 1：2，高度 2.5m 左右为宜，应设置推拉门及用于物品传递的传递窗；工作间和缓冲间均应设置悬吊式紫外线灯，要求在紫外线灯下方 1m 处的强度＞$70\mu W/cm^2$，紫外线灯的数量按照≥$1.5W/m^3$ 来设置，照射时间不少于 30min，由于紫外线的照射会产生臭氧，而臭氧有碍健康，所以一般关闭紫外线灯后过 30min 方可进入无菌室工作；在紫外灯使用过程中，应保持其表面洁净，一般每两周用酒精棉擦拭一次，如发现灯管表面有灰尘或油污时应随时擦拭；在无菌室内工作时不得随意出入，传递物品应通过传递窗；无菌室内一般不得安装空调，如要安装，应有空气过滤除菌装置。

洁净室：洁净室是对无菌室的一种升级，是在无菌室的基础上加装送风排风系统，送风系统经过高效过滤装置来保证进入室内的空气是洁净的，排风系统经过高效过滤装置保证排出的空气不污染环境。

超净工作台：超净工作台又称"净化工作台"，它是一个前部开口的密闭箱体，它能将空气通过过滤装置，形成连续不断的无菌空气吹向工作区域，保证操作人员在操作过程中操作对象不受污染，但超净工作台只能保护操作样品不受污染，而无法保护操作者。

生物安全柜：生物安全柜是为操作原代培养物、菌（毒）株以及诊断性标本等具有感染性的实验材料时，用来保护操作者、实验室环境以及实验操作对象，使其避免暴露于上述操作过程中可能产生的感染性气溶胶和溅出物而设计的负压过滤排风柜，其防护原理是将送入安全柜工作区的空气经过 HEPA 过滤器过滤，在安全柜内形成百级洁净度，从而保护操作对象，将从安全柜中排出的空气经过高效空气过滤器（HEPA）过滤器过滤再释放，从而保护实验室环境，安全柜内形成的负压和气幕可以防止气溶胶外泄，从而保护实验操作者。

二、实验室生物安全要求

按照 GB 19489—2008《实验室　生物安全通用要求》的标准要求，饮料实验室如仅开展菌落总数、霉菌、酵母菌、大肠菌群等项目的检测，所建设的实验室满足如下设施和设备的要求即可：实验室的门应有可视窗并可锁闭，门锁及门的开启方向不妨碍室内人员逃生；应设洗手池，宜设置在靠近实验室的出口处；在实验室门口处应设存衣或挂衣装置，可将个人服装与实验室工作服分开放置；实验室的墙壁、天花板和地面应易清洁、不渗水、耐化学品和消毒化学剂的腐蚀，地面应平整、防滑，不应铺设地毯；实验室台柜和座椅等应稳固，边角应圆滑；实验室台柜等和其摆放应便于清洁，实验室台面应防水、耐腐蚀、耐热和坚固；实验室应有足够的空间和台柜等摆放实验室设备和物品；应根据工作性质和流程合理摆放实验室设备、台柜、物品等，避免相互干扰、交叉污染，并应不妨碍逃生和急救；实验室可利用自然通风，如果采用机械通风，应避免交叉污染；如果有可开启的窗户，应安装可防蚊虫的纱窗；实验室内应避免不必要的反光和强光；若操作刺激或腐蚀性物质，应在30m内设洗眼装置，必要时应设紧急喷淋装置；若操作有毒、刺激性、放射性挥发物质，应在风险评估的基础上，配备适当的负压排风柜；若使用高毒性、放射性等物质，应配备相应的安全设施、设备和个体防护装备，应符合国家、地方的相关规定和要求；若使用高压气体和可燃气体，应有安全措施，应符合国家、地方的相关规定和要求；应设应急照明装置；应有足够的电力供应；应有足够的固定电源插座，避免多台设备使用共同的电源插座，应有可靠的接地系统，应在关键节点安装漏电保护装置或监测报警装置；供水和排水管道系统应不渗漏，下水应有防回流设计；应配备适用的应急器材，如消防器材、意外事故处理器材、急救器材等；应配备适用的通信设备；必要时，应配备适当的消毒灭菌设备。

如实验室还要开展沙门氏菌、金黄色葡萄球菌、副溶血性弧菌等病原微生物检测，则除满足以上要求外，还需满足：实验室主入口的门、放置生物安全柜实验间的门应可自动关闭，实验室主入口的门应有进入控制措施；实验室工作区域外应有存放备用物品的条件；应在实验室或其所在的建筑内配备高压蒸汽灭菌器或其他适当的消毒灭菌设备，所配备的消毒灭菌设备应以风险评估为依据；应在操作病原微生物样本的实验间内配备生物安全柜；应按产品的设计要求安装和使用生物安全柜，如果生物安全柜的排风在室内循环，室内应具备通风换气条件，如果使用需要管道排风的生物安全柜，应通过独立于建筑物其他公共通风系统的管道排出；应有可靠的电力供应，必要时，重要设备（如培养箱、生物安全柜、冰箱等）应配置备用电源。

第四节　理化实验室废弃物处理要求

实验室在实验过程中需要排放的废水、废气、废渣称为实验室"三废"。由于各类实验室测定项目不同，产生的三废中所含化学物质的毒性不同，数量也有很大的差别，其中有些是剧毒物质和致癌物质，如果直接排放，会污染环境，损害人体健康。所以尽管实验过程中产生的废液、废气量少，仍须经过必要的处理才能排放。

一、废气处理

1. 实验室废气包括无机废气和有机废气。无机废气主要包括汞蒸气、氮氧化物、硫酸雾、氯化氢、氟化氢、硫化氢、二氧化硫等。有机废气主要包括芳香类，苯、甲苯、二甲苯、苯乙烯等；醛酮类，甲醛、乙醛、戊二醛、丁醛、丙酮、环己酮、甲乙酮、苯乙酮等；酯类，醋酸异丁酯、醋酸乙酯、醋酸丁酯、醋酸甲酯、香蕉水等；醇类，甲醇、乙醇，丁醇，异丙醇，乙二醇等。

2. 下面介绍几种废气处理的简易方法。

（1）汞蒸气

长期吸入汞蒸气会造成慢性中毒，为了减少汞液面的蒸发，可在汞液面上覆盖化学液体；甘油效果最好，$5\%Na_2S \cdot 9H_2O$溶液次之，水效果最差。

对于溅落的汞，应尽量拣拾起来，颗粒直径大于1mm的汞可用以吸气球或真空泵抽吸的拣汞器拣起来。拣过汞的地点可以洒上多硫化钙、硫黄或漂白粉，或喷洒药品使汞生成不挥发的难溶盐，于后扫除。用于喷洒的药品为：①20％三氯化铁溶液；②1％碘—1.5％碘化钾溶液，每平方米使用300mL～500mL。

对吸附在墙壁、地板及设备表面上的汞可以用加热熏碘法除去，按每平方米0.5g碘，加热熏碘，或下班前关闭门窗，任其自然升华，次日移动。

以上除汞方法中，三氯化铁及碘蒸气对金属有腐蚀作用，采用这两种方法时要注意对室内精密仪器的保护。

另外，也可用紫外灯除汞，紫外辐射激发产生的臭氧可使分散在物体表面和缝隙中的汞氧化为不溶性的氧化汞。紫外灯（市售品常为30W220V）的安装方法与一般荧光灯相同。高度2.5m～3.0m，$0.5W/m^3$～$0.8W/m^3$。可以利用无人的非工作时间辐照。

（2）氧化氮、二氧化硫等酸性气体可用碱液吸收；可燃性有机废气，可于燃烧炉中完全燃烧，生成二氧化碳和水排放。

（3）实验室的少量废气，一般可由通风装置直接排至室外，排气管必须高于附近屋顶3m，毒性大的气体可参考工业废气处理办法，用燃烧、吸收、活性炭吸附等处理后排放。

二、废液处理

为了控制水污染，我国制定了多个国家标准，其中GB 8978—1996《污水综合排放标准》中能在环境或动植物体内蓄积，对人体产生长远影响的污染物称第一污染物，对它们的允许排放浓度作了严格的规定（表2－4－1）。对于长远影响小于第一类污染物的称第二类污染物，根据排入水域的3种级别对挥发酚、氰化物、氟化物、生化需氧量、化学耗氧量等20种污染物规定了最高允许排放浓度，详见GB 8978—1996。

表 2 - 4 - 1　第一类污染物的最高允许排放浓度

污染物	最高允许排放浓度 mg/L	污染物	最高允许排放浓度 mg/L
1. 总汞	0.05	8. 总镍	1.0
2. 烷基汞	不得检出	9. 苯并［α］芘	0.00003
3. 总镉	0.1	10. 总铍	0.005
4. 总铬	1.5	11. 总银	0.5
5.6 价铬	0.5	12. 总α放射性	1Bq/L
6. 总砷	0.5	13. 总β放射性	10Bq/L
7. 总铅	1.0	—	—

实验室废液可以分别收集进行处理，下面介绍几种处理方法：

（一） 无机废液的处理

1. 无机酸类

将废酸慢慢倒入过量的含碳酸钠或氢氧化钙的水溶液中或用废碱液互相中和，中和后用大量水冲洗。

2. 氢氧化钠、氨水

用 6mol/L 盐酸水溶液中和，用大量水冲洗。

3. 含汞、锑、铋等离子的废液

控制酸度 0.3mol/L $[H^+]$，加入过量硫化钠溶液，使其生成硫化物沉淀。

4. 含铬废液

铬酸洗液失效变绿，可浓缩冷却后加高锰酸钾粉末氧化，用砂芯漏斗滤去二氧化锰沉淀再用。失效的废洗液可用废铁屑将残留的 6 价铬还原为 3 价铬，再用废碱液或石灰中和使其生成低毒的 $Cr(OH)_3$ 沉淀。

5. 含砷废液

在废液中加入氧化钙，调节控制 pH 为 8，生成砷酸钙和亚砷酸钙沉淀。有 Fe^{3+} 存在可起共沉淀作用。也可将含砷废液 pH 调至 10 以上，加入硫化钠，生成难溶、低毒的硫化物沉淀。

6. 含铅、镉废液

用消石灰将废液 pH 调至 8～10，使废液中 Pb^{2+}、Cd^{2+} 生成 $Pb(OH)_2$ 和 $Cd(OH)_2$ 沉淀，加入硫酸亚铁作为共沉淀剂。

7. 含氰废液

加入氢氧化钠使 pH≥10，加入过量的高锰酸钾（3％）溶液，使 CN^- 氧化分解。如 CN^- 含量高，可加入过量的次氯酸钙和氢氧化钠溶液。

8. 含氟废液

加入石灰使生成氟化钙沉淀。

9. 混合废水处理

混合废水可用铁粉法处理，此法操作简便，没有相互干扰，效果良好。调节废水的 pH3～4，加入铁粉，搅拌半小时，用碱液将 pH 调至 9 左右，继续搅拌 10min，加入高分子混凝剂，进行混凝后沉淀，清液可排放，沉淀物以废渣处理。

（二） 有机废液的处理

实验室用过的有机溶剂，有些可以回收再用。回收的有机溶剂，使用前应经过空白或标准试验，效果良好才能使用。处理有机溶剂一般在分液漏斗中进行，以下所述的一次或几次均指振摇并分层，操作时特别要注意安全。

1. 乙醚

将用过的废乙醚置于分液漏斗中，用去离子水洗一次，中和（石蕊试纸检查），用 0.5％高锰酸钾溶液洗至紫色不褪，再用去离子水洗涤，用 0.5％～1％硫酸亚铁铵溶液洗涤，以除去过氧化物，水洗后用氯化钙干燥，过滤，进行分馏，收集 33.5℃～34.5℃馏分使用。

2. 乙酸乙酯

将乙酸乙酯废液用去离子水洗涤几次，然后用硫代硫酸钠稀溶液洗涤几次，使之褪色，再用去离子水洗涤几次后蒸馏，用无水碳酸钾脱水，放置几天，过滤蒸馏，收集76℃～77℃馏分使用。

3. 氯仿

将废氯仿依次用水、浓硫酸（用量为氯仿量的十分之一）、去离子水、盐酸羟胺（0.5%，分析纯）洗涤，用重蒸馏水洗涤，按上述 2 中用无水碳酸钾脱水干燥过滤并蒸馏两次，对于蒸馏法仍不能除去的有机杂质，可用活性炭吸附纯化。

4. 四氯化碳

（1）含双硫腙的四氯化碳，先用硫酸洗涤一次，再用去离子水洗涤两次，用无水氯化钙干燥后蒸馏，收集 76℃～78℃馏分使用；（2）含铜试剂的四氯化碳，用去离子水洗涤两次后，用无水氯化钙干燥，过滤后蒸馏，收集 76℃～78℃馏分使用。

第三章　企业检验人员资质、岗位职责和规章制度

第一节　检验人员资质要求

一、检验人员资质能力要求

食品生产经营者应当建立并执行从业人员健康管理制度。患有国务院卫生行政部门规定的有碍食品安全的疾病的人员，不得从事接触直接入口食品的工作。质检人员每年应当进行健康检查，取得健康证明后方可上岗工作。按照《中华人民共和国食品安全法》规定：食品生产经营企业可以自行对所生产的食品进行检验，也可以委托符合本法规定的食品检验机构进行检验。饮料产品检验人员应熟悉产品执行标准、检验方法标准和抽样方法等相关法规、标准，应能熟练操作。

二、培训要求

饮料生产经营企业应当建立健全本单位的食品安全管理制度，加强对职工食品安全知识的培训，配备专职检验人员，做好对所生产产品的检验工作，依法从事食品生产经营活动。饮料生产经营企业应当加强对本单位质检人员的培训，确保其掌握所在岗位必需的食品安全法律法规、食品安全标准、食品安全专业知识，检测方法标准，具备相应的饮料产品检测能力和过程检验能力。企业应建立和保存对检验人员的食品质量安全知识和操作技能培训记录。

第二节　企业质检岗位职责

一、企业品保部经理职责与权限

1. 负责本部门全面工作，适时向企业领导提出保证产品质量的意见和改进建议。
2. 对企业有关质量管理工作负责监督实施，对存在的问题有权要求改正及阻止。
3. 参与合格供方的评定和合同评审。
4. 对各类检验结果进行复审批准。有权批准原辅料、半成品、成品、包装材料是否使用、加工、出厂。
5. 制定原辅料、半成品、成品、包装材料检验规程和标准。
6. 组织编写本部门的SOP（标准操作程序），会同有关部门对新编写的SOP进行审核

或更改 SOP。

7. 负责本部门人员的培训。

8. 客户抱怨案件及销货退回的分析、检查与改善措施。处理用户投诉的产品质量问题，指派人员或亲自回访用户，对内召开会议，会同有关部门就质量问题研究改进，并将投诉情况及处理结果书面报告企业负责人。

二、检验人员职责与权限

1. 检验人员在工作中必须严格依照有关质量检验标准进行取样、检验记录、计量或判定等，严禁擅自改变检验标准和凭主观下结论。

2. 检验人员必须及时完成各项检验任务，并应于规定的工作时间内出具报告。记录、报告应完整、真实、可靠、不得弄虚作假。

3. 检验人员必须认真填写检验记录、报告及日期，经本部门负责人复查签名后交给质管人员分发至有关部门。

4. 检验人员必须随时做好并保持各检验室（包括设备、台面、门窗、地面等）的清洁卫生工作，玻璃仪器用完后必须按规定清洗干净放置，工作时应按规定着装。

5. 检验人员应自觉维护、保养各种检验仪器、衡器、量器等，并做好使用记录。

6. 负责配制分析用的种类试液、标准溶液的标化及复核，并按有关 SOP 的规定，定期复标。

7. 负责标准品的正确保存及使用。

第三节　检验规章制度

食品生产企业应当建立与检验相关的管理制度，可包括食品出厂检验记录制度、进货查验记录制度和检验室管理规章制度等相关制度。

一、进货查验记录制度

企业建立进货查验制度，其内容包括：

1. 企业采购食品原料、食品添加剂、食品相关产品应建立和保存进货查验记录，向供货者索取许可证复印件（指按照相关法律法规规定，应当取得许可的）和与购进批次产品相适应的合格证明文件；

2. 对供货者无法提供有效合格证明文件的食品原料，企业应依照食品安全标准自行检验或委托检验，并保存检验记录；

3. 企业采购进口需法定检验的食品原料、食品添加剂、食品相关产品，应当向供货者索取有效的检验检疫证明；

4. 企业生产加工食品所使用的食品原料、食品添加剂、食品相关产品的品种应与进货查验记录内容一致。

二、出厂检验制度

1. 饮料生产企业应当建立食品出厂检验记录制度，查验出厂食品的检验合格证和安全状况，并如实记录食品的名称、规格、数量、生产日期、生产批号、检验合格证号、购货者名称及联系方式、销售日期等内容；

2. 饮料产品出厂检验记录应当真实，保存期限不得少于二年；

3. 企业的检验人员应具备相应能力；

4. 企业委托其他检验机构实施产品出厂检验的，应检查受委托检验机构资质，并签订委托检验合同；

5. 出厂检验项目与食品安全标准及有关规定的项目应保持一致；

6. 企业应具备必备的检验设备，计量器具应依法经检验合格或校准，相关辅助设备及化学试剂应完好齐备并在有效使用期内；

7. 企业自行进行产品出厂检验的，应按规定进行实验室测量比对，建立并保存比对记录；

8. 企业应按规定保存出厂检验留存样品。产品保质期少于 2 年的，保存期限不得少于产品的保质期；产品保质期超过 2 年的，保存期限不得少于 2 年。

三、检验室规章制度

1. 实验室应配备足够数量的安全用具，如沙箱、灭火器、灭火毯、冲洗龙头、洗眼器、护目镜、防护屏、急救药箱（备创可贴、碘酒、棉签、纱布等）。每位工作人员都应知道这些用具放置的位置和使用方法。每位工作人员还应知道实验室内煤气阀、水阀和电开关的位置，以备必要时及时关闭。

2. 分析人员必须认真学习分析规程和有关的安全技术规程，了解设备性能及操作中可能发生事故的原因，掌握预防和处理事故的方法。

3. 进行有危险性的工作，如危险物料的现场取样、易燃易爆物品的处理、焚烧废液等应有第二者陪伴，陪伴者应处于能清楚看到工作地点的地方并观察操作的全过程。

4. 玻璃管与胶管、胶塞等拆装时，应先用水润湿，手上垫棉布，以免玻璃管折断扎伤。

5. 打开浓盐酸、浓硫酸、浓氨水试剂瓶塞时应带防护用具，在通风柜中进行。

6. 夏季打开易挥发的溶剂瓶塞前，应先用冷水冷却，瓶口不要对着人。

7. 稀释浓硫酸操作时，烧杯要放在塑料盆中，预先在烧杯中加入适量蒸馏水，将浓硫酸慢慢沿烧杯壁倒入水中，并用玻璃棒轻轻搅拌。不能相反，必要时用水冷却。

8. 蒸馏易燃液体严禁用明火。蒸馏过程不得离人，以防温度过高或冷却水突然中断。

9. 实验室内每瓶试剂必须贴有明显的与内容物相符的标签。严禁将用完的原装试剂空瓶不更新标签而装入别种试剂。

10. 操作中不得离开岗位，必须离开时要委托能负责任者看管。

11. 实验室内禁止吸烟、进食，不能用实验器皿处理食物。离室前用肥皂洗手。

12. 工作时应穿工作服，长发要扎起，不应在食堂等公共场所穿工作服。进行有危险性的工作要加戴防护用具。最好能做到做实验时都戴上防护镜。

13. 每日工作完毕都要检查水、电、气、窗，进行安全登记后方可锁门。

第四章 企业实验室检验设备及器皿的采购、量值溯源及安装

第一节 实验室常用仪器设备采购、检定及安装

检测分析的开展离不开检验仪器设备,选择合适的仪器设备,需要考虑既能准确地出具数据,又能快捷方便操作,同时维护保养及使用费用经济。仪器设备按照价值通常可分为低值易损设备、一般设备、大型精密设备。

一、常用仪器设备采购

仪器设备的采购应根据企业原辅料进货检验、生产过程检验、出厂检验项目及精度要求而配置。检验员应熟悉产品生产标准、原辅料标准、检验方法等相应的技术标准,提出配备设备的大致要求。

在选型阶段,检验员要对仪器设备的规格、性能、检测范围、功率、精度、稳定性、适用性要求做重点调研,挑选。大型精密设备,可以去使用单位进行实地考察了解仪器使用状况。有些设备有特殊使用环境要求,在实验室设计时也要一并考虑,如天平等设备需要防震台,气相色谱仪等需要气路管道的接气,安装气瓶等场地。在购置仪器设备时一定要考虑有足够的配件,否则会降低仪器设备的性能,如色谱仪的自动进样瓶、色谱柱等,离心机的转头和离心管等。在生产现场使用的检验设备一般环境要求不宜太高,建议采购直读式设备,方便检验人员记录使用。采购的原则是在满足检测标准精度要求的前提下,既经济合理,又能快速高效地获得检测结果。设备安装、维护、保养、修理是否快速及时、经济合理也是纳入采购考虑的因素。

(一)精密仪器分析术语

1. 灵敏度

是指仪器或检测器的相对于被测量变化的位移,也称为响应值或应答值。当一定浓度或一定质量的试样通过仪器测量或进入检测器,产生一定的响应信号 R,一般用样品最小浓度量由仪器所能响应的信号值表征。用进样量 Q 对响应值 R 作图可得到一条过原点的直线,直线的斜率就是检测器的灵敏度 S。

质量型检测器与浓度型检测器的灵敏度计算方式不同,衡量一个检测器质量优良的性能指标为灵敏度高、稳定性好。

2. 检出限

当检测器输出信号放大时,电子元器件固有的噪声信号也同时被放大,使基线起伏波

动，当达到某一点后噪声会掩盖仪器输出响应信号，一般认为只有当信号大于 3 倍噪声时，才能确认为仪器峰值信号。检出限指检测器的响应信号等于检测器噪声的 3 倍时，在单位时间或单位体积内通过检测器表征的最低样品量或浓度值。无论哪种检测器，最小检出量与灵敏度成反比，与噪声成正比，是衡量检测器性能好坏的综合指标。

3. 精密度

在相同的分析条件下，同一样品多次测定所得结果之间的接近程度，一般用相对标准偏差（RSD）表示。

4. 准确度

测定的结果与真实值或参考值接近的程度，包括随机误差和系统误差。精密度好的试验不一定准确度高，准确度高且精密度好的数据是期望数据。

5. 线性范围

分析方法在设计范围内测试结果与样品中被测物质浓度呈正比关系的程度。线性关系的数据包括相关系数、回归方程和线形图，相关系数 r 越接近 1，表明线性关系越好。

6. 信噪比

信号与噪声的比值，在定量分析中可用信噪比确定检出限和定量限。

二、检定和校准

分析仪器在安装调试后具有出具量值的功能，为保证测量结果准确有效，必须对仪器设备进行计量溯源。

通过量值溯源可以保障检测结果与被测量真值的一致程度，称为准确性。即在一定的不确定度、误差极限或允许误差范围内的准确。通俗地说就是仪器设备给出的量值考虑到各种误差因素后是可以接受使用的。

通过量值溯源可以保障检测结果的一致性。即无论在何时、何地、采用何种方法，使用何种仪器设备、由何人来操作完成，只要符合标准规定，得到的检测结果应该是一致的。

通过量值溯源可以使测量结果通过一条具有规定测量不确定度的连续比较链，与测量基准联系起来，使所有量值最终溯源到同一个测量基准，从技术上保证检测结果的准确性和一致性。

保证溯源性的方法有：计量检定、计量校准、计量测试、计量比对。在实验室溯源时，经常会使用到检定和校准。

（一）检定

检定是查明和确认计量器具是否符合法定要求，它包括检查、加标记和（或）出具检定证书。检定具有法制性，一台检定合格的计量仪器，就是一台被授予法制特性的计量器具。《中华人民共和国计量法》规定，县级以上人民政府计量行政部门对社会公用计量标准器具、部门和企业、事业单位使用的最高计量标准器具，以及用于贸易结算、安全防护、医疗卫生、环境监测四个方面的列入强制检定目录的工作计量器具实施强制检定。强制检定应由法定计量检定机构或授权的计量检定机构执行。检定的依据是国家公布计量检定规程，没有国家计量检定规程的可以使用国务院有关主管部门及省市区人民政府计量行政部门制定的部门计量检定规程和地方检定规程。检定的技术人员必须有计量部门颁发的计量检定员资质，并明确给出检定合格与否的结论，出具检定证书或检定结果通知书。

（二）校准

校准是为确定测量仪器或测量系统所指示的量值或实物量具或参考物质所代表的量值，与对应的标准所复现的量值之间的一组操作。通过校准可以知道仪器示值误差并得到偏差的修正值。校准不具有法制性，校准依据是校准规范或校准方法，结论通常不判断测量仪器合格与否，必要时可确定其某一性能是否符合预期的要求，校准结束后出具校准证书或报告。在无法对设备检定时，可以开展校准，使用者必须正确使用校准证书上的校准数据。

（三）状态标识

检定或校准后的仪器设备必须及时加贴状态标识。经计量确认处于合格状态的加贴绿色"准用"或"合格"标识，其适用范围包括经计量确认检定合格、校准适用的设备。检定不合格或仪器设备损坏、超过检定、校准周期的、暂时不用或封存的加贴红色"禁用"标识。"限用"标识表明仪器设备的部分功能或部分示值范围已得到确认，允许在限定范围内使用。该标识采用黄色并有"限用"字样。

三、实验室仪器配置

一般饮料生产企业质量检测实验室，需要配置的基本检测设备有：

（一）天平

1. 分析天平和电子天平

天平是实验室必备的称量设备，按精度分为四级：Ⅰ级特种准确度（精细天平）；Ⅱ级高准确度（精密天平）；Ⅲ级中准确度天平（商用天平）；Ⅳ级普通准确度天平（粗糙天平），实验室中常用的天平一般是Ⅲ级以上。

分析天平是定量分析中最常用的准确称量质量的仪器。企业常用的主要有机械式分析天平和电子式分析天平两种。

机械天平利用杠杆原理，用已知质量的砝码来称量未知物质的质量，部分自带光电读数装置。双盘部分机械加码的电光天平主要由：天平横梁、立柱、悬挂系统、光学读数系统、天平升降枢旋钮、框罩和水准仪、砝码和机械加码装置等组成，主要代表有TG—328A型，TG—328B型。称量时，先将天平调整水平，在秤盘上分别放上砝码和被称量物质，顺时针旋转升降枢纽旋，使吊钩与秤盘自由摆动，同时接通光源，屏幕上显示标尺的投影，通过投影的读数来调整砝码的增减，直至平衡。机械式分析天平对人员的操作能力有较高的要求。

电子天平是根据电磁力平衡原理而发展起来目前最广泛使用的天平。通电的导线在磁场中产生磁力，当磁场强度不变时，力的大小与流过线圈的电流强度成正比。称量时重物重力方向向下，导线调整电流产生向上的电磁力与之平衡，通过数字显示可以知道物质的质量。

由于电子天平采用电磁原理，称量时不需要用到砝码，直接放上物体几秒钟后等待平衡即可显示读数，称量速度快；其内部具有自动校准，故障报警、自动去皮等装置，性能稳定，精度高，与机械天平比较体积小，使用方便，对操作者技能要求较低。建议生产企业配备电子天平，以方便检测的开展。

2. 主要技术性能参考

最大称量：200g，即天平满负载可以称量最大值；分度值：0.000 1g，天平标尺一个分度对应的质量，是灵敏度的倒数。光学读数范围：0～10mg；准确度等级：一级，天平的最大称量与分度值之比称为检定标尺分度数，其值越大准确度级别越高；稳定性：天平在平衡状态受到干扰后，能自动回到初始状态的能力。不稳定的天平无法进行称量，天平稳定性和灵敏度是相互矛盾的，因此需要有效兼顾；外形尺寸：420mm×370mm×500mm。

采购天平时要在了解天平的技术参数和各类天平的特点基础上，根据称量要求精度和工作特点正确选用天平。首先要考虑最大称量范围，如小规格净含量检测、配制一般溶液，容器加物质质量在500g左右，精确到0.1g即可；普通检测取样精确到0.01g～0.1g；水分检测宜选用称量范围在200g以内，精确到0.000 1g的分析天平；配制标准溶液，基准物质称取质量小于等于0.5g时，精度甚至需要达到0.01mg。

3. 安装使用

天平是精密仪器，对安装场所和方法有特殊要求。一般应放置在朝北的专用天平室或相对独立的天平使用区域，清洁、干燥、阴凉、避免阳光直射，远离振动源与强磁场，没有强对流气体存在。室内温度保持恒定，一般在18℃～26℃，温度波动不得大于0.5℃/h。考虑到企业条件所限无法达到此要求，但室温也应控制在15℃～30℃内，相对湿度不大于80%。天平必须放置在牢固不易振动的天平台上，周边不得有烘箱、培养箱、蒸汽灭菌锅、电炉等热源仪器存放与使用。

天平安装时根据产品说明要求，带上专用手套操作，以免零部件受汗渍玷污生锈。下面具体介绍机械式分析天平的安装。

（1）天平横梁的安装

降枢旋钮开关插入停动轴，顺时针旋转开启天平，逆时针方向关闭天平，检查是否灵活。在开启天平状态下，用右手拿住天平的横梁指针的中上部，小心倾斜将横梁的右臂放在右边托翼上方，再使左边的定位锥孔和左边横档上的槽珠和小平面，分别对准右边托翼上的支力销，渐渐关闭天平，使支力销能平稳托住天平。安装时勿碰撞玛瑙刀口及缩微标尺，也不要弄弯指针。见图4-1-1。

（2）阻尼器的安装

安装前识别零部件，要求左右侧不能混淆安装，用左手的拇指和食指持左吊耳背的前后端，吊耳下钩钩进阻尼器内筒上的钩子，小心

图4-1-1　机械分析天平

地将吊耳放在托翼销上。右边同样操作。

（3）安装天平盘

在天平底板上两个小孔分别插入安放天平盘，挂在吊耳上部的挂钩中。安装好之后查看缝隙，左右侧一般大，用手推秤盘摆动2～3次能停止为宜。

（4）安装环码

安装由内到外，用镊子夹住环码小心放置到加码钩上，并确认位置正确。缓慢转动刻度盘，观察环码是否依次落入环码槽内，如发现跳码时要检查环码挂钩是否钩住或环码是否变型，进行调整。

电子天平安装较简单，将主机调整至水平状态，将天平的秤圈秤盘安装到位，并旋转固定，将外接电源插头插入电源插座，打开电源，显示屏工作。见图4-1-2。

图 4-1-2　电子分析天平

4. 注意事项

天平安装完毕后需经过授权的计量检定机构检定合格后方可使用。调试好的天平如果发生移动，需要重新调试再使用。天平箱内放置硅胶等吸潮剂，变色后要及时更换。使用前应在粗天平上预先称量，再用机械式分析天平精确称量，称量有挥发性、腐蚀性、强酸强碱的物质时必须用带盖的称量瓶称取，防止腐蚀天平部件。近年来生产的电子天平在开机时有自动校准装置，使用前需要预热半个小时以上，长期不用时也需要经常通电以保持电子元器件的干燥。

天平的检定周期一般不超过1年，对于使用频率高的天平，可缩短检定周期，以保障数据的准确可靠。

（二）酸度计

酸度计是用电势法测定溶液中游离状态的氢离子浓度的测量仪器，也称pH计。它的核心器件是一对与仪器相配套的电极，参比电极和玻璃电极。参比电极电动势恒定，与溶液的pH无关，通常采用甘汞电极。玻璃电极其电极电势随着被测溶液的pH变化而变化。

当这对电极在溶液中产生电动势就会有直流电流产生，通过信号放大及其转换以 pH 计显示数值即完成检测过程。

将玻璃电极和参比电极组合在一起的电极就称为 pH 复合电极，有塑料和玻璃两种外壳区分，复合电极的最大优点是合二为一，使用方便。

1. 主要技术性能参考

测量范围：pH0.00～pH14.00，－1.999mV～1999mV，温度－5℃～105℃，手动/温度自动补偿，自动判断终点。pH 计精度可分为 0.2 级、0.1 级、0.05 级、0.01 级，数字越小，精度越高。

交流和直流电池两用电源，含连接打印机接口，三点校正。便携式 pH 计、笔试 pH计多用于生产现场，代替 pH 试纸，方便于生产监测。实验室用 pH 计宜采购 0.01 级精度，能读取至 0.01pH、满足检测需求。体积小，还具有打印输出、数据处理等功能。

2. 安装使用

以常用的 pHS—2 型和 pHS—3 型酸度计为例介绍，见图 4－1－3：

仪器机箱支架安装与水平面成 30°角，接上电源线，电压太低或不稳会影响检测数值。装好电极杆，接上复合电极，将其插在塑料电极夹上，复合电极插头插入支架上的插口内，检测时将电极下端的塑料套管或橡皮帽拔去，直接浸没在被测溶液中使用，不用时要将套子及时塞好，以免污染损毁。

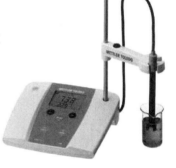

酸度计使用前需要标定：

（1）接通电源，按下 pH 键，指示灯亮。为使零点稳定，需预热 30min 以上。

（2）温度补偿，将温度补偿器旋到被测溶液的实际温度。

（3）斜率调节

将斜率调节器调至 100％。

图 4－1－3 酸度计

（4）定位调节

小烧杯中加入 pH 6.86 的标准缓冲溶液，浸入电极，稳定后按下读数开关，调整定位调节器使 pH 达 6.86。

（5）再将洗净擦干的电极插入 pH 4.00 的标准缓冲溶液，调整斜率调节器使 pH 达 4.00。

（6）重复以上（4）、（5）步骤，直至稳定，不再调整斜率、定位按钮。

（7）测量

将电极浸入被测溶液中，按下读数开关，稳定后读数。

我国国内使用的 pH 计校正的标准缓冲溶液有三种，即标称 pH 4.00 的邻苯二甲酸氢钾溶液；标称 pH 6.86 的磷酸二氢钾和磷酸氢二钠混合盐溶液；标称 pH 9.18 的硼砂溶液。缓冲溶液是标准物质，市场有成套的 pH 缓冲试剂出售，实验室采购后按标准配制即可使用。

3. 注意事项

玻璃电极初次使用时应在蒸馏水中浸泡 24h 以上，复合甘汞电极不用时，要浸泡在饱和的氯化钾溶液中，不能使其干涸。使用前要检查电极是否有破损，球泡是否充满溶液，是否有气泡存在。无论调试还是测量时都要反复冲洗电极，并用滤纸将底部多余的水珠擦拭干净。

挑选标准缓冲溶液时，一般第一次用 pH 6.86 的缓冲液，第二次用接近被测溶液 pH 值的缓冲液。如被测溶液为酸性时，用 pH 4.00 的缓冲液；被测溶液为碱性时，用 pH 9.18 的缓冲液。在连续使用时，一般 24h 内酸度计不需要标定。

酸度计检定周期一般不超过 1 年。

（三）分光光度计

分光光度计是一种利用物质分子对光有选择性吸收而进行定性、定量的光学仪器。根据选择光源的不同，可以分为可见光分光光度计、近紫外分光光度计和红外分光光度计。分光光度计主要由光源、单色器、吸收池、检测器和显示器组成。可见光区中钨丝等发出的光源是复合光，是各种单色光的混合。利用棱镜将混合光按波长不同分成了红、橙、黄、绿、青、蓝、紫等单色光，有色物质溶液可选择性地吸收一部分可见光的能量而呈现不同颜色，物质吸收由光源发出的某些波长的光可形成吸收光谱，由于物质的分子结构不同，对光的吸收能力不同，因此每种物质都有特定的吸收光谱，而且在一定条件下其吸收程度与该物质的浓度成正比，分光光度法就是利用物质的这种吸收特征对不同物质进行定性或定量分析的方法。

由于吸光物质对波长具有选择性，当溶液的厚度、浓度、溶剂、溶质不变时，用不同的入射光测得的一系列对应的吸光度值是不同的。在检测时，通常标准中会明确最佳的吸光波长，按此测定结果最为准确。

1. 主要技术性能参考

波长范围：190nm～1100nm；波长最大允许误差：±（0.5nm～2nm）；波长重复性：≤（0.2nm～1nm）；透射比最大允许误差：±（0.3%～0.5%）（τ）；透射比重复性：≤（0.15%～2.0%）（τ）；光谱带宽：2nm～5nm；杂散光：≤（0.05%～0.5%）（τ）（在 360nm 处，以 $NaNO_2$ 测定）。

对于饮料生产企业使用原料、辅料如食品添加剂种类繁多，采用紫外可见分光光度检测方法，光度范围、波长精度、光谱带宽、稳定性是重点考虑因素。紫外可见分光光度计一般覆盖 190nm～1100nm 的波长，光源有钨灯和氘灯两种，波长扩展到紫外区并有单光束和双光束，可进行单点设定也可以进行波长扫描，通过数据处理可以直接测定样品浓度。以 721 型、722 型国产分光光度计为代表，结构简单，维护方便，基本能覆盖普通样品检测范围，为实验室常用选择，见图 4－1－4。

图 4－1－4　紫外分光光度计

2. 安装使用

安装室温要求在 10℃ ～ 30℃，湿度

≤80％，通风干燥，最好有室内空调。台面牢固，电源稳定，不应有阳光照射、不应有强磁场或振动、灰尘，也不应有腐蚀性的有机或无机气体。主机距离墙壁 20cm 以上，排风扇周边不要有物体阻挡。检查放大器暗盒的硅胶筒里硅胶是否受潮变色，否则要烘干再用。

3. 注意事项

尽量减少光电管长时间受光照的时间，不测定时应打开暗箱盖，连续使用设备不超过 2h。测定时双手捏住比色皿毛玻璃的两侧将透光面朝着光源方向，用待测溶液润洗 3 次，并用擦镜纸吸去附在玻璃两侧的溶液。不得来回用力擦拭以免产生划痕刮花比色皿。测量时标识比色皿放入同一比色架，以减少系统误差。在使用过程中出现技术问题，要请厂方人员或有资质的维修人员进行检查、调整和维修，检测人员不得擅自打开机壳拆除设备。

分光光度计检定周期一般不超过 1 年。

（四）阿贝折射仪及手提式折射计

光从一种物质进入另一种物质时，光的方向会发生改变，这一现象叫光的折射。折射率是液态食品的一个物理指标，它反映了食品的均一程度和纯度。折射率的大小因不同的物质而不同，但对同一种物质而言溶液的浓度越大，折射率也越大。

根据折射定律，物质的折射率与温度和所用光的波长有关，阿贝折射仪和手提式折射计就是根据临界折射现象设计的，用来测定物质的折射率，进而确定物质溶液的浓度。

1. 主要技术性能参考

测定折射率的范围：$nD1.3000—1.7000$，锤度 $0—95％$；精度：$nD≤±0.0002$，锤度 $≤±0.01％$。

手提式折射计体积小，携带方便，适用于生产现场的过程控制，但精度不高。所需试样很少，操作简单，无需特殊光源。仪器主要部分为两个直角棱镜，中间留有微小缝隙，用来铺展待测液体。实验常用的是日光，由于混合光会产生色散现象导致目镜看到彩色光带，所以仪器装了消色补偿器阿密西棱镜。通过消色，视野里看到了清晰的明暗临界线。折射仪有双目式、单目式；数字式、数显式；有带恒温水浴，不带恒温水浴；实验室常用的有 WAY（2WAJ）、WAY—2s 规格，能满足普通检测需求，见图 4－1－5。

图 4－1－5　阿贝折射仪

2. 安装使用

使用时将仪器置于靠窗的桌子或白炽灯前，打开棱镜背后的小窗让光线射入，带恒温水浴的折射仪按要求接上超级恒温水浴槽的进出水管，调节水温至所需温度。打开棱镜用擦镜纸沾取酒精清洁表面，用蒸馏水校正读数。用滴管将均匀待测样品两滴加在下棱镜的面上，要求无气泡产生，合上棱镜对光，粗调精调后使临界线正好处于接物镜的十字形准丝交点上，明暗清晰就可以读数，为减少误差，应多次旋转读数取平均值。

3. 注意事项

阿贝折射仪使用前要用标准玻璃块或者蒸馏水校正，使用时要好好保护两个直角棱镜，注意及时清洗镜面，检测时溶液不能有气泡存在，不能检测强酸、强碱等有腐蚀性的溶液。无恒温系统的仪器读数要依据 GB/T 12413—2008《饮料通用分析方法》中附录 B《20℃时可常溶性固形物含量对温度的校正表》进行查表换算为 20℃时可溶性固形物含量。

阿贝折射仪及手提式折射计检定周期一般不超过 1 年。

（五）电热恒温干燥箱

干燥箱是实验室常用的设备，用来进行水分测定、样品干燥和灭菌使用。

电热恒温干燥箱是利用电热器加热，通过数显仪表与温感器的连接来控制温度，将热风送至风道后进入烘箱工作室，且将使用后的空气吸入风道成为风源再度循环加热运用获得干燥效果的设备。干燥箱通常由型钢薄板构成，箱体内有一供放置试品的工作室，工作室内有试品搁板，试品可置于其上进行干燥，工作室内与箱体外壳有相当厚度的保温层。箱门间有一玻璃门或观察口，以供观察工作室之情况，通常也称为烘箱，见图4-1-6。

图 4-1-6　电热恒温干燥箱

1. 主要技术性能参考

电源：（220～380）V，50Hz；加热温度：室温～250℃，温度分辨率：0.1℃，恒温波动±1℃；功率：600kW～2500kW；一般内胆尺寸：350mm×350mm×400mm 以上，根据产品实际检测量选择。

2. 安装使用

恒温干燥箱应安放在室内干燥和通风处，防止振动和腐蚀。供电电压要与烘箱额定工作电压相符，并应有良好的接地线，以免造成箱内电子仪表的损坏，并注意安全用电。烘箱材质为不锈钢或铁板，体积重量均较大，需要放置在固定、平稳的水平台面上。试品搁板可以根据试样的大小随意调整，但放置试样时切勿过密或超载，同时散热板上不能放置试品或其他东西影响热空气对流。

3. 注意事项

不能将易燃易爆的、有挥发性的有机溶剂放入干燥箱加热，以免发生爆炸。勿在烘箱内干燥强酸、强碱，有机试剂，使用时注意保护好人身安全，避免烫伤，使用环境温度不宜超过 45℃，使用时温度不要超过额定的最高温度。样品放置不要太拥挤，保证上下空气对流，最下面一层加热板上不要放置样品，对于对热敏感、易分解、易氧化物质和复杂成分的样品进行干燥处理，需要考虑真空干燥箱和冷冻干燥箱，使样品在较低的温度下完成干燥过程。

恒温干燥箱建议校准周期为 1 年。

（六）马弗炉

马弗炉是进行试样试剂高温灼烧的设备。外壳箱体用薄钢板经折边焊拉制成，内炉衬耐火材料制成的矩形整体炉衬。由电阻丝绕制成螺旋状的加热元件穿于内炉衬上、下、左、右的丝槽中。炉内为密封式结构，电炉的炉口砖，炉门砖采用轻质耐火材料，内炉衬与炉壳之间用耐火纤维、膨胀珍珠岩制品砌筑为保温层。加热元件采用高温铁铬铝电阻丝加热，电阻丝绕于炉膛外面能有效保护电阻丝不被碰伤。随着技术更新，高效率的微波加热马弗炉能够在更短的时间内完成大量高温试验量，一台微波高温马弗炉的试验效率可以与多台常规电阻加热马弗炉相当。由于灼烧温度高达500多度，需要配套坩埚使用。

1. 主要技术性能参考

温度范围：常温～1000℃以上，精度：±（1℃～3℃）；电源：380V/220V，功率：2kW～10kW；箱体尺寸：普通内箱300mm×200mm×120mm，根据实际需要选择；带温度控制调节及测温系统的控制器，实物见图4－1－7。

图4－1－7　马弗炉

2. 安装使用

一般的马弗炉不需要特殊安装，只需平放在室内平整的地面或搁架上。但配套之温度控制器应避免受振动，且放置位置与电炉不宜太近，防止因过热而影响控制部分的正常工作。在电源线引入处需要另外安装电源开关，以便控制总电源。为了保证安全操作，电炉与控制器必须可靠接地。

安装时检查马弗炉是否完整无损，配件是否齐全。热电偶插入炉膛20mm～50mm，孔与热电偶之间空隙用石棉绳填塞。连接热电偶控制最好用补偿导线（或用绝缘钢芯线），注意正负极不要接反。在使用前，将温度表指示仪调整到零点，在使用补偿导线及冷端补偿器时，应将机械零点调整至冷端补偿器的基准温度点，不使用补偿导线时，则机械零点调至零刻度位，但所指示的温度为测量点和热电偶冷端的温差。经检查接线确认无误后，盖上控制器外壳。将温度指示仪的设定指针调整至所需要的工作温度，然后接通电源。打开电源开关，此时温度指示仪表上的绿灯即亮，继电器开始工作，电炉通电，电流表即有电流显示。随着电炉内部温度的升高，温度指示仪表指针也逐渐上升，此现象表明系统工作正常。电炉的升温、定温分别以温度指示仪的红绿灯指示，绿灯表示升温，红灯表示定温。

3. 注意事项

马弗炉首次使用前先进行 300℃～900℃ 逐渐升温烘炉 4h～8h，使金属加热件表面形成氧化层，并使耐火材料中的水分得以排除。试验时要将灰化样品充分碳化后放入马弗炉灼烧，加热升温后不要轻易停止灼烧程序。使用时定时观察温度显示装置及电源，灼烧停止后自然冷却至 200℃ 以下才能打开炉门，谨防烫伤。禁止向炉膛内直接灌注各种液体或溶解金属，严禁无人看管时马弗炉灼烧过夜。

马弗炉温控设备建议校准周期为 1 年。

（七）压力蒸汽消毒器

压力蒸汽消毒器是产生压力饱和蒸汽进行灭菌消毒的设备。工作原理是在密闭的空间内加热水，压力逐渐增大，水的沸点提高，产生的蒸汽温度使锅内温度高达 121℃，杀死各种细菌及其高度耐热的芽孢。

1. 主要技术性能参考

主体材质：不锈钢；电源：220V；电压：50Hz；额定功率：2kW～7.5kW；最高工作温度：126℃～129℃；最高工作压力：≤0.165MPa，安全阀能自动释放过高压力，确保安全。

容器尺寸：根据产品实际检测量选择内部容积。

2. 安装使用

手提式压力蒸汽消毒器可以移动使用，见图 4-1-8，双层立式不锈钢压力蒸汽消毒器体积和质量较大，需要放置在稳固平整的地面上。电源线接到设备电源开关上，必须同时将电缆的接地导线接地。第一次使用要擦拭干净筒体和板盖，将需要杀菌的物品包扎好放置承物板上，注意留有一定的空隙有利蒸汽的流通，注水后密封加热。当桶内压力达到（0.1MPa，121℃）开始计时，通常灭菌时间大约在 15min～20min，灭菌结束后，关闭电源。待压力表指针降至 0 时打开放气阀，取出灭菌物品。

图 4-1-8 压力蒸汽消毒器

3. 注意事项

使用过程中不能干烧、不能加水过量。不同类型的物品，不同灭菌条件的物品，切勿放一起灭菌。使用前检查安全阀出气孔，不得堵塞，定期检查更换锅盖橡胶密封圈。

蒸汽消毒器上用于控制压力的压力表检定周期不得超过 6 个月。

（八）原子吸收分光光度计

原子吸收光谱法又称原子吸收分光光度法，是基于蒸汽相中待测元素的气态基态原子对其共振辐射的吸收强度来测定试样中该元素含量的一种仪器分析方法。它是测定痕量和超痕量元素的有效方法。火焰原子吸收光谱法（FAAS）检出限可达 $ng \cdot mL^{-1}$ 级，石墨炉原子吸收光谱法（GFAAS）的检出限可达 $10^{-14}g \sim 10^{-13}g$。

原子吸收分光光度计由光源、原子化器、单色器、检测器等四个主要部分组成。

光源的作用是发射待测元素的特征光谱线，实际上是辐射待测元素的共振线。空心阴极灯、蒸汽放电灯、高频无极放电灯都可以发射特征光谱线，目前应用最普遍的是空心阴极灯。阴极灯内衬有被测元素的金属，同时充有低压惰性气体。工作时当空心阴极灯两极间施加 $300V \sim 500V$ 直流电压或脉冲电压时就发生辉光放电，阴极发射电子并在电场的作用下向阳极运动。途中与载气分子碰撞并使之电离。载气正离子加速获得动能，撞击阴极表面将被测元素的原子从晶格中轰击出来，在阴极杯内产生被测元素的蒸汽云。轰击出来的原子再与原子、离子碰撞使得能量激发，发射相应元素的特征共振线。

原子化器是提供能量，使试样干燥并蒸发原子化。在分析中，试样中被测元素的原子化是整个分析过程的关键环节。常用的原子化法有火焰原子化法和非火焰原子化法两种。

火焰原子化预混合型燃烧器是常用的装置，用雾化器将试样雾化，直径越小，生成的基态原子就越多。进入火焰的气溶胶在火焰中经历蒸发、干燥、气化、解离、激发、化合等过程，产生大量用于原子吸收法测量的游离基态原子。由于火焰气体的性质和组成会影响火焰温度，进而影响解离成为气态原子的能力，所以还要挑选燃烧气体。目前常用的火焰是乙炔-空气火焰、氢-空气火焰。

非火焰原子化装置常用的是电热高温管式石墨炉、试样以溶液或固体从进样口加到石墨管中，用程序升温的方法使其先干燥，去除溶剂；再灰化，尽可能除去易挥发的基体和有机物；接着高温使试样解离成中性原子，并延长原子在石墨炉管中的停留时间。检测结束后再提高温度并保留一段时间，减少残留物记忆效应。

单色器的主要作用是将光源发射的被测元素的共振吸收线与邻近的谱线分开。单色器置于原子化器与检测器之间，防止原子化器内发射干扰进入检测器，也避免了光电倍增管疲劳。

检测器通常使用光电倍增管，将单色器分出的光电信号进行光电转换，放大器将低电流放大，再通过对数转换器对微量组分进行量程扩展，高级设备可以直读浓度和参数。

1. 主要技术性能参考

工作波段：190nm～900nm，波长示值误差：$\leqslant \pm 0.5nm$，波长重复性：$\leqslant 0.3nm$；光谱带宽：0.2nm、0.4nm、1.0nm、2.0nm，光谱带宽偏差：$\leqslant \pm 0.02nm$；分辨力：锰279.5nm 和 279.8nm 谱线扫描，峰谷能量$\leqslant 40\%$；基线稳定性：零点漂移吸光度不超过 $\pm 0.008A/15min$，瞬时噪声吸光度 $\leqslant 0.006$；特征浓度：铜的特征浓度 $\leqslant 0.05\mu g/mL/1\%$。检出限：铜的检出限$\leqslant 0.008\mu g/mL$；精密度：$RSD \leqslant 1\%$。

目前火焰型仪器，国内技术已经成熟，就分析的灵敏度、检出限精密度来讲，国内厂家都符合国家标准。一般国产火焰型原子吸收分光光度计 4 万元～10 万元不等，进口产品大体上 20 万元～50 万元不等，见图 4－1－9，图 4－1－10。带石墨的原子吸收分光光度计，国产的一般 10 万元～15 万元，进口的 40 万元～60 万元不等。

 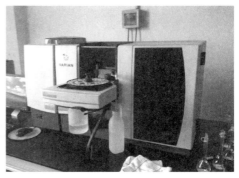

图 4-1-9　进口原子吸收分光光度计　　　图 4-1-10　进口原子吸收分光光度计

2. 使用安装

实验室温度在 15℃～30℃之间，湿度小于 75%，应配备精密稳压电源且电源应良好接地。台面牢固，不应有阳光照射、不应有强磁场或振动、灰尘，也不应有腐蚀性的有机或无机气体。仪器台后部距离墙面应保留 50cm 的位置，便于仪器的安装与维护。石墨炉为大功率用电器，电流瞬间可到 80A，要求用铜芯线，电压稳定，有专门的接地线。使用时需要冷却水，要有压力稳定的水源，建议购买专用循环冷却水系统。火焰法用到燃气和助燃气需要有防爆的气瓶柜装置，工作时会排放有毒的原子蒸汽，需在其上 20cm～30cm 装排气罩。操作台留有一定的区域安装电脑工作站。

3. 注意事项

实验室应首选有资质的生产厂家优级纯试剂，选用去离子水以避免试剂污染；实验所用的玻璃器皿应用 1+4 硝酸溶液浸泡 4h 以上，再用自来水及去离子水冲洗干净待用。

定期检查废液管并处理废液，换乙炔气瓶后要检查气路是否漏气，以免危险。检测完样品后，在火焰点燃的状态下，用去离子水喷雾清洗 5min～10min，清洗残留的溶剂。长期不使用的元素灯每 3 个月联机预热点燃 2h，以延长寿命，废弃的空心阴极灯不要随意丢弃。

原子吸收分光光度计检定周期一般不超过两年。

（九）原子荧光分光光度计

原子荧光光谱分析是通过测量元素原子在辐射能激发下发射的荧光强度对元素进行定量分析。原子荧光分光光度计主要由激发光源、原子化系统、光学系统和检测系统组成。它的工作原理是：将被测元素的酸性溶液引入氢化物发生器中，加入还原剂后即发生氢化反应并生成被测元素的氢化物；元素氢化物进入原子化器后即解离成被测元素的原子；原子受特征光源的照射后产生荧光；荧光信号被转变为电信号，由检测系统检出。

原子荧光分光光度计是我国具有自主知识产权的科学测试仪器，其技术能力在国际上处于领先地位。原子荧光光谱分析具有灵敏度较高，检出限低；谱线比较简单，光谱干扰少；分析曲线的线性较好，线性范围较宽；可同时进行多元素测定等优点。

1. 主要技术性能参考

检出限（μg/L）：As、Se、Pb、Bi、Te、Sn、Sb、Zn≤0.03，Hg、Cd≤0.003；精

密度：RSD≤1.0%；线性范围：大于三个数量级。

目前原子荧光光谱分析技术已十分成熟，国内原子荧光光谱仪的技术能力已走在世界前列。一般国产原子荧光分光光度计价格在 10 万元～25 万元不等，见图 4－1－11，图 4－1－12。

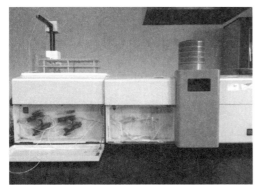 

图 4－1－11　国产海光荧光光度计　　　　图 4－1－12　国产吉光荧光光度计

2. 使用安装

安装条件同原子吸收分光光度计，仪器台后部距离墙面应保留 50cm 的位置，便于仪器的安装与维护。仪器必须使用高纯氩气，氩气纯度大于 99.99%，配备标准减压阀。在仪器上方 20cm～30cm 处装排气罩，以排出有害毒气。操作台留有一定的区域安装电脑工作站。

3. 注意事项

实验室应首选有资质的厂家生产的优级纯试剂，选用去离子水以避免试剂污染；实验所用的玻璃器皿应用 1＋4 硝酸溶液浸泡 4h 以上，再用自来水及去离子水冲洗干净待用。

载流、还原剂，标准溶液使用液等试剂做到现用现配，更换元素灯时需要关闭主机电源，测试结束后要运行仪器清洗程序。

检定周期一般不超过 1 年。

（十）气相色谱仪

气相色谱分析是利用惰性气体作为流动相，用色谱柱中固定相来吸附脱附被测样品的一种分离检测技术。同一时刻进入色谱柱中的各组分，由于在流动相和固定相之间溶解、吸附、渗透或离子交换等作用的不同，随着流动相在色谱柱中运动时，在两相间进行反复多次分配过程，使得原来分配系数差异很小的组分也能明显差异出来。各组分在色谱柱中的移动速度发生变化，经过一定长度的色谱柱，按顺序进入检测器而分离出来。用这种方法原理建立的分析方法就是色谱法。

气相色谱仪一般由五个部分组成：气路系统、进样系统、分离系统、检测系统、记录系统。

气相色谱仪的气路系统是一个载气连续的密闭系统，载气由高压钢瓶或气体发生器供给，由稳压阀控制载气流量，通过气体净化器获得纯净的流速稳定的载气。常用的净化剂有分子筛、硅胶、活性炭，常用的载气有氢气、氮气、氦气等。载气的种类和纯度主要由检测器性质和分离要求决定。

样品通过微量注射或六通阀进入样品室，随着载气瞬间气化。进样的速度快慢与进样量的大小、准确性都会影响分析结果。

色谱柱是分离系统的关键部分，色谱柱有两种类型：填充柱和毛细管柱。柱箱中温度可以用程序升温控制。色谱的分离效果主要取决于色谱柱中固定相的性质。根据分离机理不同分为气—固色谱固定相和气—液色谱固定相，气—固色谱固定相是一种具有多孔性及较大表面积的固体吸附剂，具有吸附容量大、热稳定性好、使用方便的特点，但结构表面不均匀性带来吸附等温线非线性，形成色谱峰不对称的峰尾。气—液色谱固定相以化学惰性的固体颗粒为表面，涂有一层高沸点的有机化合物的液膜。各组分在固定液中溶解度不同，在连续载气的作用下随着多次的溶解、挥发、再溶解、再挥发，溶解度大的不易挥发的组分就在柱中停留的时间较久，经过一点时间后，所有的组分就会完全分离开来，可获得较为对称的色谱峰，有较高的选择性。

检测系统由检测器和放大器组成。检测器将检测到的各组分的浓度或质量变化转变为电压、电流信号等输送至记录仪。常用的检测器有氢火焰离子化检测器（FID），它对碳水化合物有很高的灵敏度，响应快、稳定性好，适用于痕量有机物的检测，是较理想的质量型检测器。热导池检测器（TCD）是根据不同物质具有不同的热导系数制成的，结构简单、通用性好，线性范围宽，最为成熟的检测器。电子捕获检测器（ECD）是选择性高、灵敏度好的浓度型检测器，是检测电负性物质的最佳检测器。氮磷检测器（NPD）又称热离子检测器（TID）主要是检测氮、磷化合物的专业检测器。

色谱工作站将记录仪接收到的信号进行数据处理，贮存、分析得出结果。

1. 主要技术性能参考

气相色谱仪主机一套，根据实际需要是否带顶空进样装置。顶空进样装置：一般做容易挥发的物质，如苯、甲苯一类的物质，可以是二合一的，也可以单进液体或气体，安捷伦和CTC品牌的顶空装置效果都还好。自动进样装置一套，范围 $0.1\mu L \sim 50\mu L$，分流/无分流毛细管柱进样口，最高使用温度 $400℃$；压力设定范围：$（0 \sim 1）$ MPa；流量设定范围：$（0 \sim 200mL）$ /min（以 N_2 为载气时）、$（0 \sim 1250mL）$ /min（以 H_2，He 为载气时）。色谱柱建议根据参数备有极性柱、非极性柱、中性柱等色谱柱。柱箱温度范围：室温以上 $4℃ \sim 450℃$；温度设定：温度 $1℃$；程序设定升温速率 $0.1℃$；升温速度： $（0.1℃ \sim 120℃）$ /min；温度稳定性：当环境温度变化 $1℃$ 时，优于 $0.01℃$；程序升温：20 阶 21 平台；降温速率：从 $450℃$ 降至 $50℃ < 240s$（$22℃$ 室温下）；保留时间重现性：$<0.008\%$ 或 $<0.0008min$；峰面积重现性：$<1.0\%$ RSD。有条件的情况下，一般气相最好配两个进样口，两个检测器，两根色谱柱，两个自动进样器，不用频繁换柱，效率会增加很多。气相检测器一般有 FID/ECD/FPD，FID 是通用性的检测器，一般做防腐剂，甜味剂一类；ECD 一般做含卤素元素的样品，如农残有机氯，三氯甲烷，四氯化碳；FPD 一般由于农药残留的有机磷农药；如果企业需要搞科研或者指标定性，那需要 MS 质谱检测器。工作站软件包和安装工具包，样品瓶、顶空瓶、衬管、进样针、隔垫等若干。企业可根据实际情况，费用预算，售后维修等方面考虑购买仪器，进口仪器安捷伦，布鲁克，岛津，

WATERS等都有自己的特色，仪器实物见图4-1-13和图4-1-14。

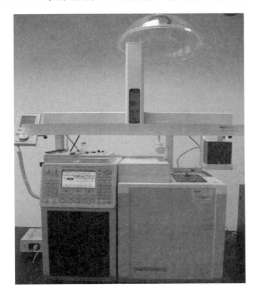 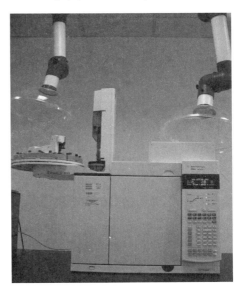

图4-1-13　瓦里安CP3800气相色谱仪　　　　图4-1-14　安捷伦7890A气相色谱仪

2. 使用安装

大型仪器设备安装考虑用电电流和电压安全，预置仪器需要10A或16A的电流。气相所用仪器都需要用到气体，一般通过钢瓶或者气体发生器供气，气路需要整体规划，确保用气安全。有条件的实验室可以安装不间断电源，以保障突然停电时仪器的安全。特别是对MS检测器的不间断电源尤为重要，以免灯丝等配件烧坏。因为使用的有机溶剂高温易挥发，整个实验室有挥发性气体，需在其上20cm～30cm装排气罩，排气罩能避免气体散发扩散，保证整个实验室的安全。

新设备一般由仪器供应商提供上门安装调试，工作台需留有一定距离便于操作，离墙1.0m左右，可以方便连接气路和电线。气路安装时用气路管穿入螺帽内，再将内衬管穿入气路管后套上铜碗后放上垫圈，安装位置连接不能装错，接好后要检查是否有漏气。色谱柱安装时小心不要弄断柱子，根据仪器不同要求安装柱子。

3. 注意事项

手动进样确保微量注射器内不含气泡。根据样品的极性选择色谱柱，长时间使用色谱柱或新更换色谱柱后需要对柱子进行高温老化。检测器的温度不能低于进样口温度，否则会污染检测器。气体钢瓶总压力不得低于2MPa，严禁没有载气时接通电源，关闭气源时应关闭总压力阀。试验中出现异常现象要立即告诉管理员，严禁自行拆卸调整仪器的零件。

气相色谱仪检定周期一般不超过两年。

（十一）液相色谱仪

液相色谱仪是指以液体为流动相的色谱检测设备。工作原理与气相色谱仪相似，由于固定相种类较多，不仅可利用极性差别、还能利用组分分子尺寸大小的差别、离子交换能力大小的差别及生物分子间亲和力的差别来进行分离。样品不受试样挥发性的限制，高沸点、热稳定性差、相对分子量大的有机物理论上都可以用高效液相色谱法来检测。高压液相色谱仪主要由高压输液系统、梯度淋洗系统、进样系统、分离系统、检测系统组成。

固定相颗粒很小，流动相流动通过时阻力很大，必须外部施加一个较大的柱前压力才能达到高效的分离。提供压力的设备为高压输液泵，目前普遍采用的是往复式柱塞泵。用一台或两台高压泵使流动相中含有不同极性的溶剂在分离的过程中按照设定的程序连续改变溶剂的配比，称为梯度淋洗装置。液相色谱常用的流动相溶剂有：乙烷、环乙烷、四氯化碳、甲苯、乙酸乙酯、乙醇、乙腈、水等。采用多种组合溶剂可以灵活调节流动相的极性以达到改进分离和调整出峰时间的目的。选择流动相要考虑溶剂的极性大小，有较高的纯度要求，并对检测组分有适宜的溶解度，尽量减少杂质对仪器设备的损坏和检测器噪声增大。

进样装置通过微量注射器、高压定量进样阀、或自动进样器进样，自动进样器可以编制程序，完成取样、进样、复位、管路清洗和样品盘自动转动等过程，使检测人员减少相应工作量。

色谱柱是核心部位，根据分离机制的不同液相色谱法还可分为液—液分配色谱法、液—固分配色谱法、离子交换色谱法、离子色谱法等。液—液分配色谱法的流动相和固定相都是液体。流动相的极性小于固定液的极性称为正相液—液分配色谱法，流动相的极性大于固定相的极性，检测出峰顺序刚好与液—液分配色谱法相反，又称反相液—液分配色谱法。离子交换色谱法是基于离子交换树脂柱上可电离的离子与流动相中具有相同电荷的溶质离子进行可逆交换，依据这些离子对交换剂具有不同的亲和能力而将它们分离。离子色谱法是新近发展起来的分析水溶液中阴离子分析的最佳方法。用离子交换树脂为固定相，电解质溶液为流动相，采用电导检测器。常用色谱柱规格有内径 4.6mm 或 3.9mm，长度为 15cm～30cm 的直形不锈钢柱。

图 4－1－15　液相色谱仪

液相色谱检测中常见的检测器有：紫外吸收检测器（UVD）、二极管阵列检测器（PDAD）、荧光检测器（FLD）、示差折光检测器（RID）、蒸发光散射检测器（ELSD）。紫外吸收检测器是和目前液相色谱中应用较广泛的检测器，紫外吸收物质一般都可以检测。荧光检测器适用于检测能激发荧光的化合物如氨基酸、胺类、维生素、甾族化合物。蒸发光散射检测器可检测挥发性低于流动相的样品。

高效液相色谱仪器设备采购费用较为昂贵，维护使用成本也比气相色谱仪贵，在实际使用中，凡是能用气相色谱法检测的试验一般不建议用液相色谱法检测。见图 4－1－15。

1. 主要技术性能参考

液相色谱仪主机一套，高压梯度泵（二元或四元），如有条件可以选择四元高压梯度泵，便于有机溶剂多通道混匀。流速范围：$10\mu L/min\sim$ $4mL/min$，$0.001mL/min$ 为增量；流量精度：$<0.070\%$ RSD 或 $0.005min$ SD；最高操作压力：$103.4MPa$；延迟体积：$<60\mu L$；流速准确度：$\pm1.0\%$；梯度准确度：$\pm0.5\%$，梯度精度：$\pm0.15\%$，均不随反压变化；柱温箱系统：温度范围室温下 $10℃\sim90℃$；控温精度：$\pm0.1℃$；温度准确度：$\pm0.5℃$。自动进样器进样范围：$20\mu L\sim0.1mL$；样品污染度：$<0.005\%$；进样精度：$\leqslant0.3\%$ RSD；进样线性度：>0.999。液相色谱柱一般有正相反相之分，最常用的是 C18 色谱柱；液相检测器一般有紫外、荧光，DAD 等检测，紫外、DAD 是通用型的检测器，如做防腐剂，甜味剂，维生素中的 A、D、E 均可；而荧光检测器一般检测相对特殊的一类参数，做多环芳烃、维生素 B、黄曲霉素等；做水中阴阳离子参数需要离子色谱；二极管阵列检测器，阵列数 512/1024，波长 $190nm\sim800nm$，波长精度 ±0.5 nm。基线噪声：$\leqslant5.0\times10^{-4}$ AU，基线漂移：$\leqslant5.0\times10^{-3}$ AU/h。仪器控制及数据处理系统。工作站软件包和安装工具包，一般耗材：色谱柱，进样瓶，滤膜等若干。根据实际情况，费用预算，售后维修等方面考虑购买仪器，国产检测仪器技术水平不断进步，能满足生产企业日常的检测需求，进口设备质量较成熟，价格也较高。

2. 安装使用

安装场所同气相色谱仪条件，仪器室通风良好，在其上 $20cm\sim30cm$ 装排气罩。

3. 注意事项

检测一般不需要气体，都是液体当流动相，除少数仪器需要氮气，空气等。所用流动相溶剂必须是色谱级（本底杂质少点，以免基线太高或杂峰太多），经滤膜去除杂质并脱气，避免泵的压力过高。检测完样品后要及时用溶剂清洗进样器，使用缓冲液后必须完全冲洗干净，以避免管路堵塞。所有样品也必须用微孔滤膜过滤后检测。有故障及时报检。

液相色谱仪检定周期一般不超过两年。

（十二）液相色谱—串联质谱仪

质谱分析的基本原理是质量色散，主要过程是通过进样装置将样品引入气化，气态分子到离子源进行电离，离子经过适当的加速进入质量分析器（磁场），按离子的质量与电荷的比值不同，偏转角度也不同得到分离。将所有的离子流进行收集和整理后，得到质谱图，进行无机物和有机物的定性定量分析、化合物的结构分析。质谱分析可以分为原子质谱法和分子质谱法，整个装置必须在高真空条件下运行。

质谱仪分析系统主要由进样系统、离子源或电离室、质量分析器、离子检测器和记录系统组成。从离子源到检测器需要高真空条件下运转，一般由机械真空泵和涡轮分子泵组成，涡轮真空泵直接与离子源或质量分析器相连，抽出的气体再由机械真空泵排到系统之外。离子化效率高，有丰富的碎片离子信息，电喷雾电离源（ESI）主要应用于高效液相色谱仪和质谱仪之间的接口装置，是非常软的电离技术，只产生分子离子峰，可直接测定混合物。

质量分析器是将样品离子按照 m/z 分开，并允许有足量的离子流通过，产生可被快速测量的离子流，主要类型有离子阱质量分析器、四级杆质量分析器，飞行时间质量分析器。离子束流通过电子倍增管、光电倍增管等接收，记录贮存形成以质荷比为横坐标，以相对强度为纵坐标的质谱图。将分离能力强的色谱技术和结构鉴别能力强的质谱技术联合使用称为色谱—质谱联用技术。常用的液相色谱—质谱联用仪（LC－MS）有液相色谱—四器极质谱仪、液相色谱—飞行时间质谱仪等。以液相色谱作为分离系统，把两台质谱仪串联起来作为检测系统的分析设备称为液相色谱—串联质谱仪（LC－MS－MS）。

1. 主要技术性能参考

主要配置：超高效液相色谱仪主机一套，包括二元/四元溶剂管理系统，自动进样器，柱温箱，在线过滤器，样品瓶及必需的管线工具；串联四极杆质谱主机一套，包括电喷雾电离源（ESI）或大气压化学源（APCI），涡轮分子泵、机械泵，串联四极杆、碰撞室；质谱仪器 1 年的零配件；仪器维修专用工具包；控制质谱及色谱的软件一套含电脑主机；液晶显示器和激光打印机各一台；与质谱匹配的进口氮气发生器 1 台；UPS 不间断电源，7kV·A，1h 待机。

质谱仪部分：仪器由计算机控制。软件包括仪器调节、数据采集、数据处理、定量分析和报告。质量范围（m/z）：$10\sim3000m/z$；分辨率（全质量数范围）：0.4 FWHM；灵敏度：电喷雾离子源（ESI）正离子（MRM）：绝对量 1 pg 利血平，（$609\sim195$）m/z，信噪比≥2000∶1（峰峰比）；电喷雾离子源（ESI）负离子（MRM）：绝对量 1 pg 氯霉素，（$321\sim152$）m/z，信噪比≥2000∶1（峰峰比）；MRM 最小驻留时间：小于 2ms；一个采集通道可 MRM 定量数≥400；质量准确度：<0.01%；质量稳定性：<0.1amu（24h）；正负离子切换速度：40ms；质量分析器：串联双曲面四极杆设计；动态线性范围：>1×10^6；离子源：独立的 ESI 和 APCI 离子源；离子源接口适用于 100%有机相到 100%水相，耐用一定浓度的缓冲液；离子源切换方便、快速，无需放空质谱真空系统；清洗、维护方便；质谱调谐和校正系统：实现全自动质谱调谐和校正；真空系统：配有机械泵和两个独立分子涡轮泵，无需额外水冷却系统。数据采集模式：全扫描；选择离子扫描；多反应监测；母离子扫描；子离子扫描；中性丢失扫描。数据及计算机系统。液相色谱与串联四级杆质谱仪为同一厂家生产，保证联机技术的稳定性。

2. 安装使用

安装场所同气相色谱仪条件，仪器室通风良好，在其上 20cm～30cm 装排气罩。因设备为极为精密仪器，对环境要求更高，仪器室温度应相对稳定，一般应控制在 20℃～25℃，保持恒温；相对湿度最好为 50%～70%，室内应备有温度计和湿度计。需有电源功率更大的稳压电源。配备不间断稳压电源，防止意外停电。

3. 注意事项

所有的溶剂和流动相都要使用 0.22μm 的滤膜过滤，水相要新配，并不得超过两天；待测样品也必需使用 0.22μm 的滤膜过滤。机械泵的振气：对于 ESI 源，至少每星期做一次，对于 APCI 源，每天做一次。振气时需停止样品采集、停止流动相、关闭高压、关闭所有气流，关闭离子源内的真空隔离阀。当改变分辨率的时候，仪器的质量数也会有轻微的偏移，所以在不同分辨率的条件下，应该做质量数校正。实验完毕要清洗进样针、进样阀等，用过含酸的流动相后，色谱柱、离子源都要用甲醇（水）冲洗，延长仪器寿命。定期清洗样品锥孔：关闭隔离阀，取下样品锥孔，先用甲醇：水：甲酸（45：45：10）的溶液超声清洗 10min，然后再分别用超纯水和甲醇溶液各超声清洗 10min，待晾干后再安装到仪器上。当灵敏度下降时，需要清洗 Source、二级锥孔和六级杆。定期（每星期）检查机械泵的油的状态，如果发现浑浊、缺油等状况，或者已经累计运行超过 3 000h，要及时更换机械泵油。

液相色谱、串联质谱仪建议校准周期为二年。

（十三）气相色谱—串联质谱仪

将气相色谱与质谱联用的仪器称为气相色谱—串联质谱仪，工作原理与分析系统与液相色谱—串联质谱仪基本相似。气相色谱—质谱联用仪（GC－MS）根据质谱仪工作原理不同，又有气相色谱—四极杆质谱仪，气相色谱—飞行时间质谱仪，气相色谱—离子阱质谱仪等。以气相色谱作为分离系统，把两台质谱仪串联起来作为检测系统的分析设备称为液相色谱—串联质谱仪（GC－MS－MS）见图 4－1－16 和图 4－1－17。

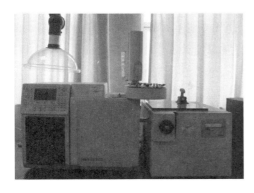

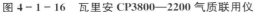

图 4－1－16　瓦里安 CP3800—2200 气质联用仪　　　图 4－1－17　瓦里安 CP3800—1200L 气质联用仪

1. 主要技术性能参考

气相色谱部分技术要求可按气相色谱仪选购。以四极杆质谱检测器为例：质量数范围：10amu～1050amu，以 0.1amu 递增；分辨率：单位质量数分辨；质量轴稳定性：优于 0.10amu/48h；灵敏度：用 HP－5MS 30m×0.25mm×0.25μm 毛细柱测定，扫描范围 50amu～300amu；全扫描模式采集（电子轰击源 EI）：1pg 八氟萘，信噪比≥600∶1；最大扫描速率：12 500amu/s；动态范围：全动态范围为 106；备有两根长效灯丝的高效电子轰击源（EI 源）（如有特殊需要可配备化学源 CI 源）；离子化能量：5eV～241.5eV；离子源温度：独立控温，150℃～350℃可调；分析器：整体双曲面四极杆，独立控温，106℃～200℃；真空系统采用 262L/s 高真空无油分子涡轮泵系统，空气冷却；检测器：长寿命电子倍增器；保留时间重现性：＜0.0008min；峰面积重现性：＜1.0% RSD；气质接口温度：独立控温，100℃～350℃；若企业开展产品设计研发，进行风味物质或功能性物质的添加检测，建议配备相应的检测标准物质谱图。目前进行有机分析的质谱仪数据系统中有几十万到上百万的化合物标准质谱图，根据有机物的断裂规律，分析不同碎片和离子的关系，推测质谱所对应的结构。

2. 安装使用

安装场所条件同液相色谱—串联质谱仪，严防意外停电。对使用气体的纯度要求也更高，一般要求 99.999％以上。

3. 注意事项

当改变分辨率的时候，仪器的质量数也会有轻微的偏移，所以在不同分辨率的条件下，应该做质量数校正，自动调谐，并进行漏气检查。实验完毕要清洗进样针、色谱柱出现鬼峰需要老化，离子源 EM 电压过高，需要清洗离子源，延长仪器寿命。定期（每星期）检查机械泵的油的状态，如果发现浑浊、缺油等状况，或者已经累计运行超过 3000h，要及时更换机械泵油。

气相色谱-串联质谱仪建议校准周期为二年。

（十四）恒温培养箱

用于微生物细菌培养，实验室常用的主要有生化培养箱、隔水电热式培养箱。生化培养箱同时装有电热丝加热和压缩机制冷，可保持在恒定温度。电热式和隔水式培养箱的外壳通常用石棉板或铁皮喷漆制成，隔水式培养箱内层为紫铜皮制的贮水夹层，电热式培养箱的夹层是用石棉或玻璃棉等绝热材料制成，以增强保温效果。培养箱顶部设有温度计，用温度控制器自动控制，使箱内温度恒定。隔水式培养箱采用电热管加热水的方式加温，电热式培养箱采用的是用电热丝直接加热，利用空气对流，使箱内温度均匀。外门设有方型观察窗，便于察看室内样品。实物见图 4-1-18。

可选配液晶屏

图 4-1-18 生化培养箱

1. 主要技术性能参考

电源：220V，温度范围：（0～60）℃，温度范围：（30％～95％）RH，温度分辨率：≤0.1℃，温度波动：≤±0.5℃，温度均匀性：≤±1℃，智能数显控制高低温。外形尺寸：550mm×600mm×1250mm，根据产品检测实际需求选择。

2. 安装使用

培养箱应放置在平整坚实的地面上，调节箱体下端两支撑螺杆，使箱体安置平稳，防止振动。避免阳光直射，与墙体保持一定距离。培养工作间内保持清洁整齐，干燥通风，防污染。工作室搁板及层高可以根据需求调节。

3. 注意事项

培养架上放置试验样品，放置时各试瓶或器皿之间应保持适当间隔，以利冷（热）空气的对流循环。培养期间要定时观察温度显示情况，应避免频繁开门，以保持温度稳定，同时防止灰尘污物进入。严禁含有易挥发性化学溶剂，爆炸性气体和可燃性气体置于箱内；培养箱附近不可使用可燃性喷雾剂，以免电火花引燃。

恒温培养箱建议校准周期为 1 年。

第二节　实验室常用器皿的采购及检定

一、玻璃器皿

化学分析需要用到大量的玻璃器皿，在采购时需要向正规厂家采购。部分实验步骤如蒸馏、消解、萃取等对器具的完整性密封性有较高的要求，不符合要求的器皿不仅会对实验结果产生偏差，还会对试验人员造成安全隐患。器皿到货后要仔细查看器皿是否完整配套，有否出现缺损、漏水、裂纹等不合格。

由于玻璃器皿质地脆弱，在操作中容易破碎，为满足试验需要，企业可以适当地多准备一些备用器皿，以免影响正常的检测工作。

（一）烧杯

用于配制溶液、溶解试样、加热试样。可置于石棉瓦上加热，不可干烧，液体体积不得超过烧杯容积的三分之二。

规格（mL）：10，15，25，50，100，250，400，500，600，1000，2000。

（二）三角烧瓶

加热处理试样、滴定分析。可置于石棉瓦上加热，不可干烧，液体体积不得超过烧杯容积的三分之二。磨口瓶加热时要打开瓶塞。

规格（mL）：50，100，200，250，500，1000。

（三）碘量瓶

碘量法及其他生成挥发性物质的定量分析。为防止内容物挥发，瓶口加水封。其余同三角烧瓶使用事项。

规格（mL）：50，100，200，250，500，1000。

（四）圆底及平底烧瓶

加热及蒸馏液体。避免直接火焰加热，可隔石棉网或加热套加热、水浴加热。

规格（mL）：250，500，1000。蒸馏用时配橡皮塞。

（五）圆底蒸馏烧瓶

蒸馏，使用注意事项同圆底烧瓶。

规格（mL）：30，60，125，250，500，1000。

（六）凯氏烧瓶

消解有机物，置于石棉网上加热，避免直接用火焰加热，可用于减压蒸馏，瓶口方向勿对自己和他人。

规格（mL）：50，100，250，300，500。

（七）量筒量杯

粗略地量取一定体积的液体使用，不能加热；不可在其中配制溶液；应沿着壁加入或倒出溶液。

规格（mL）：5，10，25，50，100，200，250，500，1000，2000。量出式。

（八）容量瓶

准确配制一定体积的标准溶液或被测溶液。非标准磨口塞要保持原配；漏水不能使用，不能烘烤加热，可水浴加热，不可长期贮存溶液。

规格（mL）：5，10，25，50，100，200，250，500，1000，2000。量入式，A级，B级，无色和棕色。

（九）称量瓶

扁平型用于测定水分或在烘箱中烘干基准物质使用，高型用于称量基准物质和试样。磨口塞应配套，不可盖紧磨口塞烘烤。

规格（mL）：10，15，30。

（十）试剂瓶

细口瓶用于存放液体试剂，广口瓶用于存放固体试剂；棕色瓶用于存放见光易分解的试剂。不能加热，不能在瓶内配制释放大量热量的试剂，磨口瓶塞应配套使用，存放碱液时应使用橡皮塞。

规格（mL）：30，60，125，250，500，1000，2000，10000，20000。

（十一）滴瓶

存放需滴加的试剂，有无色和棕色之分，配胶头滴管使用，使用注意事项同试剂瓶。

规格（mL）：30，60，125，250，500，1000，2000。

（十二）漏斗

长颈漏斗用于定量分析，过滤沉淀；短颈漏斗用作一般过滤。不可直接火焰加热。

规格（mm）：分为长颈和短颈，长颈口径有 50，60，75，管长 150；短颈口径有 50，60，管长 90，120；椎体均为 60°。

（十三）试管（普通试管、离心试管）

少量试剂的反应容器，离心管可在离心机中借离心作用分离溶液和沉淀。硬质玻璃制的试管可直接在火焰上加热，但不能骤冷，离心管只能水浴加热。

规格（mL）：试管 10，20，离心管有 5，10，15。带刻度和不带刻度。

（十四）比色管

用于光度比色分析，不可直接火焰加热，具塞磨口处瓶塞要原配，不能用去污粉刷洗，以免磨伤管壁。

规格（mL）：10，25，50，100。带刻度和不带刻度，具塞和不具塞。

（十五）冷凝器

用于冷却蒸馏出来的液体，不可骤冷骤热，下口方向进水，上口方向出水。

规格（mm）：冷凝管长度 200，300，400，500，600，800。有直型、球型、蛇型、空气冷凝管。

（十六）表面皿

可作烧杯和漏斗盖，不可直接火焰加热。

规格（mm）：直径 45，60，75，90，100，120。

二、干燥器

保持物质的干燥状态，也可干燥少量样品。磨口部分涂适量的凡士林，底部放变色硅胶或者其他干燥剂，不可放入红热物体，放入热的物体后要不时开盖放走热空气。测定水分时和称量瓶配套使用。

规格（mm）：上口直径 160，210，240，300。无色和棕色，常压和真空干燥器。

三、坩埚

常用的瓷坩埚用于高温灼烧沉淀或高温处理样品。可加热至 1200℃，对酸、碱的稳定性能优于玻璃器皿，但不能用氢氟酸分解处理样品。在高温处理后用坩埚夹取放。

规格（mL）：高型 15，20，30，60；中型 2，5，10，15，20，30，50，100；低型 15，25，30，45，50。加盖使用。

四、培养皿

用于盛载液体培养液或固体琼脂培养液进行细胞培养，平面圆盘状，由底和盖组成，易碎。

规格（mm）：直径 35，55，60，70，100，150。

五、滴定管

容量分析滴定操作使用。活塞要原配，不能漏水，不能加热，不能长期贮存碱液。酸式管和碱式管不能混用。

规格（mL）：5，10，25，50，100。量出式，无色、棕色；酸式，碱式。

六、移液管

（一）移液管（单标线移液管）

准确地移取一定量的体积。不可加热，尖头部受损不可使用。

规格（mL）：1，2，5，10，15，20，25，50。量出式，A级，B级。

（二）分度吸量管

准确移取各种不同量的液体。不可加热，尖头部受损不可使用。

规格（mL）：0.1，0.2，0.25，0.5，1，2，5，10，25，50。完全流出式、吹出式、不完全流出式。

七、玻璃器皿的检定和校准

对试验分析直接产生影响的器皿在使用前必须进行检定或校准，以确保检测数据符合要求。检定器皿主要有：容量瓶、滴定管、移液管（无分度吸管）、吸量管（直接吸管）；校准的器皿主要有：离心试管、比色管、量筒、量杯等。经检定合格的玻璃器皿在分析时可以直接使用，校准的器皿在使用时应根据实际数据补偿校准值。正规专业生产厂家其校准值补偿值较小，可以忽略不计。

第五章 企业实验室检验试剂及用水的采购及溶液配制

第一节 实验室试剂及用水的要求

一、试剂采购及要求

(一)试剂规格

分析实验中用到大量的化学试剂,如何正确选用试剂对分析结果影响很大。世界各国对试剂分类分级并未统一制定标准。根据试剂的使用要求不同,化学试剂可以分为四大类:标准试剂、普通试剂、高纯试剂、专用试剂。根据试剂的纯度不同,化学试剂可以分为五个等级,见表5-1-1:

表5-1-1 化学试剂等级

等级	一级品	二级品	三级品	四级品	五级品
中文标志	优级纯	分析纯	化学纯	实验试剂	生物试剂
英文符号	GR	AR	CP	LR	BR
标签颜色	绿色	红色	蓝色	黄色或棕色	咖啡色或玫瑰红
适用范围	精密分析研究	定性定量分析	定性分析 化学制备	工业或化学制备 及实验辅助	生化及医化实验

特殊规格试剂见表5-1-2。

表5-1-2 特殊规格化学试剂

规格	代号	用途	备注
高纯物质	EP	配制标准溶液	超纯、特纯、高纯、光谱纯
基准试剂		标定标准溶液	有国家标准
pH基准缓冲试剂	—	配制pH标准缓冲溶液	有国家标准
色谱纯试剂	GC	气相色谱分析专用	—
	LC	液相色谱分析专用	
试验试剂	LR	配制普通溶液或化学合成用	棕色四级试剂
指示剂	Ind	配制指示剂溶液	

表 5-1-2（续）

规格	代号	用途	备注
生化试剂	BR	配制生物化学检验试剂	咖啡色
生物染色剂	BS	配制微生物标准染色液	玫瑰红色
光谱纯试剂	SP	用于光谱分析	—

（二）试剂采购

检测分析时应根据产品性质、分析方法、检测结果准确度等级等要求合理选用试剂。不同等级的试剂价格相差很大，纯度越高，价格越贵。在满足试验要求的情况下试剂级别就低不就高。例如：痕量分析时选用高纯或优级纯试剂，以降低空白值和避免杂质干扰；标准溶液宜选择分析纯试剂配制，用主要成分 99.95%～100.05% 的基准试剂标定；滴定分析中所用的试剂一般为分析纯，车间控制分析时可选用分析纯、化学纯试剂，制备试验、冷却浴或加热浴用试剂可选用工业品。

对试剂进行采购时要合理识别确定试剂等级。优先采购国家标准（GB）、化学工业部标准（HG）试剂、没有国家统一标准的，也可采购企业标准（QB）生产的试剂。根据使用量决定购买量，对易氧化变质或易燃易爆的试剂，过多购买会造成不必要的浪费和不安全因素。目前国家对部分试剂实施强制管理，购买有毒有害及危险化学品试剂需要办理严格的审批程序，在购置过程中一定要遵守相关规定，并要求到有资质的试剂供应商处采购。

由于试剂生产有不同厂家及批次，产品的质量会有所波动，验货时要注意查看并记录批号。在对检验分析有影响时还要对所用试剂做对照试验，确保检测数据不因试剂原因而造成异常。

（三）试剂使用

固体试剂在取用时需要用清洁的不锈钢小勺或牛角勺，若有潮解结块现象，可用清洁的玻璃棒捣碎取出，切忌直接用手抓或用污染过的器具取用。液体试剂用清洁的量筒量取，少量多次取用，倒出在量筒内的用不完的试剂不能再倒入原试剂瓶，也不能用吸管直接深入瓶子中取用。易挥发的液体打开时最好在通风柜中进行，瓶口不能对着自己脸部或他人，闻气味时不要用鼻子对着瓶口猛吸气，用手轻扇瓶口，使气流将气味吹向自己而闻出气味。

特别要指出：纯度高的试剂必须用相应级别的试验用水配制及容器存放，否则会降低试剂的纯度，造成不必要的浪费。如络合滴定建议用分析纯试剂和去离子水，否则会因水中的杂质、金属离子封闭指示剂，使终点难以观察。

任何试剂不得品尝，未经药理检验的化学试剂，不能作为医药使用。

（四）试剂存放

化学试剂应保存在通风、干燥、避光、低温、洁净的专用区域，并有专人管理。有条件的实验室可以将固体试剂和液体试剂分开区域存放，具有挥发性的有机试剂，还要采取一定的安全防护，如安装通风排气设施。试剂的入库、领用及保存应做好记录。化验室管理人员应熟悉常用化学试剂的性质，保障化验人员的人身安全。

分装或配制的试剂要在试剂瓶的正面加贴标签，主要内容包括：试剂名称、配制浓度、配置人姓名、配制时间、使用有效期等，重新配制试剂后要及时更新标签信息。在使用过程中注意保护标签不受污损，绝不允许在容器内装上与标签不符的物品。对于因标签脱落而无法识别何种物质的试剂要慎重处理，不能随意乱倒。

固体试剂存放于磨口广口瓶中，用磨砂玻璃盖盖紧密封；液体试剂配制后存放于细口玻璃瓶中，用玻璃塞或橡皮塞密封。若是碱性（如氢氧化钠）等溶液宜用橡皮塞，以免长时间不用碱液与玻璃中的二氧化硅反应生成硅酸盐，粘住无法开启。固体氢氧化钠或高浓度的碱液宜用塑料瓶存放。

标准贮备液避光保存，使用时临时稀释。标准滴定溶液存放于试剂瓶中，使用时倒在小烧杯中，未使用完的标准滴定液不得再倒回试剂瓶中。

液体指示剂存放于滴瓶中，用磨口玻璃塞或橡胶塞密封。用胶头滴管密封的，定期检查胶头部位是否有破损。

每种试液都有保存期，当溶液出现浑浊、沉淀或颜色变化等现象时，需要重新配制。标准滴定溶液在常温时15℃～25℃条件下保存时间一般不超过两个月，外购的标准溶液开封后冷藏保存期可适当延长。需要使用时临时配制的试剂，应严格按照标准现配现用。

二、实验室用水采购及要求

实验室在样品预处理、溶液配制、检测分析时需要用到大量的水，普通的自来水因处理工艺简单，含有大量的阴阳离子如：Ca^{2+}、Mg^{2+}、Fe^{3+}、Cl^-、SO_4^{2-}、HCO^-，会影响检测分析结果，因此不适用于化学分析检测。根据化学分析实验的要求及分析仪器的精度不同，用水规格按照GB/T 6682—2008《分析实验室用水规格和试验方法》的标准规定，实验室分析用水可分为三个级别。

表 5－1－3　实验室用水规格

名称	一级	二级	三级
pH 范围（25℃）	—	—	5.0～7.0
电导率（25℃）/（mS/m）	≤0.01	≤0.10	≤0.50
可氧化物质含量（以 O 计）/（mg/L）	—	≤0.08	≤0.4
吸光度（245nm，1cm 光程）	≤0.001	≤0.01	—
蒸发残渣（105℃±2℃）含量/（mg/L）	—	≤1.0	≤2.0
可溶性硅（以 SiO_2 计）含量/（mg/L）	≤0.01	≤0.02	—

注1：由于在一级水、二级水的纯度下，难于测定其真实的 pH，因此，对一级水、二级水的 pH 范围不做规定。

注2：由于在一级水的纯度下，难于测定可氧化物质和蒸发残渣，对其限量不做规定。可用其他条件和制备方法来保证一级水的质量

一级水基本上不含有离子或胶态物，适用于对于试验要求较高、及对水质的颗粒有严格要求的液相色谱仪、液相色谱—串联质谱仪等仪器。一级水可用二级水经过石英设备蒸馏或离子交换混合床处理后，再经 $0.2\mu m$ 微孔过滤来制备。

二级水含有微量的无机物、有机物或胶态杂质，适用于需要进行无机痕量分析检测，如：总砷、铅、铜、汞、镉、铁、锌、锡用到原子吸收分光光度计或原子荧光光度计等检测设备。二级水可用多次蒸馏或离子交换等方法制备。

三级水是最普遍使用的，因多采用蒸馏方法制备，通常称为蒸馏水。一般化学分析试验至少需要满足三级水的要求。三级水可用蒸馏或离子交换等方法来制备。

在日常工作中为了叙述方便，我们常称实验室分析用水为"纯水"，对要求高的一级、二级水称为"高纯水"。而用于纯水制备的原始用水称为"原水"，原水也是应当比较纯净的饮用水，最常见的是自来水。

（一）试验纯水的制备：

1. 蒸馏法：根据水与杂质的沸点不同，将原水用蒸馏装置进行蒸馏得到的水叫蒸馏水。蒸馏装置的材质不同也会带入不同的杂质，并且无法除去水中挥发性的杂质。蒸馏法能耗大，产量小，不适用于大量制备。

2. 离子交换法：将原水中阴阳离子通过离子交换柱的高分子离子交换吸附，去除杂质得到的纯水，又称为"去离子水"。交换下来的离子柱可以用酸或碱中和再生，方法简单，成本较低，产量大，适合于一般规模的实验室。但是离子交换不能去除非电解质的胶态物质和有机物。

3. 电渗析法：外加电场的作用，利用离子交换膜的选择性透过使杂质与纯水分离得到的水。操作简单，自动运行，作为离子交换法前使用可以降低费用。

4. 超过滤和微孔过滤：超过滤是一种筛孔分离过滤，截留颗粒粒径范围是 $0.001\mu m\sim 5\mu m$，能截留分子量相当于 500 的各种微粒、胶体、有机物、细菌等物质，但不能截留无机离子。微孔过滤又称精密过滤，$3\mu m\sim 20\mu m$ 微孔滤膜用于制水前处理，$0.22\mu m$ 和 $0.45\mu m$ 的滤膜用于制备高纯水的最后一级过滤。两种滤膜常用的材质为醋酸纤维素膜。

目前国外厂商先后推出多种纯水、超纯水制备设备，整合了离子交换、反渗透、超滤和超纯去离子等技术，能达到实验室对水纯度的要求，具有操作简单、出水量大的特点，有些带出水检测装置并数显检测数值，仪器参见图 5－1－1 和图 5－1－2。

图 5－1－1　实验室超纯水仪

图 5－1－2　实验室超纯水仪反渗透装置

（二）实验室分析用水的检验项目

1. pH 值范围（25℃）：量取 10mL 水样加甲基红 pH 指示剂两滴，不显红色；另取水样 10mL 加溴百里酚蓝 5 滴，不显蓝色为合格，也可以用精密 pH 试纸检查或用 pH 计进行测定。

2. 电导率（25℃）：一级、二级的水样测定，将电导仪的电导池装在水处理装置流动出水口处，调节水流速度，赶净管道及电导池的水泡，即可进行测量。三级水量取 400mL 水样置于锥形瓶中，插入电导池后即可进行测量。

3. 可氧化物质含量（以 O 计）/（mg/L）：取 1000mL 二级水样（三级水 200mL 水样）注入烧杯，加入硫酸（20%）5.0mL 和 1.0mL 混匀。再分别加入 1.00mL（0.01mol/L）的高锰酸钾标准溶液，盖上表面皿，加热煮沸并保持 5min，溶液的粉红色不得完全消失。

4. 吸光度（245nm，1cm 光程）：按 GB/T 9721 的规定测定。

5. 蒸发残渣（105℃±2℃）含量/（mg/L）：1000mL 二级水或 500mL 三级水先通过旋转蒸发至 50 mL 水样，分步冲洗蒸馏瓶，合并转移至已于 105℃±2℃ 恒重的蒸发皿中，按 GB/T 740 的规定测定。

6. 可溶性硅（以 SiO_2 计）含量/（mg/L）：量取 520mL 一级水样（二级水样 270mL）注入铂皿，防灰尘、不沸腾但接近沸腾状态蒸发至 20mL，冷却至室温，加 1.0mL 钼酸铵溶液（50g/L），摇匀，放置 5min 后，加 1.0mL 草酸溶液（50g/L），摇匀，放置 1min 后，加 1.0mL 对甲氨基酚硫酸盐（2g/L），摇匀，移入比色管，稀释至 25mL，摇匀，60℃ 水浴中保温 10min。溶液所呈蓝色不得深于标准比色溶液。标准比色溶液为 0.50mL 二氧化硅（0.01mol/L）用水样稀释至 20mL 与同体积试液同时同样处理。

对没有条件进行实验室用水处理的企业，可进行外部采购。采购单位需要有相应资质，签订规范的采购合同，采购后需索取水质检测报告。无论是自制还是外部采购，都必须定期对实验用水的 pH、范围、电导率、可氧化物质含量、吸光度、蒸发残渣、可溶性硅含量等指标进行检测或核查企业提供的合格检测报告，以保证试验用水的规范性。

目前市场上有饮用纯净水、蒸馏水出售，能否作为实验室分析用水还是要通过上述指标的检验，若检验符合国家标准的水即可以使用。值得注意的是实验室分析用水虽然经过纯化处理，但并未对微生物指标进行控制，所以在微生物检测时需要对其进行灭菌处理，也不能作为饮用水直接饮用。

（三）贮存

实验室分析用水使用密闭的、专用的聚乙烯容器贮存，三级水也可以用密闭的、专用的玻璃容器贮存。新容器在贮存前需用盐酸溶液（质量分数为 20%）浸泡两天以上，用制备的实验室分析用水反复冲洗，方可使用。贮存容器需要定期清洗，用盐酸溶液（质量分数为 20%）浸泡涮洗容器底部及易附着污物部位，再用试验用水反复冲洗。

玻璃容器存放纯水可溶出某些金属及硅酸盐，有机物较少；聚乙烯容器所溶出的无机物较少，但有机物比玻璃容器多。纯水导出管在瓶内可用玻璃管，瓶外导管可用聚乙烯管，在最下端用乳胶管，配用弹簧夹。

（四）使用

在取用时一般从聚乙烯容器中倾倒入专用水杯、洗瓶中使用，容器取水后要及时密闭，没有用完的纯水不能再重新倒入贮存容器中，以免水质污染。为防止受空气及贮存容器的影响，一级水不可贮存，应用前制备，二级水、三级水可适量制备，不得长期存放。

第二节　溶液配制

一、溶液的制备

溶液由溶质和溶剂组成。用来溶解别种物质的物质称为溶剂，能被溶剂溶解的物质称为溶质。一般来说液体溶剂是常用的溶剂，而水因为极性强，能溶解很多极性化合物，特别是离子晶体，所以是实验室最常用的液体溶剂。当溶剂和溶质都是液体时，把量多的液体物质称为溶剂，量少的液体物质称为溶质。例如70％乙醇和水的混合液，水是溶质，乙醇是溶剂；而20％乙醇和水的混合液中，乙醇是溶质，水是溶剂。

溶解过程是将溶质按照一定的比例和溶剂混合，充分搅拌，逐渐分散到溶剂中。在溶解的过程中溶质实际存在两个状态：溶解和结晶，当两种状态平衡时，溶液达到了饱和状态。

每种物质在特定的溶剂中的溶解能力是不同的。我们通常用溶解度来定义。影响物质溶解度的因素主要有：温度、溶质溶剂的极性。

溶解过程不仅仅是简单的机械混合过程，是复杂的物理-化学过程，在这个过程中溶液的体积、温度会发生变化，有的比较明显，有的比较微观。因此掌握各种溶质及溶剂的化学性质及特点在溶液配制时是十分必要的。

在化学分析时会用到各种制剂及制品，制备方法按照 GB/T 603—2002《化学试剂试验方法中所用制剂及制品的制备》。在企业实验室里所用到的试剂除非另有规定外，一般都要求分析纯以上，水用经过处理的纯水。

（一）几种制剂及制品的制备

1. 无二氧化碳的水：水在烧瓶中煮沸 10min，立即用装有钠石灰管的胶塞塞紧，冷却。

2. 无氧的水：将水注入烧瓶中，煮沸 1h，立即用装有玻璃导管的胶塞塞紧，导管与盛有焦性没食子酸碱性溶液（100g/L）的洗瓶连接，冷却。

3. 无氨的水：向水中加硫酸至其 pH 小于 2，使水中各种形态的氨或胺最终都变成不挥发的盐类，用全玻璃蒸馏器进行蒸馏，即可得到无氨纯水，同时要避免实验室空气中氨的重新污染。

4. 不含有机物的蒸馏水：加入少量的高锰酸钾溶液，使呈紫红色，再以全玻璃蒸馏器进行蒸馏，整个过程中始终保持水呈紫红色。

5. 无酚的水：加入氢氧化钠至水的 pH 大于 11，同时加入少量的高锰酸钾溶液使水的颜色呈紫红色，使水中酚生成不挥发的酚钠后进行蒸馏。

（二）几种常用溶液的配制

1. 配制硫酸、盐酸、硝酸等强酸性溶液时，根据浓度、密度计算出所需溶质的体积，用量筒量取所需体积，缓慢倒入装有适量纯水的烧杯中。由于强酸溶解会释放大量的热量，要将量筒内酸液沿着烧杯壁缓缓注入，一边加一边搅拌散热，避免溶液局部过热，沸腾灼伤。等冷却后再定容至所需体积。

2. 配制碱性溶液或普通的盐溶液：先根据浓度计算溶质的质量，用称量纸或小烧杯（易潮解的或有腐蚀性的固体）称取，加适量的纯水溶解，定容。用玻璃棒搅拌，注意不要用力过猛，频繁触及烧杯底部和器壁，以免使溶液溅出，搅拌过程中也不要把玻璃棒取出，以免溶质损失。强碱如氢氧化钠、氢氧化钾在溶解时也会释放大量的热，需要搅拌。冷却后再加水至所需体积。

3. 配制饱和溶液：称取比计算稍多的溶质质量，放在烧杯中加入一定量的溶剂，一边加热，一边搅拌溶解。冷却后有结晶析出，取上层液体。

配制好的溶液经过静置，用润洗过的试剂瓶盛装，摇匀后加贴标签存放。

二、溶液浓度的表示方法

化学试剂是由溶质溶解在溶剂中组成的，可以用浓度来表示溶质和溶剂的比例关系。根据用途的不同，溶液浓度有多种表达方式。

（一）物质的量摩尔浓度

分为体积摩尔浓度和质量摩尔浓度。

体积摩尔浓度是指 1L 溶液中所含溶质的摩尔数，一般用 M 表示，单位为 mol/L。例如：1mol/L 的氢氧化钠溶液，溶质为氢氧化钠，溶剂为水，在 1L 的溶液中溶解氢氧化钠 1mol，根据分子量换算，氢氧化钠的质量为 40g。体积摩尔浓度是目前规范使用的表示方法。

质量摩尔浓度是指 1kg 溶剂中含溶质的摩尔数，单位为 mol/kg。例如：1mol/kg 的氢氧化钠溶液，溶质为氢氧化钠，溶剂为水，在 1kg 的水中溶解了氢氧化钠 1mol，这种表示方法的优点是浓度不受温度的影响，缺点是不方便，现在较少使用。

（二）质量分数

是指溶质的质量与溶液的质量之比。由于是相同物理量的比值，量纲为 1，也可用百分数表示。例如：质量分数为 20% 的氢氧化钠溶液，表示在 100g 的氢氧化钠溶液中含有氢氧化钠溶质为 20g。在 GB/T 603—2002《化学试剂 试验方法中所用制剂及制品的制备》中，所有溶液用以（%）表示的均指质量分数浓度，只有"乙醇（95%）"中的（%）为体积分数浓度。在微量和痕量检测中，含量很低，可用 ppm、ppb、ppt 表示，其含义

分别为 10^{-6}，10^{-9}，10^{-12}，单位分别为 mg/kg，μg/kg，ng/kg。

（三）质量浓度

是指溶质的质量与溶液的体积之比，单位为 g/L。例如：体积分数为 200g/L 的氢氧化钠溶液，表示在 1L 的氢氧化钠溶液中含有氢氧化钠溶质为 200g。由于在配制试剂中较为直观，使用方便，所以广泛使用。现行检测方法中一般试剂的配制都用质量浓度表示。

（四）比例浓度

包括质量比和体积比浓度，现在较少使用。

质量比是两种固体试剂混合的表示方法。例如硫酸铜硫酸钾（1＋2），表示相同质量的硫酸铜 1 份与硫酸钾 2 份混合，也可用硫酸铜硫酸钾（1：2）表示。

体积比是指两种液体试剂混合的表示方法，例如硫酸溶液（1＋5），表示相同体积的硫酸 1 份与水 5 份一起混合，同样也可写成硫酸溶液（1：5）。例如混合指示剂甲基红与亚甲基蓝（2＋1）乙醇溶液表示 2 份甲基红乙醇溶液（1g/L）和 1 份亚甲基蓝乙醇溶液（1g/L）混合。

（五）滴定度

表示每毫升标准溶液中含有溶质的质量，用符号 T_s 表示。脚注 s 代表滴定剂的化学式，单位为 g/mL。例如 $T_{NaOH}=0.100\ 1$g/mL 的 NaOH 溶液，表示 1mL 标准溶液中含有纯氢氧化钠 0.1001g。

另一种是指 1mL 标准溶液相当于被测量的质量，用符号 $T_{s/x}$ 表示，s 表示滴定剂的化学式，x 表示被测物的化学式，单位为 g/mL。用滴定度计算被测物的含量时，只要将滴定度乘以所消耗标准溶液的体积即可求得被测物的质量。

这两种表示方法现在较少使用。

三、常用标准溶液的配制

GB/T 601—2002《化学试剂　标准滴定溶液的制备》中实验室常用的标准溶液有：氢氧化钠溶液、盐酸溶液、硫酸溶液、高锰酸钾溶液、乙二胺四乙酸二钠等标准溶液等。

配制标准滴定溶液所用的试剂应在分析纯以上，实验用水应符合三级水的标准。室温应控制在 20℃ 左右，所用到的天平、滴定管、容量瓶、单标线吸管等均应经过检定或校准。

（一）氢氧化钠标准滴定溶液 $[c\ (NaOH)\ =1mol/L]$ 的配制

称取 110g 氢氧化钠，溶于 100mL 无二氧化碳的水中，摇匀，注入聚乙烯容器中，密闭放置至溶液清亮。用塑料管吸取 54mL 混合液稀释到 1000mL，摇匀，浓度为 1mol/L；其他浓度对应换算量取氢氧化钠的体积。

（二）盐酸标准滴定溶液 $[c\ (HCl)\ =1mol/L]$ 的配制

量取密度为（1.18g～1.19g）/mL 的盐酸溶液 90mL，注入 1000mL 水中，摇匀。

（三）硫酸标准滴定溶液 $\left[c\left(\frac{1}{2}H_2SO_4\right)=1mol/L\right]$ 的配制

量取密度为 1.84g/mL 的浓硫酸溶液 30mL，缓缓注入 1000mL 水中，冷却，摇匀。

（四）碘标准滴定溶液 $\left[c\left(\frac{1}{2}I_2\right)=0.1mol/L\right]$ 的配制

称取 13g 碘及 35g 碘化钾，溶于 100mL 水中，稀释到 1000mL，摇匀，贮存于棕色瓶中。

（五）高锰酸钾标准滴定溶液 $\left[c\left(\frac{1}{5}KMnO_4\right)mol/L\right]$ 的配制

称取 3.3g 高锰酸钾，溶于 1050mL 水中，缓缓煮沸 15min，冷却，于暗处放置两周，用已处理过的 4 号玻璃滤埚过滤。贮存于棕色瓶中。玻璃滤埚在同样浓度的高锰酸钾溶液中缓缓煮沸 15min。

制备标准滴定溶液的浓度值应在规定浓度的±5%范围以内。

（六）乙二胺四乙酸二钠标准滴定溶液 $\left[c\left(EDTA\right)=0.1mol/L\right]$ 配制

称取 40g 乙二胺四乙酸二钠，加水 100mL，加热溶解，摇匀。

四、常用标准溶液的标定

实验室常用标准溶液的用途及标定方法见表 5-2-1。

表 5-2-1　常用标准滴定溶液的用途及标定

标准滴定溶液名称	用途	标定物质	要求
氢氧化钠溶液	测定酸度	邻苯二甲酸氢钾	工作基准试剂，105℃～110℃干燥恒重
盐酸溶液	测定蛋白质	无水碳酸钠	工作基准试剂，270℃～300℃干燥恒重
硫酸溶液	测定蛋白质	无水碳酸钠	工作基准试剂，270℃～300℃干燥恒重
碘溶液	测定二氧化硫残留	硫代硫酸钠溶液；三氧化二砷	0.1mol/L 硫代硫酸钠标准滴定溶液；工作基准试剂，硫酸干燥器干燥恒重
高锰酸钾溶液	含氧物质	草酸钠	工作基准试剂，105℃～110℃干燥恒重
乙二胺四乙酸二钠溶液	测定金属离子	氧化锌	工作基准试剂，800℃±50℃灼烧恒重

称量工作基准试剂宜用减量法称取，即称取试样的质量由两次称量之差求得。称取质量的天平需要精确到 0.1mg，标定标准溶液时，滴定的速度一般应保持在（6mL～8mL）/min，需要两人进行实验，分别各做四个平行，每人四平行测定结果的极差的相对值不得大于重复性临界极差的相对值 0.15%，两人共八平行测定结果极差的相对值不得大于重复性临界极差的相对值 0.18%。取两人八平行测定结果的平均值为测定结果。在运算过程中保留 5 位有效数字，浓度值报告结果取 4 位有效数字。

标准滴定溶液在常温 15℃～25℃的条件下保存时间一般不超过两个月。

第六章 检验样品的抽取及留样

第一节 理化检验样品的抽取及留样

一、抽样

饮料生产工艺技术日新月异，生产效率非常高。品种繁多和规格各异的原料需要进货检验，半成品需要进行关键工艺参数检测控制，成品需要经过出厂检验，所检项目合格方能销售，因此产品检验对企业的质量控制非常重要。面对数以千计的产品基数，要将样品逐个检验是不科学也是不可能的，因此就需要通过抽样的方式来获取有代表性的样品。

样品是实验室用于分析检验的对象，取自某一整体的一个或多个部分，旨提供该整体的相关信息，通常作为判断该整体的基础。采集的样品必须具有代表性，要能充分代表整批产品的质量。如果所抽样品只是某个区域，或者只是生产某一时间点上的产品，不能由此来代表整批产品的营养要求或质量状况，那么，样品检测数据即使再准确也不能说明产品质量状况。

（一）抽样要求

抽样检验需要合理科学地抽取样品，如何正确采样，必须做到以下几点：

1. 采集的样品必须具有真实性，要能客观真实地反映产品的实际状况。样品必须由经过培训的检验人员在生产现场或仓库的待检区域抽取，不得掺假或伪造样品。如实填写抽样记录，抽样产品名称、抽样批次、生产基数、抽样时间、抽样人员等信息，以便溯源。

2. 采集的样品必须具有准确性，抽样人员必须具有样品采集检测的理论基础，掌握如何确定样品的批次、如何界定产品是否来自同一整体、如何设计抽样方案，在什么部位采样等技能，科学合理采集样品。

3. 采集的样品必须具有及时性，生产过程检验是现场生产的总指挥，例如发酵过程是个连续的生产工艺流程，样品质量参数会发生递减和递增的变化，在规定的时间必须及时采样检测得到数据，作为控制指标来调整温度、浓度或压力等参数的依据，有的产品具有挥发性或易分解的特性，更要及时采样及时送检以设法保持理化指标检测结果的原始性。在取样后要加以防护，避免样品在送往实验室途中受到污染，影响检测结果。

（二）抽样数量及方法

1. 随机采样

饮料产品主要有液态和固态两大类性状，由于乳化、均质、搅拌、喷雾等工艺改进，组成均匀性较好，可以采取随机抽取样品。

对于有包装的产品，出厂检验按照生产批次或班次随机抽取样品，规格为 250g 以下的抽取不少于 10 个独立包装，250g 以上的不少于 6 个独立包装。2～6 个供感官要求、理化指标分析检测用，2 个～5 个供微生物检测用，2 个作为留样。小规格包装产品根据实际情况可以增加抽样量。

2. 代表性取样

固体大包装产品，确定采样件数后在包装的上、中、下或中心和四角各取部分样品混合，采用"四分法"将原始样品缩分成平均样品。"四分法"的具体操作为：将取得的样品盛放在清洁的容器中，堆成圆锥形，再压成圆形，划十字线把样品分成四份，取出对角两份再混匀，缩分直至需要的样品量。液体（有黏性）大罐装开启后需要从罐的上、中、下三层分别取出样品混匀。缩分后的固体样品约 1kg，液体样品约 1.5kg 均分成三份，一份作为检样，一份作为备样，一份为留样。

在一般情况下，成品检验样品量应至少满足两次以上的全项目检测需要、满足保留样品的需要和制样预处理的需要。过程产品取样满足检测项目需求即可，原辅料进货检验时由于企业不具备全部技术指标检测能力，样品量抽取可以酌情减少。

（三）抽样需要注意的问题

1. 采样中使用到的工具、设备如剪刀、采样器、容器、包装袋必须是无毒无害、清洁的，在整个取样环节中，要确保没有外带杂物或有毒有害物污染样品。

2. 采样时要注意产品特性，抽取的样品应分别包装并做好防护，防止变化。

3. 供微生物检验的样品应严格遵守无菌操作规程。

4. 采样样品及时送检分析，缩短产品在各阶段的停留时间，以免数据偏离。

5. 采样过的包装要标识隔离并告知仓库管理员。

二、留样

根据 GB 14881《食品安全国家标准 食品生产通用卫生规范》要求规定企业应建立产品留样制度，及时保留样品。企业检验室应有专门的区域存放留样产品，留样室应布局合理，避光阴凉，干燥防尘，大小与生产规模匹配。产品贮存有特殊要求的需配备温湿度控制设备和监测设施，或冷藏冷冻设备，并做好控制记录。留样产品按照划定区域存放，做好标识，专人管理，不得遗失损坏。产品至少保存到产品保质期届满。留样届满的产品需要进行无害化处理或销毁，不得随意丢弃，以免人员误食误用造成伤害。

第二节 微生物检验样品的抽取及留样

应从企业成品库待检区内，从同一规格、同一批次的产品中抽取样品，抽样的方案按照产品的标准执行。

包装样品未采取二级或三级抽样方案的样品一般直接采取原瓶、袋或盒装 1 个包装

（液体样品不少于 250mL，固体样品不少于 250g）；采取二级或三级抽样方案的样品数量按照指标要求中的 n 值抽取。

二级抽样方案有 3 个参数：n、c 和 m，在 n 个样品中，允许有 $\leqslant c$ 个样品其相应微生物指标检验值大于 m 值。

三级抽样方案有 4 个参数：n、c、m 和 M。在 n 个样品中，允许全部样品中相应微生物指标检验值小于或等于 m 值；允许有 $\leqslant c$ 个样品其相应微生物指标检验值在 m 值和 M 值之间；不允许有样品其相应微生物检验值大于 M 值。

大包装的样品应用灭菌采样工具从几个不同部位取样于清洁灭菌的容器中，所使用的容器要求大小适中，并具有足够大的开口使样品能够在保持洁净的状态下顺利装入。

检验后剩余样品要与原始样品在同样的储存条件下密封保存，检验结果报告后，被检样品方能处理，检出致病菌的样品要经过无害化处理，剩余样品或同批次样品不进行微生物项目的复检。

第七章　饮料产品检验项目及检验方法

第一节　饮料产品感官、标签检验

饮料的感官检验属于描述性检验，通过检验可获得产品的一个或多个感官特性。

一、感官检验要求

（一）仪器

白瓷盘、匙、烧杯、水浴锅、开瓶器等。

（二）色泽、组织状态、气味检验

1. 将烧杯（100mL 小烧杯）置于白瓷盘内，放在明亮的自然光或相当于自然光处，取混合均匀的样品，立即用嗅觉嗅其气味，用肉眼观察其色泽、组织状态，检查有无肉眼可见的外来杂质。

2. 滋味检验

除冬季外，在检验色泽气味等同时，用味觉品尝滋味。冬季时，将样品放入水浴锅内加热至 25℃±5℃时，取样品用味觉品尝其滋味。

3. 感官评尝人员须有正常的味觉与嗅觉，鉴定时间不得超过 2h。

二、标签检验要求

一般要求，样品标签上应标示饮料名称、配料表、净含量和规格、生产者和（或）经销者的名称、地址和联系方式、生产日期和保质期、贮存条件、食品生产许可证编号、生产许可证标志、质量等级、产品标准代号及其他需要标示的内容（营养标签）。标签中所用量值单位必须符合法定计量单位要求。

（一）饮料名称

1. 应在样品的醒目位置，清晰地标示反映食品真实属性的专用名称；

2. 当国家标准、行业标准或地方标准中已规定了某饮料的一个或几个名称时，应选用其中的一个或等效的名称；无国家标准、行业标准或地方标准规定的名称时，应使用不使消费者误解或混淆的常用名称或通俗名称；

3. 标示"新创名称"、"奇特名称"、"音译名称"、"牌号名称"、"地区俚语名称"或"商标名称"时，应在所示名称的同一展示版面标示反映饮料真实属性的专用名称；

4. 当"新创名称"、"奇特名称"、"音译名称"、"牌号名称"、"地区俚语名称"或"商标名称"含有易使人误解食品属性的文字或术语（词语）时，应在所示名称的同一展示版面邻近部位使用同一字号标示食品真实属性的专用名称；

5. 当饮料真实属性的专用名称因字号或字体颜色不同易使人误解食品属性时，也应使用同一字号及同一字体颜色标示饮料真实属性的专用名称；

6. 为不使消费者误解或混淆饮料的真实属性、物理状态或制作方法，可以在饮料名称前或饮料名称后附加相应的词或短语。如浓缩的、复原的、果粒状的等。

（二）配料表

1. 预包装饮料的标签上应标示配料表，配料表中的各种配料应按饮料名称的标注要求标示具体名称，食品添加剂按照如下第 5 的要求标示名称。

2. 配料表应以"配料"或"配料表"为引导词。当加工过程中所用的原料已改变为其他成分（如酒、酱油、食醋等发酵产品）时，可用"原料"或"原料与辅料"代替"配料"、"配料表"，并按 GB 7718—2011 相应条款的要求标示各种原料、辅料和食品添加剂。加工助剂不需要标示。

3. 各种配料应按制造或加工饮料时加入量的递减顺序一一排列；加入量不超过 2％的配料可以不按递减顺序排列。

4. 如果某种配料是由两种或两种以上的其他配料构成的复合配料（不包括复合食品添加剂），应在配料表中标示复合配料的名称，随后将复合配料的原始配料在括号内按加入量的递减顺序标示。当某种复合配料已有国家标准、行业标准或地方标准，且其加入量小于食品总量的 25％时，不需要标示复合配料的原始配料。

5. 食品添加剂应当标示其在 GB 2760 中的食品添加剂通用名称。食品添加剂通用名称可以标示为食品添加剂的具体名称，也可标示为食品添加剂的功能类别名称并同时标示食品添加剂的具体名称或国际编码（INS 号）。在同一预包装食品的标签上，应选择同一种形式标示食品添加剂。当采用同时标示食品添加剂的功能类别名称和国际编码的形式时，若某种食品添加剂尚不存在相应的国际编码，或因致敏物质标示需要，可以标示其具体名称。食品添加剂的名称不包括其制法。加入量小于食品总量 25％的复合配料中含有的食品添加剂，若符合 GB 2760 规定的带入原则且在最终产品中不起工艺作用的，不需要标示。

6. 下列食品配料，可以选择按表 7-1-1 的方式标示。

表 7-1-1　配料标示方式

配料类别	标示方式
各种淀粉，不包括化学改性淀粉	"淀粉"
添加量不超过 10％的各种果肉	"果肉"、"果粒"
食用香精、香料	"食用香精"、"食用香料"、"食用香精香料"

（三）配料的定量标示

1. 如果在饮料标签上特别强调添加了或含有一种或多种有价值、有特性的配料或成分，应标示所强调配料或成分的添加量或在成品中的含量。

2. 如果在饮料的标签上特别强调一种或多种配料或成分的含量较低或无时，应标示所强调配料或成分在成品中的含量（如低脂饮料等）。

3. 饮料名称中提及的某种配料或成分而未在标签上特别强调，不需要标示该种配料或成分的添加量或在成品中的含量。

（四）净含量和规格

1. 净含量的标示应由净含量、数字和法定计量单位组成。

2. 应依据法定计量单位，按以下形式标示包装物（容器）中食品的净含量：

（1）液体饮料，用体积升（L）、毫升（mL），或用质量克（g）、千克（kg）。

（2）固体饮料，用质量克（g）、千克（kg）。

（3）净含量的计量单位应按表7-1-2标示。

表7-1-2 净含量计量单位的标示方式

计量方式	净含量（Q）的范围	计量单位
体积	$Q<1000mL$	毫升（mL）
	$Q\geq1000mL$	升（L）
质量	$Q<1000g$	克（g）
	$Q\geq1000g$	千克（kg）

（4）净含量字符的最小高度应符合表7-1-3的规定。

表7-1-3 净含量字符的最小高度

净含量（Q）的范围	字符的最小高度 mm
$Q\leq50mL$；$Q\leq50g$	2
$50mL<Q\leq200mL$；$50g<Q\leq200g$	3
$200mL<Q\leq1L$；$200g<Q\leq1kg$	4
$Q>1kg$；$Q>1L$	6

（5）净含量应与食品名称在包装物或容器的同一展示版面标示。

（6）容器中含有固、液两相物质的饮料（如果肉或果粒饮料），除标示净含量外，还应以质量或质量分数的形式标示沥干物（固形物）的含量。

（五）生产者、经销者的名称、地址和联系方式

1. 应当标注生产者的名称、地址和联系方式。生产者名称和地址应当是依法登记注

册、能够承担产品安全质量责任的生产者的名称、地址。有下列情形之一的，应按下列要求予以标示。

（1）依法独立承担法律责任的集团公司、集团公司的子公司，应标示各自的名称和地址。

（2）不能依法独立承担法律责任的集团公司的分公司或集团公司的生产基地，应标示集团公司和分公司（生产基地）的名称、地址；或仅标示集团公司的名称、地址及产地，产地应当按照行政区划标注到地市级地域。

（3）受其他单位委托加工预包装食品的，应标示委托单位和受委托单位的名称和地址；或仅标示委托单位的名称和地址及产地，产地应当按照行政区划标注到地市级地域。

2. 依法承担法律责任的生产者或经销者的联系方式应标示以下至少一项内容：电话、传真、网络联系方式等，或与地址一并标示的邮政地址。

3. 进口预包装食品应标示原产国国名或地区区名（如香港、澳门、台湾），以及在中国依法登记注册的代理商、进口商或经销者的名称、地址和联系方式，可不标示生产者的名称、地址和联系方式。

（六）日期标示

1. 应清晰标示预包装食品的生产日期和保质期。如日期标示采用"见包装物某部位"的形式，应标示所在包装物的具体部位。日期标示不得另外加贴、补印或篡改。

2. 当同一预包装内含有多个标示了生产日期及保质期的单件预包装食品时，外包装上标示的保质期应按最早到期的单件食品的保质期计算。外包装上标示的生产日期应为最早生产的单件食品的生产日期，或外包装形成销售单元的日期；也可在外包装上分别标示各单件装食品的生产日期和保质期。

3. 应按年、月、日的顺序标示日期，如果不按此顺序标示，应注明日期标示顺序。

4. 日期的标示

（1）日期中年、月、日可用空格、斜线、连字符、句点等符号分隔，或不用分隔符。年代号一般应标示 4 位数字，小包装食品也可以标示两位数字。月、日应标示两位数字。

（2）日期的标示可以有如下形式：

1）2010 年 3 月 20 日。

2）2010 03 20；2010/03/20；20100320。

3）20 日 3 月 2010 年；3 月 20 日 2010 年。

4）（月/日/年）：03 20 2010；03/20/2010；03202010。

5. 保质期的标示

保质期可以有如下标示形式：

（1）最好在……之前食（饮）用；……之前食（饮）用最佳；……之前最佳。

（2）此日期前最佳……；此日期前食（饮）用最佳……。

（3）保质期（至）……；保质期××个月（或××日，××天，××周，×年）。

（七）贮存条件

预包装饮料标签应标示贮存条件。贮存条件可以标示"贮存条件"、"贮藏条件"、"贮藏方法"等标题，或不标示标题。

贮存条件可以有如下标示形式：

1. 常温（或冷冻，冷藏，避光，阴凉干燥处）保存；

2. ××—×× ℃保存；

3. 请置于阴凉干燥处；

4. 常温保存，开封后需冷藏；

5. 温度：≤××℃，湿度：≤×× ％。

（八）生产许可证编号及标志

预包装饮料标签应标示食品生产许可证编号的，标示形式按照相关规定执行（白底蓝字，标注"生产许可"）。

（九）产品标准代号

在国内生产并在国内销售的预包装饮料（不包括进口预包装饮料）应标示产品所执行的标准代号和顺序号。

（十）质量（品质）等级

饮料所执行的相应产品标准已明确规定质量（品质）等级的，应标示质量（品质）等级。

（十一）其他标示内容

1. 营养标签

预包装饮料应标示营养标签，标示方式参照相关标准法规执行（参照 GB 28050—2011 食品安全国家标准 预包装食品营养标签通则）。

2. 果汁饮料应标示果汁含量，以质量百分数表示。

3. 果肉或果粒饮料应以质量或质量分数的形式标示沥干物（固形物）的含量。

第二节 饮料产品常规理化指标分析方法

一、净含量检验

（一）检验样品的制备

1. 液体饮料：在 20℃±2℃条件水浴中恒温 30min，如果内容物需要摇匀，可在打开包装前完成。

2. 固体饮料：将样品混合均匀。

（二）检验准备

1. 仪器

量筒：10mL、50mL、100mL、250mL、500mL、1000mL；分析天平：感量 0.01g；台秤：感量 0.1kg；恒温水浴锅：精度 ±0.5℃；密度瓶：50mL；温度计：分度值 0.02℃；烧杯：2000mL。需检定/校准的仪器必须在检定/校准有效期内。

2. 试剂

方法中所用试剂均为分析纯，水为 GB/T 6682 规定的三级水。

（三）检验及注意事项

1. 检验

（1）直接体积法测量

1）适用范围

适用于流动性好，不挂壁的饮料。如：饮用水、碳酸饮料等。

2）检验步骤

①按试样的净含量标注选取容积相近的量筒（如净含量标注为 500mL，则选用 500mL 量筒），

将内容物沿量筒壁缓慢倒入至刻度，静置不少于 30s。

②保持量筒放置垂直，并使视线与液面平齐，按液面的弯月面下缘读取容积数。

③如果样液还有剩余（如净含量标注为 750mL，选取 500mL 量筒第一次量取后，选取 250mL 量筒量取第二次），依次选取与剩余体积相近容积的量筒测量，直至样液全部倒完，将读取的体积数相加即得试样的净含量。

④对于可乐等加压加气的碳酸饮料，在检验前加入不大于净含量允许短缺量的 1/20～1/30 的消泡剂，待气泡消除后按①至③进行操作。

3）读取体积数取整数位。

（2）相对密度法测量

1）适用范围

适用于流动性不好、但液态均匀的饮料，如：乳饮料等。

2）检验步骤

①将瓶装、听装（易拉罐）饮料置于 20℃±0.5℃水浴中恒温 30min。取出，擦干瓶、听外壁的水，用分析天平称量整瓶、整听饮料质量（m_1）。打开瓶盖、听盖，将饮料倒出，用自来水清洗至瓶、听内无残留饮料为止，沥干，称量"空瓶＋瓶盖"、"空听＋听盖"质量（m_2）。

②将密度瓶洗净、干燥、称量质量（m_3），将煮沸冷却至 20℃的去离子水注入密度瓶刻度处，用吸水纸小心吸干瓶外及瓶颈内刻度线以上的水珠，于分析天平上称量质量（m_4）。倒去水，用待测饮料润洗密度瓶，然后注入至刻度，小心用吸水纸吸干瓶颈内刻度线以上的饮料，于分析天平上称量质量（m_5）。

（3）直接质量法测量

1）适用范围

适用于固体饮料。

2）检验步骤

用分析天平称量整罐或整盒饮料质量（m_6）。打开包装，将固体饮料倒出，称量空盒或空罐的质量（m_7）。

2. 注意事项

（1）倾入时样液不得洒出及向量筒外飞溅；有泡沫的样液应该读取泡沫下的体积数；

（2）对于可乐等加压加气的碳酸饮料注入时尽量缓慢平稳；瓶颈内刻度线上的液体用吸水纸吸干；迅速称量。

3. 净含量允许短缺量

净含量允许短缺量见表 7－2－1。

表 7－2－1　质量或体积定量包装商品标注净含量允许短缺量

质量或体积定量包装商品标注净含量 Q_n/g 或 mL	允许短缺量 T	
	Q_n 的百分比	g 或 mL
0～50	9	—
50～100	—	4.5
100～200	4.5	—
200～300	—	9
300～500	3	—
500～1000	—	15
1000～10000	1.5	—
10000～15000	—	150
15000～50000	1	—

（四）检验结果计算与数字、原始记录

1. 结果计算

（1）相对密度法测量

1）饮料 20℃时的相对密度按式（7－2－1）计算：

$$d_{20}^{20}=\frac{m_5-m_3}{m_4-m_3}\qquad\qquad(7-2-1)$$

式中：d_{20}^{20}——饮料 20℃时的相对密度；

m_5——密度瓶和样液的质量，单位为克（g）；

m_3——密度瓶的质量，单位为克（g）；

m_4——密度瓶和水的质量，单位为克（g）。

2）饮料在 20℃时的密度按式（7－2－2）计算：

$$\rho = 0.9982 \times d_{20}^{20} \qquad (7-2-2)$$

式中：ρ——饮料的密度，单位为克每毫升（g/mL）；

  0.9982——在20℃时去离子水的密度，单位为克每毫升（g/mL）；

   d_{20}^{20}——在20℃时饮料与去离子水的相对密度。

3）饮料的净含量按式（7-2-3）计算：

$$V = \frac{m_1 - m_2}{\rho} \qquad (7-2-3)$$

式中：V——试样的净含量，单位为毫升（mL）；

  m_1——整瓶、整听饮料的质量，单位为克（g）；

  m_2——"空瓶＋瓶盖"、"空听＋听盖"质量，单位为克（g）；

  ρ——饮料的密度，单位为克每毫升（g/mL）。

（2）直接质量法测量

饮料净含量按式（7-2-4）计算：

$$X = m_6 - m_7 \qquad (7-2-4)$$

式中：X——试样的净含量，单位为克（g）；

  m_6——整罐或整盒饮料的质量，单位为克（g）；

  m_7——空盒或空罐的质量，单位为克（g）。

2. 数字修约

（1）产品标准或检验方法标准中有规定的，按标准规定要求进行；标准中没有规定的，按有效数字运算规则进行运算，按 GB/T 8170《数值修约规则与极限数值的表示和判定》进行修约。

（2）本计算结果保留至整数位。

3. 原始记录

检验人员负责检验原始记录的设计、填写，应包括以下内容：

（1）检验样品的记录，如样品编号、样品名称、规格型号、生产日期等。

（2）环境条件记录，如环境温度、湿度等。

（3）仪器设备记录，如仪器设备名称、型号、编号及检定有效期等。

（4）检验方法和检验依据。

（5）检验日期、检验地点记录。

（6）各项检验原始观察数据或结果（包括图片、图表），计算公式及导出结果。

（五）检验后归位、整理、清理及污物处理

1. 检验后，所用玻璃器皿、器具均需清洗至不挂水珠并用去离子水冲洗3遍，于避尘处晾干；分析天平擦拭干净，盖上防尘罩。

2. 实验的三废按第二章第四节处理。

（六）编制检验报告及判定

1. 编制检验报告，要求如下：

（1）检验报告应采用统一格式。检验报告表格中各项栏目应完整填写，不得缺项。无内容填写的栏目应使用"一"表示，不得空缺。编写内容应包括检验结果所必需的各种信息，以及采用方法所要求的全部信息。检验报告表格栏目排列顺序可以适当调整，内容也可根据实际需要进行增加。

（2）检验报告应包括封面、首页、检验结果页，如有需要可以有封底。

（3）检验报告中数据、公式、表格和其他技术内容应真实可靠、准确无误，带有计量单位的应使用法定的计量单位；数值应用阿拉伯数字书写。

（4）检验报告中所用的符号、代号应符合 GB/T 1.1—2009《标准化工作导则　第一部分：标准的结构和编写》规定。

2. 检验结果的表示和判定

（1）根据产品标准或方法标准的规定，用测定值、测定值的算术平均值、中值等表示相应的参数。

（2）凡标准中规定采用修约值比较法的，应将测量值或计算值按 GB/T 8170 的有关规定，修约到与标准规定的极限数值的位数一致，再与标准规定的极限数值进行比较、判定。

（3）凡检验标准中未作规定的，均采用全数值比较法，将检验所得测量值或计算值不经修约，用数值的全部数字与标准规定的极限数值进行比较、判定。

（4）产品明示标注净含量判定

1）按产品明示标注净含量，根据表 7－2－1 计算净含量负偏差值。

试样净含量负偏差值按式（7－2－5）计算：

$$X = Q_n - T \tag{7－2－5}$$

式中：X——试样的净含量负偏差值，单位为毫升（mL）或克（g）；

　　　Q_n——产品明示标注净含量，单位为毫升（mL）或克（g）；

　　　T——产品明示标注净含量允许短缺量，单位为毫升（mL）或克（g）。

2）将测得的净含量结果与试样的净含量负偏差值比较判定，前者应不小于后者。

二、特征性含量指标——饮料中可溶性固形物的测定（折光计法）

（一）检验样品的制备

1. 透明液体样品

将试样充分混匀，直接测定。

2. 半粘稠制品（果浆、蔬菜浆类）

将试样充分混匀，用四层纱布挤出滤液，弃去最初几滴，收集滤液供测试用。

3. 含悬浮物制品（果粒、果汁类饮料）

将待测样品置于组织捣碎机中捣碎，用四层纱布挤出滤液，弃去最初几滴，收集滤液供测试用。

（二）检验准备

1. 仪器设备

阿贝折光计或其他折光计：测量范围 0～80%，精确度±0.1%；可调式恒温槽：测量范围 0℃～100℃，精密度±0.1℃；250mL 烧杯；玻璃棒。需检定/校准的仪器必须在检定/校准有效期内。

（三）检验及注意事项

1. 检验

（1）测定前，按阿贝折光计说明书校正零点，其他折光计按说明书操作。

（2）分开折光计两面棱镜，用脱脂棉蘸乙醚或乙醇擦净，用末端熔圆的玻璃棒蘸取2 滴～3 滴试液滴于折光计棱镜面中央。

（3）迅速闭合棱镜，静置 1min，使试液均匀无气泡，并充满视野。

（4）对准光源，通过目镜观察接物镜，调节指示规，使视野分成明暗两部，再旋转微调螺旋，使明暗界限清晰，并使其分界线恰在接物镜的十字交叉点上，读取目镜视野中的百分数或折光率，并记录棱镜温度。

（5）如目镜计数标尺刻度为百分数，即为可溶性固形物含量（％）；如目镜计数标尺为折光率，可按表 7－2－2 换算为可溶性固形物含量（％）。将前述百分含量按表 7－2－3 换算为 20℃时可溶性固形物含量（％）。

表 7－2－2　20℃时折光率与可溶性固形物含量换算表

折光率	可溶性固形物 ％	折光率	可溶性固形物 ％	折光率	可溶性固形物 ％	折光率	可溶性固形物 ％	折光率	可溶性固形物 ％
1.3330	0.0	1.3464	9.0	1.3606	18.0	1.3758	27.0	1.3920	36.0
1.3337	0.5	1.3471	9.5	1.3614	18.5	1.3767	27.5	1.3929	36.5
1.3344	1.0	1.3479	10.0	1.3622	19.0	1.3775	28.0	1.3939	37.0
1.3351	1.5	1.3487	10.5	1.3631	19.5	1.3781	28.5	1.3949	37.5
1.3359	2.0	1.3494	11.0	1.3639	20.0	1.3793	29.0	1.3958	38.0
1.3367	2.5	1.3502	11.5	1.3647	20.5	1.3802	29.5	1.3968	38.5
1.3373	3.0	1.3510	12.0	1.3655	21.0	1.3811	30.0	1.3978	39.0
1.3381	3.5	1.3518	12.5	1.3663	21.5	1.3820	30.5	1.3987	39.5
1.3388	4.0	1.3526	13.0	1.3672	22.0	1.3829	31.0	1.3997	40.0
1.3395	4.5	1.3533	13.5	1.3681	22.5	1.3838	31.5	1.4007	40.5
1.3403	5.0	1.3541	14.0	1.3689	23.0	1.3847	32.0	1.4016	41.0
1.3411	5.5	1.3549	14.5	1.3698	23.5	1.3856	32.5	1.4026	41.5
1.3418	6.0	1.3557	15.0	1.3706	24.0	1.3865	33.0	1.4036	42.0
1.3425	6.5	1.3565	15.5	1.3715	24.5	1.3874	33.5	1.4046	42.5
1.3433	7.0	1.3573	16.0	1.3723	25.0	1.3883	34.0	1.4056	43.0
1.3441	7.5	1.3582	16.5	1.3731	25.5	1.3893	34.5	1.4066	43.5
1.3448	8.0	1.3590	17.0	1.3740	26.0	1.3902	35.0	1.4076	44.0
1.3456	8.5	1.3598	17.5	1.3749	26.5	1.3911	35.5	1.4086	44.5

表 7 - 2 - 2（续）

折光率	可溶性固形物 %	折光率	可溶性固形物 %	折光率	可溶性固形物 %	折光率	可溶性固形物 %	折光率	可溶性固形物 %
1.4096	45.0	1.4275	53.5	1.4464	62.0	1.4663	70.5	1.4876	79.0
1.4107	45.5	1.4285	54.0	1.4475	62.5	1.4676	71.0	1.4888	79.5
1.4117	46.0	1.4296	54.5	1.4486	63.0	1.4688	71.5	1.4901	80.0
1.4127	46.5	1.4307	55.0	1.4497	63.5	1.4700	72.0	1.4914	80.5
1.4137	47.0	1.4318	55.5	1.4509	64.0	1.4713	72.5	1.4927	81.0
1.4147	47.5	1.4329	56.0	1.4521	64.5	1.4725	73.0	1.4941	81.5
1.4158	48.0	1.4340	56.5	1.4532	65.0	1.4737	73.5	1.4954	82.0
1.4169	48.5	1.4351	57.0	1.4544	65.5	1.4749	74.0	1.4967	82.5
1.4179	49.0	1.4362	57.5	1.4555	66.0	1.4762	74.5	1.4980	83.0
1.4189	49.5	1.4373	58.0	1.4570	66.5	1.4774	75.0	1.4993	83.5
1.4200	50.0	1.4385	58.5	1.4581	67.0	1.4787	75.5	1.5007	84.0
1.4211	50.5	1.4396	59.0	1.4593	67.5	1.4799	76.0	1.5020	84.5
1.4221	51.0	1.4407	59.5	1.4605	68.0	1.4812	76.5	1.5033	85.0
1.4231	51.5	1.4418	60.0	1.4616	68.5	1.4825	77.0	—	—
1.4242	52.0	1.4429	60.5	1.4628	69.0	1.4838	77.5	—	—
1.4253	52.5	1.4441	61.0	1.4639	69.5	1.4850	78.0	—	—
1.4264	53.0	1.4453	61.5	1.4651	70.0	1.4863	78.5	—	—

表 7 - 2 - 3　20℃ 时可溶性固形物含量对温度的校正表

温度 ℃	可溶性固形物含量 %														
	0	5	10	15	20	25	30	35	40	45	50	55	60	65	70
—	应减去之校正值														
10	0.50	0.54	0.58	0.61	0.64	0.66	0.68	0.70	0.72	0.73	0.74	0.75	0.76	0.78	0.79
11	0.46	0.49	0.53	0.55	0.58	0.60	0.62	0.64	0.65	0.66	0.67	0.68	0.69	0.70	0.71
12	0.42	0.45	0.48	0.50	0.52	0.54	0.56	0.57	0.58	0.59	0.60	0.61	0.61	0.63	0.63
13	0.37	0.40	0.42	0.44	0.46	0.48	0.49	0.50	0.51	0.52	0.53	0.54	0.54	0.55	0.55
14	0.33	0.35	0.37	0.39	0.40	0.41	0.42	0.43	0.44	0.45	0.45	0.46	0.46	0.47	0.48
15	0.27	0.29	0.31	0.33	0.34	0.34	0.35	0.36	0.37	0.37	0.38	0.39	0.39	0.40	0.40
16	0.22	0.24	0.25	0.26	0.27	0.28	0.28	0.29	0.30	0.30	0.30	0.31	0.31	0.32	0.32
17	0.17	0.18	0.19	0.20	0.21	0.21	0.21	0.22	0.22	0.23	0.23	0.23	0.23	0.24	0.24
18	0.12	0.13	0.13	0.14	0.14	0.14	0.14	0.15	0.15	0.15	0.15	0.16	0.16	0.16	0.16
19	0.06	0.06	0.06	0.07	0.07	0.07	0.07	0.08	0.08	0.08	0.08	0.08	0.08	0.08	0.08

表 7-2-3（续）

温度 ℃	可溶性固形物含量 %														
	0	5	10	15	20	25	30	35	40	45	50	55	60	65	70
—	应加入之校正值														
21	0.06	0.07	0.07	0.07	0.07	0.08	0.08	0.08	0.08	0.08	0.08	0.08	0.08	0.08	0.08
22	0.13	0.13	0.14	0.14	0.15	0.15	0.15	0.15	0.15	0.16	0.16	0.16	0.16	0.16	0.16
23	0.19	0.20	0.21	0.22	0.22	0.23	0.23	0.23	0.23	0.24	0.24	0.24	0.24	0.24	0.24
24	0.26	0.27	0.28	0.29	0.30	0.30	0.31	0.31	0.31	0.31	0.31	0.32	0.32	0.32	0.32
25	0.33	0.35	0.36	0.37	0.38	0.38	0.39	0.40	0.40	0.40	0.40	0.40	0.40	0.40	0.40
26	0.40	0.42	0.43	0.44	0.45	0.46	0.47	0.48	0.48	0.48	0.48	0.48	0.48	0.48	0.48
27	0.48	0.50	0.52	0.53	0.54	0.55	0.55	0.56	0.56	0.56	0.56	0.56	0.56	0.56	0.56
28	0.56	0.57	0.60	.061	.062	.063	0.63	0.63	0.64	0.64	0.64	0.64	0.64	0.64	0.64
29	0.64	0.66	0.68	0.69	0.71	0.72	0.72	0.73	0.73	0.73	0.73	0.73	0.73	0.73	0.73
30	0.72	0.74	0.77	0.78	0.79	0.80	0.80	0.81	0.81	0.81	0.81	0.81	0.81	0.81	0.81

2. 注意事项

（1）用末端熔圆的玻璃棒蘸取试液滴于折光计棱镜面中央时注意不要使玻璃棒触及镜面。

（2）有条件配置可调式恒温槽的，连接好恒温槽与阿贝折光计，调节恒温槽水温至 2℃±0.1℃，平衡 15min，按 1. 检验（1）至（5）操作。

（四）检验结果计算与数字修约、原始记录

1. 结果表示

（1）记录阿贝折光计棱镜温度，如目镜标尺刻度为百分数，即为可溶性固形物含量；如目镜标尺刻度为折光率按表 7-2-2 换算成可溶性固形物含量（%）。

（2）将上述（1）中的百分含量再按表 7-2-3 换算成 20℃时可溶性固形物含量（%）。

2. 数字修约

（1）产品标准或检验方法标准中有规定的，按标准规定的要求进行；标准中没有规定的，按有效数字运算规则进行运算，按 GB/T 8170 进行修约。

（2）本检验结果取两次测定的算术平均值，精确到小数点后一位。

3. 原始记录

检验人员负责检验原始记录的设计、填写，应包括以下内容：

（1）检验样品的记录，如样品编号、样品名称、规格型号、生产日期等。

（2）环境条件记录，如环境温度、湿度等。

（3）仪器设备记录，如仪器设备名称、型号、编号及检定有效期等。

（4）检验方法和检验依据。

（5）检验日期、检验地点记录。

（6）各项检验原始观察数据或结果（包括图片、图表），计算公式及导出结果。

（五）检验后归位、整理、清理及污物处理

1. 检验后，所用玻璃器皿、器具均需清洗至不挂水珠并用去离子水冲洗 3 遍，于避尘处晾干。阿贝折光计两面棱镜先用去离子水冲洗干净，再用脱脂棉蘸乙醚或乙醇擦净晾干后放置于防尘盒内。

2. 实验的三废按第二章第四节处理。

（六）编制检验报告及判定

1. 编制检验报告，要求如下：

（1）检验报告应采用统一格式。检验报告表格中各项栏目应完整填写，不得缺项。无内容填写的栏目应使用"—"表示，不得空缺。编写内容应包括检验结果所必需的各种信息，以及采用方法所要求的全部信息。检验报告表格栏目排列顺序可以适当调整，内容也可根据实际需要进行增加。

（2）检验报告应包括封面、首页、检验结果页，如有需要可以有封底。

（3）检验报告中数据、公式、表格和其他技术内容应真实可靠、准确无误，带有计量单位的应使用法定的计量单位；数值应用阿拉伯数字书写。

（4）检验报告中所用的符号、代号应符合 GB/T 1.1—2009 的规定。

2. 检验结果的表示和判定

（1）根据产品标准或方法标准的规定，用测定值、测定值的算术平均值、中值等表示相应的参数。

（2）凡标准中规定采用修约值比较法的，应将测量值或计算值按 GB/T 8170 的有关规定，修约到与标准规定的极限数值的位数一致，再与标准规定的极限数值进行比较、判定。

（3）凡检验标准中未作规定的，均采用全数值比较法，将检验所得测量值或计算值不经修约，用数值的全部数字与标准规定的极限数值进行比较、判定。

三、总固形物含量的测定

（一）检验样品的制备

1. 不含二氧化碳的样品：充分混合均匀，置于密闭的玻璃容器内。

2. 含二氧化碳的样品（如碳酸饮料等）：至少取 200g（mL）样品于 500mL 烧杯中，置于电炉上，边搅拌边加热至微沸，保持 2min，冷却称量，用煮沸冷却过的去离子水补充至煮沸前的质量（体积），置于密闭的玻璃容器内。

3. 含果肉、果粒样品：将样品充分摇匀后，取至少 200g（mL），用组织捣碎机捣碎，混匀后置于密闭玻璃容器内。

（二）检验准备

1. 仪器

分析天平：感量 0.0001g；恒温干燥箱：温控（50℃±2℃）～（250℃±2℃）；干燥器：内盛干燥剂；扁形称量皿；海砂；恒温水浴锅。需要检定/校准的仪器必须在检定/校准有效期内。

2. 试剂

盐酸；盐酸溶液（1＋1）：量取 50mL 盐酸，加水稀释至 100mL；氢氧化钠；氢氧化钠溶液（6mol/L）：称取 24g 氢氧化钠，加水溶解并稀释至 100mL。方法中所用试剂均为分析纯，水为 GB/T 6682 规定的三级水。

（三）检验及注意事项

1. 检验

取 10.00mL 按（一）检验样品的制备制备的试液于已知称量恒重的含海砂的称量皿中，在沸水浴上蒸发至干，取下称量皿，擦干附着的水分，再放入恒温干燥箱内，于100℃～105℃下烘至恒重。

液体饮料如需按体积计算，流动性好的饮料，直接吸取；流动性不好的饮料，按第七章第二节第一款净含量检测中"相对密度法测量"测定饮料的密度，换算成体积。

2. 注意事项

海砂先去泥洗净，用盐酸（1＋1）煮沸 0.5h，用水洗至中性，再用氢氧化钠溶液（6mol/L）煮沸 0.5h，用水洗至中性，经 105℃干燥备用。

（四）检验结果计算与数字修约、原始记录

1. 结果计算

试样中总固形物含量按式（7－2－6）计算：

$$X=\frac{m_2-m_1}{V}\times100 \tag{7-2-6}$$

式中：X——试样中总固形物的含量，单位为克每百毫升（g/100mL）；

    m_2——样品中总固形物和含海砂称量皿恒重的质量，单位为克（g）；

    m_1——含海砂称量皿恒重后的质量，单位为克（g）；

    V——试液的体积，单位为毫升（mL）。

2. 数字修约

（1）产品标准或检验方法标准中有规定的，按标准规定的要求进行；标准中没有规定的，按有效数字运算规则进行运算，按 GB/T 8170 进行修约。

（2）本检验结果保留至小数点后一位。

3. 原始记录

检验人员负责检验原始记录的设计、填写，应包括以下内容：

（1）检验样品的记录，如样品编号、样品名称、规格型号、生产日期等。

（2）环境条件记录，如环境温度、湿度等。

（3）仪器设备记录，如仪器设备名称、型号、编号及检定有效期等。

（4）检验方法和检验依据。

（5）检验日期、检验地点记录。

（6）各项检验原始观察数据或结果（包括图片、图表），计算公式及导出结果。

（五）检验后归位、整理、清理及污物处理

1. 检验后，所用玻璃器皿、器具均需清洗至不挂水珠并用去离子水冲洗 3 遍，于避尘处晾干；清洁天平，在天平称量室内放入干燥剂，盖上防尘罩。

2. 实验的三废按第二章第四节处理。

（六）编制检验报告及判定

1. 编制检验报告，要求如下：

（1）检验报告应采用统一格式。检验报告表格中各项栏目应完整填写，不得缺项。无内容填写的栏目应使用"—"表示，不得空缺。编写内容应包括检验结果所必需的各种信息，以及采用方法所要求的全部信息。检验报告表格栏目排列顺序可以适当调整，内容也可根据实际需要进行增加。

（2）检验报告应包括封面、首页、检验结果页，如有需要可以有封底。

（3）检验报告中数据、公式、表格和其他技术内容应真实可靠、准确无误，带有计量单位的应使用法定的计量单位；数值应用阿拉伯数字书写。

（4）检验报告中所用的符号、代号应符合 GB/T 1.1—2009 的规定。

2. 检验结果的表示和判定

（1）根据产品标准或方法标准的规定，用测定值、测定值的算术平均值、中值等表示相应的参数。

（2）凡标准中规定采用修约值比较法的，应将测量值或计算值按 GB/T 8170 的有关规定，修约到与标准规定的极限数值的位数一致，再与标准规定的极限数值进行比较、判定。

（3）凡检验标准中未作规定的，均采用全数值比较法，将检验所得测量值或计算值不经修约，用数值的全部数字与标准规定的极限数值进行比较、判定。

四、总酸的测定

（一）检验样品的制备

1. 液体样品

（1）不含二氧化碳的样品：充分混合均匀，置于密闭的玻璃容器内。

（2）含二氧化碳的样品（如可乐等）：至少取 200g（mL）样品于 500mL 烧杯中，置于电炉上，边搅拌边加热至微沸，保持 2min，冷却称量，用煮沸冷却过的去离子水补充至煮沸前的质量（体积），置于密闭的玻璃容器内。

2. 固体样品

充分混匀样品，取至少 200g，置于 500mL 烧杯中，加入与样品等量的煮沸冷却的去离子水溶解，混匀后置于密闭玻璃容器内。

3. 含果肉、果粒样品

将样品充分摇匀后，取至少 200g（mL），用组织捣碎机捣碎，混匀后置于密闭玻璃容器内。

（二）检验准备

1. 仪器

组织捣碎机、酸度计（附磁力搅拌器）。需检定/校准的仪器必须在检定/校准有效期内。

2. 试剂

0.1mol/L 氢氧化钠标准溶液（按 GB/T 601 配制与标定）；0.05mol/L 氢氧化钠标准滴定溶液，移取 100.00mL0.1mol/L 氢氧化钠标准溶液于 200mL 容量瓶中定容（用时当天稀释）；1％酚酞溶液，称取 1g 酚酞，溶于 100mL95％乙醇中。方法中所用试剂均为分析纯，水为 GB/T 6682 规定的三级水。

（三）检验及注意事项

1. 检验

（1）将按（一）检验样品的制备制备好的样品，用两层纱布过滤，收集滤液，称取 5g～10g（精确至 0.001g）或量取 5.00mL～10.00mL 滤液于 250mL 三角烧瓶中，加煮沸冷却的去离子水 40mL～50mL，2 滴～3 滴 1％酚酞指示剂，用 0.05mol/L 氢氧化钠标准滴定溶液滴定至微红色 30s 不褪色，记录汪消耗的氢氧化钠标准滴定溶液体积（V_1）。用去离子水代替滤液，按上述步骤操作做空白试验，记录消耗的氢氧钠标准滴定溶液的体积（V_0）。

（2）对于颜色较深的样品，如可乐，采用电位滴定法，称取 5g～10g（精确至 0.001g）或量取 5.00mL～10.00mL 样品于 1000mL 烧杯中，加煮沸冷却的去离子水至 50mL，开动磁力搅拌器，用 0.05mol/L 的氢氧化钠标准滴定溶液滴定至 pH＝8.2，记录消耗的氢氧化钠标准滴定溶液的体积（V_1）。用去离子水代替滤液，按上述步骤操作做空白试验，记录消耗的氢氧化钠标准滴定溶液的体积（V_0）。

液体饮料如需按体积计算，流动性好的饮料，直接吸取；流动性不好的饮料，按第七章第二节第一款净含量检测中"相对密度法测量"测定饮料的密度，换算成体积。

2. 注意事项

采用电位滴定时，空白试验与样品检验时，转子速率应保持一致。

（四）检验结果计算与数字修约、原始记录

1. 结果计算

试样中总酸含量按式（7－2－7）计算：

$$X = \frac{c \times (V_1 - V_0) \times K \times F}{n} \times 1000 \qquad (7-2-7)$$

式中：X——试样中总酸的含量，单位为克每升（千克）〔g/L（kg）〕；

　　　c——氢氧化钠标准滴定溶液的浓度，单位为摩尔每升（mol/L）；

　　　V_1——样品试液消耗氢氧化钠标准滴定溶液的体积，单位为毫升（mL）；

　　　V_0——空白试验消耗氢氧化钠标准滴定溶液的体积，单位为毫升（mL）；

　　　K——酸的换算系数：苹果酸，0.067；乙酸，0.060；酒石酸，0.075；柠檬酸，0.064，0.070（含一分子结晶水）；乳酸，0.090；盐酸，0.036；磷酸，0.049；

　　　F——样品试液的稀释倍数；

　　　n——试样的质量或体积，单位为克（g）或毫升（mL）。

2. 数字修约

（1）产品标准或检验方法标准中有规定的，按标准规定的要求进行；标准中没有规定的，按有效数字运算规则进行运算，按 GB/T 8170 进行修约。

（2）本检验结果保留至小数点后两位。

3. 原始记录

检验人员负责检验原始记录的设计、填写，应包括以下内容：

（1）检验样品的记录，如样品编号、样品名称、规格型号、生产日期等。

（2）环境条件记录，如环境温度、湿度等。

（3）仪器设备记录，如仪器设备名称、型号、编号及检定有效期等。

（4）检验方法和检验依据。

（5）检验日期、检验地点记录。

（6）各项检验原始观察数据或结果（包括图片、图表），计算公式及导出结果。

（五）检验后归位、整理、清理及污物处理

1. 检验后，所用玻璃器皿、器具均需清洗至不挂水珠并用去离子水冲洗 3 遍，于避尘处晾干；清洗电极后将电极浸泡在氯化钾饱和溶液中。

2. 实验的三废按第二章第四节处理。

（六）编制检验报告及判定

1. 编制检验报告，要求如下：

（1）检验报告应采用统一格式。检验报告表格中各项栏目应完整填写，不得缺项。无内容填写的栏目应使用"—"表示，不得空缺。编写内容应包括检验结果所必需的各种信息，以及采用方法所要求的全部信息。检验报告表格栏目排列顺序可以适当调整，内容也可根据实际需要进行增加。

（2）检验报告应包括封面、首页、检验结果页，如有需要可以有封底。

（3）检验报告中数据、公式、表格和其他技术内容应真实可靠、准确无误，带有计量单位的应使用法定的计量单位；数值应用阿拉伯数字书写。

（4）检验报告中所用的符号、代号应符合 GB/T 1.1—2009 的规定。

2. 检验结果的表示和判定

（1）根据产品标准或方法标准的规定，用测定值、测定值的算术平均值、中值等表示相应的参数。

（2）凡标准中规定采用修约值比较法的，应将测量值或计算值按 GB/T 8170 的有关规定，修约到与标准规定的极限数值的位数一致，再与标准规定的极限数值进行比较、判定。

（3）凡检验标准中未作规定的，均采用全数值比较法，将检验所得测量值或计算值不经修约，用数值的全部数字与标准规定的极限数值进行比较、判定。

五、蛋白质的测定

（一）检验样品的制备

1. 液体样品

（1）不含二氧化碳的样品：充分混合均匀，置于密闭的玻璃容器内。

（2）含二氧化碳的样品（如碳酸饮料等）：至少取 200g（mL）样品于 500mL 烧杯中，置于电炉上，边搅拌边加热至微沸，保持 2min，冷却称量，用煮沸冷却过的去离子水补充至煮沸前的质量（体积），置于密闭的玻璃容器内。

2. 固体样品

应用粉碎、捣碎或研磨等方法将样品制成均匀可检状态，置于密闭玻璃容器内，保存备用。

3. 含果肉、果粒样品

将样品充分摇匀后，取至少 200g（mL），用组织捣碎机捣碎，混匀后置于密闭玻璃容器内。

（二）检验准备

1. 仪器

天平：感量为 0.1mg；全玻璃定氮蒸馏装置：如图 7-2-1 所示。需检定/校准的仪器必须在检定/校准有效期内。

2. 试剂

0.1mol/L 盐酸（硫酸）标准溶液（按 GB/T 601 配制与标定）；0.05mol/L 盐酸（硫酸）标准滴定溶液：移取 100.00mL 0.1mol/L 盐酸（硫酸）标准溶液于 200mL 容量瓶中定容（用时当天稀释）；硫酸铜；硫酸钾；硫酸（H_2SO_4 密度为 1.84g/mL）；硼酸溶液（20g/L）：称取 20g 硼酸，加水溶解后并稀释至 1000mL；氢氧化钠溶液（400g/L）：称取 40g 氢氧化钠加水溶解后，放冷，并稀释至 100mL；甲基红乙醇溶液（1g/L）：称取 0.1g 甲基红，溶于 95％乙醇，并稀释至 100mL；溴甲酚绿乙醇溶液（1g/L）：称取 0.1g 溴甲酚绿，溶于 95％乙醇，并稀释至 100mL；混合指示液：取 2 份（如 20mL）前述甲基红乙醇溶液与 5 份（如 50mL）前述溴甲酚绿乙醇溶液临用时混合；方法中所用试剂均为分析纯，水为 GB/T 6682 规定的三级水。

（三）检验及注意事项

1. 检验

（1）试样处理

称取混匀的固体试样 1g～2g、液体试样 10g～20g，精确至 0.001g，移入干燥的 500mL 凯氏烧瓶中，加入 0.2g 硫酸铜、6g 硫酸钾及 20mL 硫酸，放入 3 粒～4 粒玻璃珠，轻摇后于电炉上小心加热，待内容物全部炭化，泡沫完全停止后，加强火力，并保持瓶内液体微沸，至液体呈蓝绿色并澄清透明后，冷却，用 50mL 水冲洗瓶颈，摇匀，于电炉上继续加热至冒出白色烟雾，小心微沸加热 0.5h～1h，取下冷却，加入 20mL 水，冷却后移入 100mL 容量瓶中，用水少量多次洗凯氏烧瓶，洗液并入容量瓶中，凉至室温，再加水至刻度，混匀备用。同时用水代替样品做空白试验。

（2）测定

按图 7－2－1 装好定氮蒸馏装置，向水蒸气发生器内装水至 2/3 处，加入数粒玻璃珠，加甲基红乙醇溶液（1g/L）数滴及 5mL 硫酸（H_2SO_4 密度为 1.84g/mL），以保持水呈酸性。

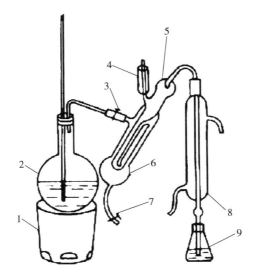

图 7－2－1　定氮蒸馏装置

1—电炉；2—水蒸气发生器（2L烧瓶）；3—螺旋夹；
4—小玻杯及棒状玻塞；5—反应室；6—蒸汽加热套管；
7—橡皮管及螺旋夹；8—冷凝管；9—蒸馏液接收瓶

（3）向接收瓶内加入 10.0mL 硼酸溶液（20g/L）及 2 滴～3 滴混合指示液（甲基红乙醇溶液与溴甲酚绿乙醇溶液），并使冷凝管的下端插入液面下，准确吸取 10.00mL 试样处理液由小玻杯注入反应室，以 10mL 水洗涤小玻杯并使之流入反应室内，随后塞上棒状玻塞，将 10.0mL 氢氧化钠溶液（400g/L）倒入小玻杯，提起玻塞使其缓缓流入反应室，立即塞紧玻塞，并加水于小玻杯中以防漏气。松开螺旋夹 3，夹紧螺旋夹 7，加热煮沸水蒸气发生器内的水并保持沸腾，开始蒸馏。蒸馏 10min 后移动蒸馏液接收瓶，使冷凝管下端离开液面，再蒸馏 1min，然后用少量水冲洗冷凝管下端外部，取下蒸馏液接收瓶，以盐酸（硫酸）标准滴定溶液滴定至颜色由绿色变成酒红色。同时做试剂空白试验。

液体饮料如需按体积计算，流动性好的饮料，直接吸取；流动性不好的饮料，按第七章第二节第一款净含量检测中"相对密度法测量"测定饮料的密度，换算成体积。

2. 注意事项

（1）对含糖较多的样品，可加少量液体石蜡等消泡剂以避免产生泡沫溢出；消化液不易澄清时，可在冷却后加入 2mL～3mL 过氧化氢再加热消化，不得使用高氯酸，以免生成氮氧化物；对含钙盐较多的样品，可选择盐酸与过氧化氢的混合液做消化剂。

（2）催化剂硫酸铜有助于蛋白质分解，缩短消化时间；在碱性溶液中呈深蓝色，可作为蒸馏液达到碱性的指示剂。

（3）硫酸钾的加入可以提高消化的沸点，加速有机物的分解，但加入量不能太大，否则消化体系温度过高，会使生成的铵盐发生热分解造成损失。

（4）蒸馏装置应平衡牢固，各连接部位不得漏气，水蒸气发生应均匀充足，蒸馏过程中不能中途停止加热，以免发生倒吸现象。

（5）冷凝管出口应浸没于硼酸吸收液下，防止氨的挥发；在蒸馏结束时，先将冷凝管口离开吸收液面，继续蒸馏 1min；在冲洗蒸馏装置时，注意防止碱液污染冷凝管及吸收瓶。

（四）检验结果计算与数字修约、原始记录

1. 结果计算

试样中蛋白质含量按式（7-2-8）计算：

$$X = \frac{(V_1 - V_0) \times c \times 0.014 \times F}{n \times V_2 / 100} \times 100 \qquad (7-2-8)$$

式中：X——试样中蛋白质的含量，单位为克每百克或克每百毫升（g/100g 或 g/100mL）；

V_1——样品试液消耗盐酸（硫酸）标准滴定溶液的体积，单位为毫升（mL）；

V_0——空白试验消耗盐酸（硫酸）标准滴定溶液的体积，单位为毫升（mL）；

c——盐酸（硫酸）标准滴定溶液的浓度，单位为摩尔每升（mol/L）；

0.014——1.0mL 盐酸 [c（HCl）= 1.000mol/L] 或硫酸 [c（$1/2H_2SO_4$）= 1.000mol/L] 标准滴定溶液相当的氮的质量，单位为克（g）；

F——氮换算为蛋白质的系数，一般食物为 6.25；纯乳与纯乳制品为 6.38；复合配方食品为 6.25；

n——试样的质量或体积，单位为克或毫升（g 或 mL）；

V_2——吸取样品消化液的体积，单位为毫升（mL）。

2. 数字修约

（1）产品标准或检验方法标准中有规定的，按标准规定的要求进行；标准中没有规定的，按有效数字运算规则进行运算，按 GB/T 8170 进行修约。

（2）本检验结果蛋白质含量≥1g/100g 时，结果保留三位有效数字；蛋白质含量<1g/100g

时，结果保留两位有效数字。

3. 原始记录

检验人员负责检验原始记录的设计、填写，应包括以下内容：

（1）检验样品的记录，如样品编号、样品名称、规格型号、生产日期等。

（2）环境条件记录，如环境温度、湿度等。

（3）仪器设备记录，如仪器设备名称、型号、编号及检定有效期等。

（4）检验方法和检验依据。

（5）检验日期、检验地点记录。

（6）各项检验原始观察数据或结果（包括图片、图表），计算公式及导出结果。

（五）检验后归位、整理、清理及污物处理

1. 检验后，所用玻璃器皿、器具均需清洗至不挂水珠并用去离子水冲洗3遍，于避尘处晾干。

2. 实验的三废按第二章第四节处理。

（六）编制检验报告及判定

1. 编制检验报告，要求如下：

（1）检验报告应采用统一格式。检验报告表格中各项栏目应完整填写，不得缺项。无内容填写的栏目应使用"—"表示，不得空缺。编写内容应包括检验结果所必需的各种信息，以及采用方法所要求的全部信息。检验报告表格栏目排列顺序可以适当调整，内容也可根据实际需要进行增加。

（2）检验报告应包括封面、首页、检验结果页，如有需要可以有封底。

（3）检验报告中数据、公式、表格和其他技术内容应真实可靠、准确无误，带有计量单位的应使用法定的计量单位；数值应用阿拉伯数字书写。

（4）检验报告中所用的符号、代号应符合GB/T 1.1—2009的规定。

2. 检验结果的表示和判定

（1）根据产品标准或方法标准的规定，用测定值、测定值的算术平均值、中值等表示相应的参数。

（2）凡标准中规定采用修约值比较法的，应将测量值或计算值按GB/T 8170的有关规定，修约到与标准规定的极限数值的位数一致，再与标准规定的极限数值进行比较、判定。

（3）凡检验标准中未作规定的，均采用全数值比较法，将检验所得测量值或计算值不经修约，用数值的全部数字与标准规定的极限数值进行比较、判定。

六、糖的测定

（一）检验样品的制备

1. 液体样品

（1）不含二氧化碳的样品：充分混合均匀，置于密闭的玻璃容器内。

（2）含二氧化碳的样品（如碳酸饮料等）：至少取 200g（mL）样品于 500mL 烧杯中，置于电炉上，边搅拌边加热至微沸，保持 2min，冷却称量，用煮沸冷却过的去离子水补充至煮沸前的质量（体积），置于密闭的玻璃容器内。

2. 固体样品

应用粉碎、捣碎或研磨等方法将样品制成均匀可检状态，置于密闭玻璃容器内，保存备用。

3. 含果肉、果粒样品

将样品充分摇匀后，取至少 200g（mL），用组织捣碎机捣碎，混匀后置于密闭玻璃容器内。

（二）检验准备

1. 仪器

天平：感量为 1mg；酸式滴定管：50mL；可调式电炉：带石棉板。

2. 试剂

盐酸溶液（1+1）：量取 50mL 盐酸，缓缓加入 50mL 水中，冷却后混匀；氢氧化钠溶液（200 g/L）：称取 20g 氢氧化钠加水溶解后冷却，定容至 100mL；甲基红指示液（1 g/L）：称取甲基红 0.1g 用少量乙醇溶解后，定容至 100mL；亚（次）甲基蓝指示液（10 g/L）：称取亚（次）甲基蓝 1.0g，加水溶解并定容于 100mL；费林甲液：称取 69.28g 硫酸铜（$CuSO_4 \cdot 5H_2O$）溶于水中并定容至 1000mL，摇匀；费林乙液：称取 346g 酒石酸钾钠、100g 氢氧化钠，溶于水中，用水定容至 1000mL，摇匀，过滤，贮存于橡胶塞玻璃瓶内；乙酸锌溶液（219g/L）：称取 21.9g 乙酸锌，加 3 mL 冰乙酸，加水定容至 100mL；亚铁氰化钾溶液（106g/L）：称取 10.6g 亚铁氰化钾，加水溶解并定容至 100mL；葡萄糖标准溶液（2.5g/L）：称取 2.5g（精确至 0.0001g）经过 103℃～105℃ 干燥 2h 的葡萄糖，加水溶解后加入 5mL 盐酸，并以水定容至 1000mL。方法中所用试剂均为分析纯，水为 GB/T 6682 规定的三级水。

（三）检验及注意事项

1. 检验

（1）试样处理

1）固体饮料

称取 10g～20g 混匀后的试样，精确至 0.001g，用 150mL 左右的水溶于 250mL 容量瓶中，慢慢加入 5mL 乙酸锌溶液及 5mL 亚铁氰化钾溶液，加水至刻度，混匀，静置 30min，用干燥快速定性滤纸过滤，弃去最初几毫升滤液，取续滤液备用。

2）酒精饮料

称取约 100 g 混匀后的试样，精确至 0.01g，置于蒸发皿中，用氢氧化钠溶液（40g/L）中和至中性，在水浴上蒸发至原体积的 1/4 后，移入 250mL 容量瓶中，以下按上述 1）条自"慢慢加入 5mL 乙酸锌溶液……"起依法操作。

3）碳酸类饮料

称取约 100g 混匀后的试样，精确至 0.01g，置于蒸发皿中，在水浴上微热搅拌除去二氧化碳后，移入 250mL 容量瓶中，用水洗涤蒸发皿，洗液并入容量瓶中，加水定容至刻度，混匀后备用。

4）其他液体饮料

称取约 100g 混匀后的试样，精确至 0.01g，移入 250mL 容量瓶中，以下按上述 1）条自"慢慢加入 5 mL 乙酸锌溶液……"起依法操作。

液体饮料如需按体积计算，流动性好的饮料，直接吸取；流动性不好的饮料，按第七章第二节第一款净含量检测中"相对密度法测量"测定饮料的密度，换算成体积。

（2）测定

1）酸水解

吸取 50mL 上述试样处理液，置于 100mL 容量瓶中，加 5mL 盐酸（1+1），在 68℃～70℃ 水浴中加热 15min 后，冷却，加两滴甲基红指示液，用氢氧化钠溶液（200g/L）中和至中性，加水至刻度，混匀。

2）费林溶液的预标定及准确标定

预标定：准确吸取两份费林甲液及费林乙液各 5.0mL 于 250mL 锥形瓶中，加水 10mL，加入 3 粒玻璃珠，一份从滴定管滴加约 10mL 葡萄糖标准溶液，于电炉上控制在 2min 内加热至沸，保持沸腾，加入亚（次）甲基蓝指示液两滴，以每秒一滴的速度继续滴加葡萄糖标准溶液直至溶液蓝色突变成亮红色为终点。记录消耗葡萄糖标准溶液的体积（V_1）。准确标定：另一份中从滴定管滴加（V_1-1）mL 葡萄糖标准溶液，于电炉上控制在 2min 内加热至沸，保持沸腾，加入亚（次）甲基蓝指示液两滴，以每秒一滴的速度继续滴加葡萄糖标准溶液直至溶液蓝色突变成亮红色为终点。记录消耗葡萄糖标准溶液的体积（V_2）。以 V_2 与 V_1 的体积差不大于 0.1mL 为符合标定要求，否则按准确标定方法重新标定，差值小于 0.1mL 时，取 V_2 体积计算。全部滴定操作应在 3min 内完成。费林甲、乙液各 5mL 相当于葡萄糖的质量按式（7-2-8）计算。

3）试样的测定

①总糖的测定

预测定：准确吸取两份费林甲液及费林乙液各 5.0mL 于 250mL 锥形瓶中，加水 10mL，加入 3 粒玻璃珠，一份于电炉上控制在 2min 内加热至沸，保持沸腾，用试样水解中和液代替葡萄糖标准溶液，以每秒一滴的速度滴至溶液蓝色变浅，加入亚（次）甲基蓝指示液两滴，继续滴定至溶液蓝色突变成亮红色为终点。记录消耗试样水解中和液的体积（V_3）。准确测定：另一份中从滴定管滴加（V_3-1）mL 试样水解中和液，于电炉上控制在 2min 内加热至沸，保持沸腾，加入亚（次）甲基蓝指示液两滴，继续滴定至溶液蓝色突变成亮红色为终点。记录消耗试样水解中和液的体积（V_4）。以 V_4 与 V_3 的体积差不大于 0.1mL 为标定符合要求，否则按准确测定方法重新测定，差值小于 0.1mL 时，取 V_4 体积计算。

②还原糖的测定

预测定：准确吸取两份费林甲液及费林乙液各 5.0mL 于 250mL 锥形瓶中，加水 10mL，加入 3 粒玻璃珠，一份于电炉上控制在 2min 内加热至沸，保持沸腾，用 1. 检验

（1）试样处理中试样滤液或处理液代替葡萄糖标准溶液，以每秒一滴的速度滴至溶液蓝色变浅，加入亚（次）甲基蓝指示液两滴，继续滴定至溶液蓝色突变成亮红色为终点。记录消耗试样滤液或处理液的体积（V_5）。准确测定：另一份中从滴定管滴加（V_5-1）mL试样滤液或处理液，于电炉上控制在2min内加热至沸，保持沸腾，加入亚（次）甲基蓝指示液两滴，继续滴加至溶液蓝色突变成亮红色为终点。记录消耗试样水解中和液的体积（V_6）。以V_6与V_5的体积差不大于0.1mL为符合标定要求，否则按准确测定方法重新测定，差值小于0.1mL时，取V_6体积计算。

全部滴定操作应在3min内完成。试样总糖含量按式（7-2-9）计算。还原糖含量按式（7-2-10）计算。

2. 注意事项：

（1）配制葡萄糖标准溶液时加入5mL盐酸，是为了防止微生物生长。

（2）试样中蔗糖的水解速度比其他双糖、低聚糖要快很多，所以必须严格控制规定的水解条件，水解结束后应立即将水解液取出、冷却、中和，以防止果糖等单糖的分解。

（3）滴定实验应在碱性介质中进行。

（4）费林甲、乙液形成的碱性酒石酸铜甲中的铜为氧化剂与还原糖反应，且按照样液滴定量与标准溶液的滴定量的比较计算还原糖含量，所以吸取费林试剂时一定要准确。

（5）费林甲、乙液应分别贮存，使用时才混合，否则酒石酸铜络合物长期在碱性条件下会慢慢分解析出氧化亚铜沉淀，试剂有效浓度下降。

（6）为消除氧化亚铜沉淀对滴定终点观察的干扰，可在费林乙液中加入少量亚铁氰化钾，使之与氧化亚铜生成可溶性的无色络合物，而不析出红色沉淀。

（7）滴定过程必须在沸腾条件下进行，其作用：一是可以加快还原糖与二价铜离子的反应速度，二是次甲基蓝的变色反应是可逆的，还原型次甲基蓝遇空气中的氧又会被氧化为氧化型，三是氧化亚铜不稳定，易被空气中的氧氧化，保持沸腾状态，可以防止空气进入，避免次甲基蓝和氧化亚铜被氧化。

（8）严格控制溶液的碱度、热源强度、加热时间、滴定速度、反应进行的程度。控制样液与标准液滴定速度一致，1滴/2s为宜。

（9）平等测定的消耗体积相差应不超过0.1mL。

（四）检验结果计算与数字修约、原始记录

1. 结果计算

（1）费林甲、乙液各5mL相当于葡萄糖的质量按式（7-2-9）计算：

$$A=\frac{m\times V_2}{1000} \tag{7-2-9}$$

式中：A——费林甲、乙液各5mL相当于葡萄糖的质量，单位为克（g）；

m——配制葡萄糖标准溶液时，称取葡萄糖的质量，单位为克（g）；

V_2——准确标定时消耗葡萄糖标准溶液的体积，单位为毫升（mL）。

（2）试样中总糖（以葡萄糖计）含量按式（7-2-10）计算：

$$X_1=\frac{A}{n\times（50/250）\times（V_4/100）}\times 100 \tag{7-2-10}$$

式中：X_1——试样中总糖的含量，单位为克每百克或克每百毫升（g/100g 或 g/100mL）；

A——费林甲、乙液各 5mL 相当于葡萄糖的质量，单位为克（g）；

n——称取的试样质量或量取（或按密度换算）的试样体积，单位为克或毫升（g 或 mL）；

V_4——准确测定时消耗试样水解中和液的体积，单位为毫升（mL）；

50——从 250mL 定溶液中，吸取的用于酸水解的试样处理液体积，单位为毫升（mL）；

250——试样处理后定容的体积，单位为毫升（mL）。

（3）试样中还原糖含量按式（7-2-11）计算：

$$X_2 = \frac{A}{n \times (V_6/250)} \times 100 \qquad (7-2-11)$$

式中：X_2——试样中还原糖的含量，单位为克每百克或克每百毫升（g/100g 或 g/100mL）；

A——费林甲、乙液各 5mL 相当于葡萄糖的质量，单位为克（g）；

n——称取的试样质量或量取（或按密度换算）的试样体积，单位为克或毫升（g 或 mL）；

V_6——准确测定时消耗试样滤液或处理液的体积，单位为毫升（mL）；

250——试样处理后定容的体积，单位为毫升（mL）。

（4）试样中总糖（以蔗糖计）含量按式（7-2-12）计算：

$$X_3 = X_1 \times 0.95 \qquad (7-2-12)$$

式中：X_3——试样中以蔗糖计的总糖含量，单位为克每百克或克每百毫升（g/100g 或 g/100mL）；

X_1——试样中总糖的含量，单位为克每百克或克每百毫升（g/100g 或 g/100mL）；

0.95——还原糖（以葡萄糖计）换算成蔗糖的系数。

（5）试样中蔗糖的含量按式（7-2-13）计算：

$$X_4 = (X_1 - X_2) \times 0.95 \qquad (7-2-13)$$

式中：X_4——试样中蔗糖的含量，单位为克每百克或克每百毫升（g/100g 或 g/100mL）；

X_1——试样中总糖的含量，单位为克每百克或克每百毫升（g/100g 或 g/100mL）；

X_2——试样中还原糖的含量，单位为克每百克或克每百毫升（g/100g 或 g/100mL）；

0.95——还原糖（以葡萄糖计）换算成蔗糖的系数。

2. 数字修约

（1）产品标准或检验方法标准中有规定的，按标准规定的要求进行；标准中没有规定的，按有效数字运算规则进行运算，按 GB/T 8170 进行修约。

（2）本检验结果保留至小数点后一位。

3. 原始记录

检验人员负责检验原始记录的设计、填写，应包括以下内容：

（1）检验样品的记录，如样品编号、样品名称、规格型号、生产日期等。

（2）环境条件记录，如环境温度、湿度等。

（3）仪器设备记录，如仪器设备名称、型号、编号及检定有效期等。

（4）检验方法和检验依据。

（5）检验日期、检验地点记录。

（6）各项检验原始观察数据或结果（包括图片、图表），计算公式及导出结果。

（五）检验后归位、整理、清理及污物处理

1. 检验后，所用玻璃器皿、器具均需清洗至不挂水珠并用去离子水冲洗 3 遍，于避尘处晾干。

2. 实验的三废按第二章第四节处理。

（六）编制检验报告及判定

1. 编制检验报告，要求如下：

（1）检验报告应采用统一格式。检验报告表格中各项栏目应完整填写，不得缺项。无内容填写的栏目应使用"—"表示，不得空缺。编写内容应包括检验结果所必需的各种信息，以及采用方法所要求的全部信息。检验报告表格栏目排列顺序可以适当调整，内容也可根据实际需要进行增加。

（2）检验报告应包括封面、首页、检验结果页，如有需要可以有封底。

（3）检验报告中数据、公式、表格和其他技术内容应真实可靠、准确无误，带有计量单位的应使用法定的计量单位；数值应用阿拉伯数字书写。

（4）检验报告中所用的符号、代号应符合 GB/T 1.1—2009 的规定。

2. 检验结果的表示和判定

（1）根据产品标准或方法标准的规定，用测定值、测定值的算术平均值、中值等表示相应的参数。

（2）凡标准中规定采用修约值比较法的，应将测量值或计算值按 GB/T 8170 的有关规定，修约到与标准规定的极限数值的位数一致，再与标准规定的极限数值进行比较、判定。

（3）凡检验标准中未作规定的，均采用全数值比较法，将检验所得测量值或计算值不经修约，用数值的全部数字与标准规定的极限数值进行比较、判定。

七、粗脂肪的测定

（一）检验样品的制备

1. 液体样品

（1）不含二氧化碳的样品：充分混合均匀，置于密闭的玻璃容器内。

（2）含二氧化碳的样品（如碳酸饮料等）：至少取 200g（mL）样品于 500mL 烧杯中，置于电炉上，边搅拌边加热至微沸，保持 2min，冷却称量，用煮沸冷却过的去离子水补充至煮沸前的质量（体积），置于密闭的玻璃容器内。

2. 固体样品

应用粉碎、捣碎或研磨等方法将样品制成均匀可检状态，置于密闭玻璃容器内，保存备用。

3. 含果肉、果粒样品

将样品充分摇匀后，取至少 200g（mL），用组织捣碎机捣碎，混匀后置于密闭玻璃容

器内。

（二）检验准备

1. 仪器

天平：感量为 1mg；100mL 具塞刻度量筒：分度值 ±0.5mL；恒温水浴锅：精度 ±0.5℃；恒温干燥箱：温控（50℃±2℃）～（250℃±2℃）。需要检定/校准的仪器必须在检定/校准有效期内。

2. 试剂

淀粉酶：酶活力不小于 1.5U/mg；盐酸溶液（6mol/L）：量取 50mL 盐酸（12mol/L）缓慢倒入 40mL 水中，定容至 100mL，混匀；氨水（质量分数 25%～28%）；乙醇（95%）；乙醚：不含过氧化物，不含抗氧化剂；石油醚（30℃～60℃沸程）；混合溶剂：等体积混合乙醚和石油醚，使用前制备；碘溶液（I_2）：约 0.1mol/L。方法中所用试剂均为分析纯，水为 GB/T 6682 规定的三级水。

（三）检验及注意事项

1. 检验

（1）以鲜奶为原料的饮料、以大豆及大豆制品为主要原料的饮料

1）固体饮料

称取 1g～2g 混匀后的试样于具塞量筒中，精确至 0.0001g。不含淀粉的试样，加入 10mL65℃±5℃的水，充分混合，直到试样完全分散，放入流动水中冷却。含淀粉的试样，加入约 0.1g 淀粉酶混合均匀，加入 10mL45℃的水，盖上瓶塞，置于 65℃的水浴中 2h，每隔 10min 摇混一次，加入两滴 0.1mol/L 碘溶液，水解至量筒中溶液无蓝色为止，于流动水中冷却。加入 2.0mL 氨水，充分混合后将量筒盖上塞子置于 65℃±5℃的水浴中，加热 15min～20min，不时振摇，取出后，冷却至室温，加入 10mL 乙醇，缓慢彻底地进行混合，避免液体飞溅到瓶颈，加入 25mL 乙醚，加塞振摇 1min，小心开塞，放气，加入 25mL 石油醚，加塞振摇 1min，小心开塞，放气，用一次性吸管吸取少量混合溶剂冲洗塞及筒口，静置 30min，待上部醚层澄清，读取醚层体积（V_1），定量吸取上部澄清醚 20.0mL～25.0mL（V_2）于已在 100℃±5℃恒重的玻璃称量瓶中，在水浴上蒸干，置于 100℃±5℃的烘箱中干燥 1h，取出放入干燥器中冷却 0.5h 后称量，重复烘干、冷却称量操作直至前后两次质量差不超过 2mg，即为恒重。

注：两次恒重值在最后计算中，取最后一次的称量值。

2）液体饮料

称取 10g 混匀后的试样于具塞量筒中，精确至 0.0001g。以下按上述 1）条自"加入 2.0mL 氨水……"起相同操作。

（2）其他饮料

1）固体饮料

称取 1g～2g 混匀后的试样于具塞量筒中，精确至 0.0001g。加入 10mL65℃±5℃的水，充分混合，直到试样完全分散，放入流动水中冷却。加入 10.0mL 盐酸溶液

（6mol/L），充分混合后将量筒盖上塞子置于 65℃±5℃ 的水浴中，加热 40min～50min，不时振摇，取出后，冷却至室温，以下按上述（1）以鲜奶为原料的饮料、以大豆及大豆制品为主要原料的饮料 1）固体饮料中自"加入 10mL 乙醇，缓慢彻底地进行混合……"起相同操作。

2）液体饮料

称取 10g 混匀后的试样于具塞量筒中，精确至 0.0001g，加入 10mL 盐酸，以下按上述（2）其他饮料 1）固体饮料中自"充分混合后将量筒盖上塞子置于 65℃±5℃ 的水浴中……"起相同操作。

液体饮料如需按体积计算，流动性好的饮料，直接吸取；流动性不好的饮料，按第七章第二节第一款净含量检测中"相对密度法测量"测定饮料的密度，换算成体积。

2. 注意事项

（1）氨水浓度对测定结果影响很大，必须保证所使用氨水浓度足够，最好控制氨水浓度不低于 30%。

（2）加入氨水后，要充分混匀，否则会影响醚对脂肪的提取。

（3）加入乙醇的作用是沉淀溶解于氨水的蛋白质，以防止乳化，并溶解醇溶性物质，使其留在水层。加入石油醚的作用是降低乙醇在乙醚中的溶解度，使醇溶性物质留在水层，同时可减少提取液中水分的含量，使醚层和水层分层清晰。在乙醇和石油醚存在的情况下，提取液中的可溶性非脂成分将大为减少。

（4）加入乙醚、石油醚后，必须充分振摇均匀，以达到抽脂完全。

（5）固体试样应磨细，否则不易消化完全。

（6）水解后加入 10mL 乙醇可使蛋白质沉淀，降低表面张力，促进脂肪球聚合，同时溶解一些糖类、有机酸等。

（7）用乙醚提取时，因乙醇可溶于乙醚，故需加入石油醚，降低乙醇在乙醚中的溶解度，使乙醇溶解物留在水层，分层清晰。若出现混浊，可记录醚层体积后，将其取出加入无水硫酸钠，过滤后取出一定体积，烘干称量。

（8）对糖分含量高的试样，水解时糖分容易炭化，不宜采用此法。

（9）注意水解时的浓度和温度，防止水分损失，避免酸浓度过高，引起测定误差。

（四）检验结果计算与数字修约、原始记录

1. 结果计算

试样中粗脂肪的含量按式（7-2-14）计算：

$$X = \frac{m_1 - m_0}{n \times (V_2/V_1)} \times 100 \qquad (7-2-14)$$

式中：X——试样中粗脂肪的含量，单位为克每百克或克每百毫升（g/100g 或 g/100mL）；

m_1——称量瓶和粗脂肪恒重后的质量，单位为克（g）；

m_0——空称量瓶恒重后的质量，单位为克（g）；

n——称取的试样质量或量取（或按密度换算）的试样体积，单位为克或毫升（g 或 mL）；

V_2——定量吸取的醚层体积，单位为毫升（mL）；

V_1——读取的醚层体积，单位为毫升（mL）。

2. 数字修约

（1）产品标准或检验方法标准中有规定的，按标准规定的要求进行；标准中没有规定的，按有效数字运算规则进行运算，按 GB/T 8170 进行修约。

（2）本检验结果表示到小数点后一位。

3. 原始记录

检验人员负责检验原始记录的设计、填写，应包括以下内容：

（1）检验样品的记录，如样品编号、样品名称、规格型号、生产日期等。

（2）环境条件记录，如环境温度、湿度等。

（3）仪器设备记录，如仪器设备名称、型号、编号及检定有效期等。

（4）检验方法和检验依据。

（5）检验日期、检验地点记录。

（6）各项检验原始观察数据或结果（包括图片、图表），计算公式及导出结果。

（五）检验后归位、整理、清理及污物处理

1. 检验后，所用玻璃器皿、器具均需清洗至不挂水珠并用去离子水冲洗 3 遍，于避尘处晾干。

2. 实验的三废按第二章第四节处理。

（六）编制检验报告及判定

1. 编制检验报告，要求如下：

（1）检验报告应采用统一格式。检验报告表格中各项栏目应完整填写，不得缺项。无内容填写的栏目应使用"—"表示，不得空缺。编写内容应包括检验结果所必需的各种信息，以及采用方法所要求的全部信息。检验报告表格栏目排列顺序可以适当调整，内容也可根据实际需要进行增加。

（2）检验报告应包括封面、首页、检验结果页，如有需要可以有封底。

（3）检验报告中数据、公式、表格和其他技术内容应真实可靠、准确无误，带有计量单位的应使用法定的计量单位；数值应用阿拉伯数字书写。

（4）检验报告中所用的符号、代号应符合 GB/T 1.1—2009 的规定。

2. 检验结果的表示和判定

（1）根据产品标准或方法标准的规定，用测定值、测定值的算术平均值、中值等表示相应的参数。

（2）凡标准中规定采用修约值比较法的，应将测量值或计算值按 GB/T 8170 的有关规定，修约到与标准规定的极限数值的位数一致，再与标准规定的极限数值进行比较、判定。

（3）凡检验标准中未作规定的，均采用全数值比较法，将检验所得测量值或计算值不经修约，用数值的全部数字与标准规定的极限数值进行比较、判定。

八、维生素 C 的测定

（一）检验样品的制备

1. 液体样品

（1）不含二氧化碳的样品：充分混合均匀，置于密闭的玻璃容器内。

（2）含二氧化碳的样品（如碳酸饮料等）：将试样旋摇至基本无气泡后，置于密闭的玻璃容器内备用。

2. 固体样品

应用粉碎、捣碎或研磨等方法将样品制成均匀可检状态，置于密闭玻璃容器内，保存备用。

3. 含果肉、果粒样品

将样品充分摇匀后，取至少 200g（mL），用组织捣碎机捣碎，混匀后置于密闭玻璃容器内。

（二）检验准备

1. 仪器

天平：感量为 1mg；恒温箱：37℃±0.5℃；紫外可见分光光度计；粉碎机。需要检定/校准的仪器必须在检定/校准有效期内。

2. 试剂

硫酸（4.5mol/L）：小心缓慢地将 250mL 硫酸（相对密度 1.84）加入到 700mL 水中，冷却后用水稀释至 1000mL；硫酸（85％）：小心缓慢地将 900mL 硫酸（相对密度 1.84）加入到 100mL 水中；2，4—二硝基苯肼溶液（20g/L）：称取 2，4—二硝基苯肼 2g 溶解于 100mL 4.5 mol/L 的硫酸中，不用时存于冰箱内，每次使用前必须过滤；草酸溶液（20g/L）：溶解 20g 草酸（$H_2C_2O_4$）于 700mL 水中，稀释至 1000mL；草酸溶液（10g/L）：吸取草酸溶液（20g/L）500mL 用水稀释至 1000mL；硫脲溶液（10g/L）：溶解 5g 硫脲于 500mL 草酸溶液（10g/L）中；硫脲溶液（20g/L）：溶解 10g 硫脲于 500mL 草酸溶液（10g/L）中；盐酸溶液（1mol/L）：取 100mL 盐酸，加入水中，稀释至 1200mL；维生素 C（抗坏血酸）标准溶液（1mg/mL）：称取 100mg 纯抗坏血酸溶解于 100mL 草酸溶液（20g/L）中；活性炭：将 100 g 活性炭加到 750mL 盐酸溶液（1mol/L）中，回流 1h～2h，过滤，用水洗数次，至滤液中无铁离子（Fe^{3+}）为止，置于 110℃烘箱中烘干（检验铁离子的方法：利用普鲁士蓝反应，将 20 g/L 亚铁氰化钾与 1％盐酸等量混合，将上述洗出滤液滴入，如有铁离子则产生蓝色沉淀）。方法中所用试剂均为分析纯，水为 GB/T 6682 规定的三级水。

（三）检验及注意事项

1. 检验

（1）试样的准备

1）浓缩汁

在浓缩汁中加入与在浓缩过程中失去的天然水分等量的水，使成为原汁。然后同原汁一样取一定量样品，稀释、混匀备用。

2）果蔬汁碳酸饮料

先将样品振摇到基本无气泡后备用。

（2）试液的制备

1）液体试样

称取100g按1.检验（1）试样的准备中准备的试样，加入100mL草酸溶液（20g/L），倒入粉碎机中打成匀浆，取10g～40g匀浆（含1mg～2mg抗坏血酸）倒入100mL容量瓶中，用10g/L草酸溶液稀释至刻度，混匀。

2）固体试样

称取1g～4g（含1mg～2mg抗坏血酸）于碾钵内，加入10g/L草酸溶液磨成匀浆，移入100mL容量瓶中，用10g/L草酸溶液少量多次冲洗碾钵，洗液并入100mL容量瓶中，并稀释至刻度，混匀。

3）将上述（2）试液的制备1）液体试样和2）固体试样中溶液过滤，滤液备用。不易过滤的试样，可先离心，倾出上清液，过滤备用。

液体饮料如需按体积计算，流动性好的饮料，直接吸取；流动性不好的饮料，按第七章第二节第一款净含量检测中"相对密度法测量"测定饮料的密度，换算成体积。

（3）氧化处理

取25mL上述滤液，加入2g活性炭，振摇1min，过滤，弃去最初数毫升滤液。取10mL此氧化提取液，加入10mL 20g/L硫脲溶液，混匀，此试液为稀释液。

（4）呈色反应

1）于两个试管中各加入4mL稀释液（3）氧化处理。一个试管作为空白，在另一个试管中加入1.0mL 20g/L的2，4—二硝基苯肼溶液，将所有试管放入37℃±0.5℃的恒温箱或水浴中，保温3h。

2）等到3h后，除空白管外，将所有试管放入冰水中。空白管取出后自然冷却至室温，然后加入1.0mL 20g/L的2，4—二硝基苯肼溶液，在室温中放置10min～15min后放入冰水中。其余步骤同试样。

（5）硫酸（85%）处理

当试管放入冰水后，向每一个试管中加入5mL 85%的硫酸溶液，滴加时间不得少于1min，需边加边摇动试管。将试管自冰水中取出，在室温放置30min后比色。

（6）比色

用1cm比色皿，以空白液调零点，于500nm波长处测吸光值。

（7）标准曲线的绘制

加2g活性炭于50mL标准溶液中，振动1min，过滤。取10mL滤液放入500mL容量瓶中，加5.0g硫脲，用10g/L的草酸溶液稀释至刻度，抗坏血酸浓度为20μg/mL。取5mL、10mL、20mL、25mL、40mL、50mL、60 mL稀释液，分别放入7个100mL容量瓶中，用10g/L的硫脲溶液稀释至刻度，使最后稀释液中抗坏血酸的浓度分别为

$1\mu g/mL$、$2\mu g/mL$、$4\mu g/mL$、$5\mu g/mL$、$8\mu g/mL$、$10\mu g/mL$、$12\mu g/mL$，每一个浓度准备两支试管，各加入 4mL 同一浓度标准稀释液，按（4）呈色反应 1）中自"一个试管作为空白……"至（6）相同操作。

2. 注意事项

（1）全部实验过程应避光。

（2）浓硫酸与水混合时大量放热，配制硫酸溶液时要使浓硫酸慢慢沿玻璃棒注入水中，同时，还要不断搅动。

（3）试剂中还原物质会影响抗坏血酸的测定。

（4）活性炭具有吸附抗坏血酸的作用，故用量应适当，实验时应准确用天平称量 2g。

（5）若试样中含有糖，在加热情况下可与硫酸反应会使溶液变黑，因此硫酸溶液不宜加得太快。

（6）试管自冰水中取出后，颜色会继续变深，所以加入硫酸后 30min 应准时比色。

（四）检验结果计算与数字修约、原始记录

1. 结果计算

试样中维生素 C 的含量按式（7-2-15）计算：

$$X = \frac{c \times V}{n} \times F \times \frac{100}{1000} \tag{7-2-15}$$

式中：X——试样中维生素 C 的含量，单位为毫克每百克或毫克每百毫升（mg/100g 或 mg/100mL）；

$\quad\quad c$——由标准曲线回归方程计算得"试样氧化液"中维生素 C 的浓度，单位为微克每毫升（$\mu g/mL$）；

$\quad\quad V$——试样用 10g/L 草酸溶液定容的体积，单位为毫升（mL）；

$\quad\quad n$——称取的试样质量或量取（或按密度换算）的试样体积，单位为克或毫升（g 或 mL）；

$\quad\quad F$——试样氧化处理过程中的稀释倍数。

注：按本方法操作，$V=100mL$，$F=2$。

2. 数字修约

（1）产品标准或检验方法标准中有规定的，按标准规定的要求进行；标准中没有规定的，按有效数字运算规则进行运算，按 GB/T 8170 进行修约。

（2）本检验结果表示到小数点后两位。

3. 原始记录

检验人员负责检验原始记录的设计、填写，应包括以下内容：

（1）检验样品的记录，如样品编号、样品名称、规格型号、生产日期等。

（2）环境条件记录，如环境温度、湿度等。

（3）仪器设备记录，如仪器设备名称、型号、编号及检定有效期等。

（4）检验方法和检验依据。

（5）检验日期、检验地点记录。

（6）各项检验原始观察数据或结果（包括图片、图表），计算公式及导出结果。

（五）检验后归位、整理、清理及污物处理

1. 检验后，所用玻璃器皿、器具均需清洗至不挂水珠并用去离子水冲洗 3 遍，于避尘处晾干。

2. 分光光度计按仪器说明书维护保养操作规程处理。

3. 实验的三废按第二章第四节处理。

（六）编制检验报告及判定

1. 编制检验报告，要求如下：

（1）检验报告应采用统一格式。检验报告表格中各项栏目应完整填写，不得缺项。无内容填写的栏目应使用"—"表示，不得空缺。编写内容应包括检验结果所必需的各种信息，以及采用方法所要求的全部信息。检验报告表格栏目排列顺序可以适当调整，内容也可根据实际需要进行增加。

（2）检验报告应包括封面、首页、检验结果页，如有需要可以有封底。

（3）检验报告中数据、公式、表格和其他技术内容应真实可靠、准确无误，带有计量单位的应使用法定的计量单位；数值应用阿拉伯数字书写。

（4）检验报告中所用的符号、代号应符合 GB/T 1.1—2009 的规定。

2. 检验结果的表示和判定

（1）根据产品标准或方法标准的规定，用测定值、测定值的算术平均值、中值等表示相应的参数。

（2）凡标准中规定采用修约值比较法的，应将测量值或计算值按 GB/T 8170 的有关规定，修约到与标准规定的极限数值的位数一致，再与标准规定的极限数值进行比较、判定。

（3）凡检验标准中未作规定的，均采用全数值比较法，将检验所得测量值或计算值不经修约，用数值的全部数字与标准规定的极限数值进行比较、判定。

九、pH 的测定

（一）检验样品的制备

1. 不含二氧化碳的样品：充分混合均匀，置于密闭的玻璃容器内。

2. 含二氧化碳的样品（如可乐等）：至少取 100g（mL）样品于 250mL 烧杯中，置于 40℃±0.5℃的振荡水浴中恒温 30min，取出冷却至室温，置于密闭的玻璃容器内。

3. 含果肉、果粒样品

将样品充分摇匀后，取至少 200g（mL），用组织捣碎机捣碎，混匀后用纱布过滤，滤液置于密闭玻璃容器内。

（二）检验准备（仪器检查校对等）

1. 仪器

组织捣碎机；pH（酸度）计（附磁力搅拌器）；振荡恒温水浴锅：精度±0.5℃。需检定/校准的仪器必须在检定/校准有效期内。

2. 试剂

pH标准缓冲溶液，（25℃，pH＝4.00）0.05 mol/L的邻苯二甲酸氢钾：称取10.211 2g于110℃±5℃下干燥至质量恒定的邻苯二甲酸氢钾，用水溶解并定容至1000mL；（25℃，pH＝6.86）0.025mol/L的混合磷酸盐：称取3.4021g于110℃±5℃下干燥至质量恒定的磷酸二氢钾，称取3.5490g于120℃±5℃下干燥至质量恒定的磷酸氢二钠，用水溶解并定容至1000mL；（25℃，pH＝9.18）0.01mol/L的四硼酸钠：称取3.8137g于含有氯化钠和蔗糖饱和溶液的干燥器中干燥至质量恒定的四硼酸钠，溶解于去新煮沸冷却的水中，定容至1000mL。也可购买成套pH缓冲剂，按配制说明书配制pH标准缓冲溶液。方法中所用试剂均为分析纯，水为GB/T 6682规定的三级水。

（三）检验及注意事项

1. 检验

（1）pH计的校正

按不同厂家及类型的pH计说明书进行校正。

（2）pH的测定

用无二氧化碳的去离子水冲洗电极使pH至5.0～7.5，并用滤纸吸干，用制备好的试样溶液冲洗2次～3次电极，将电极浸入样液，稳定0.5 min～1 min，读取pH。

2. 注意事项

（1）新购置的玻璃电极要先在去离子水或（0.1mol/L）的盐酸溶液中浸泡24h以上，用毕应浸泡在去离子水中。若电极是复合电极，用毕应浸泡在饱和氯化钾溶液中。

（2）电极必须经过pH标准缓冲溶液校正后方可使用。

（3）用与被测试样接近的缓冲溶液校正电极。

（4）连续测量试样时，电极用去离子水冲洗干净，用定性滤纸将水吸干后测量下一个试样，禁止擦拭电极。

（5）pH标准缓冲溶液一般保存2～3个月，如发现浑浊、沉淀等现象，应重新配制。

（四）检验结果计算与数字修约、原始记录

1. 计算结果

直接读取pH计显示数值。

2. 数字修约

（1）产品标准或检验方法标准中有规定的，按标准规定的要求进行；标准中没有规定的，按有效数字运算规则进行运算，按GB/T 8170进行修约。

（2）一般pH读至小数点后两位，最终保留位数按标准指标要求。

3. 原始记录

检验人员负责检验原始记录的设计、填写，应包括以下内容：

（1）检验样品的记录，如样品编号、样品名称、规格型号、生产日期等。

（2）环境条件记录，如环境温度、湿度等。

（3）仪器设备记录，如仪器设备名称、型号、编号及检定有效期等。

（4）检验方法和检验依据。

（5）检验日期、检验地点记录。

（6）各项检验原始观察数据或结果（包括图片、图表），计算公式及导出结果。

（五）检验后归位、整理、清理及污物处理

1. 检验后，所用玻璃器皿、器具均需清洗至不挂水珠并用去离子水冲洗 3 遍，于避尘处晾干；清洗电极后将电极浸泡在氯化钾饱和溶液中。

2. 实验的三废按第二章第四节处理。

（六）编制检验报告及判定

1. 编制检验报告，要求如下：

（1）检验报告应采用统一格式。检验报告表格中各项栏目应完整填写，不得缺项。无内容填写的栏目应使用"—"表示，不得空缺。编写内容应包括检验结果所必需的各种信息，以及采用方法所要求的全部信息。检验报告表格栏目排列顺序可以适当调整，内容也可根据实际需要进行增加。

（2）检验报告应包括封面、首页、检验结果页，如有需要可以有封底。

（3）检验报告中数据、公式、表格和其他技术内容应真实可靠、准确无误，带有计量单位的应使用法定的计量单位；数值应用阿拉伯数字书写。

（4）检验报告中所用的符号、代号应符合 GB/T 1.1—2009 的规定。

2. 检验结果的表示和判定

（1）根据产品标准或方法标准的规定，用测定值、测定值的算术平均值、中值等表示相应的参数。

（2）凡标准中规定采用修约值比较法的，应将测量值或计算值按 GB/T 8170 的有关规定，修约到与标准规定的极限数值的位数一致，再与标准规定的极限数值进行比较、判定。

（3）凡检验标准中未作规定的，均采用全数值比较法，将检验所得测量值或计算值不经修约，用数值的全部数字与标准规定的极限数值进行比较、判定。

十、水分的测定

（一）检验样品的制备

1. 固体样品

应用粉碎、捣碎或研磨等方法将样品制成均匀可检状态，置于密闭玻璃容器内，保存

备用。

2. 含果肉、果粒样品

将样品充分摇匀后,取至少 200g(mL),用组织捣碎机捣碎,混匀后置于密闭玻璃容器内。

(二)检验准备

1. 仪器

分析天平:感量 1mg;恒温干燥箱:温控(50℃±2℃)~(250℃±2℃);干燥器:内盛干燥剂;扁形称量皿;海砂;恒温水浴锅。需要检定/校准的仪器必须在检定/校准有效期内。

2. 试剂

盐酸;盐酸溶液(1+1):量取 50mL 盐酸,加水稀释至 100mL。氢氧化钠;氢氧化钠溶液(6mol/L):称取 24g 氢氧化钠,加水溶解并稀释至 100mL。方法中所用试剂均为分析纯,水为 GB/T 6682 规定的三级水。

(三)检验及注意事项

1. 检验

(1)固体试样

取洁净铝制或玻璃制的扁形称量瓶,置于 101℃~105℃干燥箱中,瓶盖斜支于瓶边,加热 1.0h,取出盖好,置于干燥器内冷却 0.5h,称量,重复干燥至前后两次质量差不超过 2mg,即为恒重。将混合的试样迅速粉碎至颗粒小于 2mm,不易粉碎的应尽可能切碎,称取 2g~10g 试样(精确至 0.0001g),放入此称量瓶中,试样厚度不超过 5mm,如为疏松试样,厚度不超过 10mm,加盖称量后,置 101℃~105℃干燥箱中,瓶盖斜支于瓶边,干燥 2h~4h 后,盖好取出,放入干燥器内冷却 0.5h 后称量。然后再放入 101℃~105℃干燥箱中干燥 1h 左右,取出,放入干燥器内冷却 0.5h 后再称量,重复以上操作至前后两次质量差不超过 2mg,即为恒重。

注:两次恒重值在最后计算中,取最后一次的称量值。

(2)半固体或液体试样

取洁净的称量瓶,内加 10g 海砂及一根小玻璃棒,置于 101℃~105℃干燥箱中,干燥 1.0h 后取出,放入干燥器内冷却 0.5h 后称量,重复干燥至恒重。然后称取 5 g~10g 试样(精确至 0.0001g),置于蒸发皿中,用小玻璃棒搅匀放在沸水浴上蒸干,并随时搅拌,擦去皿底水滴,置于 101℃~105℃干燥箱中干燥 4h 后,盖好取出,放入干燥器内冷却 0.5h 后称量。以下按 1. 检验(1)固体试样中自"然后再放入 101℃~105℃干燥箱中干燥 1h 左右……"起依法操作。

液体饮料如需按体积计算,流动性好的饮料,直接吸取;流动性不好的饮料,按第七章第二节第一款净含量检测中"相对密度法测量"测定饮料的密度,换算成体积。

2. 注意事项

(1)海砂先去泥洗净,用盐酸(1+1)煮沸 0.5h,用水洗至中性,再用氢氧化钠溶液（6mol/L）煮沸 0.5h，用水洗至中性，经 105℃ 干燥备用。

（2）对于固体试样，粉碎操作时动作要迅速，防止处理工具粘附吸水，粉碎后通过（20～40）目筛，混匀，置于干燥洁净的磨口瓶中密闭保存备用。

（3）半固体黏稠试样，在直接干燥时表面易结壳焦化，使内部水分蒸发受阻，在测定前加入精制的海砂混匀，以增大水分的蒸发面积。

（4）液体试样应控制水分蒸发的速度，先低温烧烤除去大部分水分，然后在较高温度下烧烤，可避免试样溅出和爆裂，使样品损失。

（四）检验结果计算与数字修约、原始记录

1. 结果计算

试样中水分含量按式（7－2－16）计算：

$$X=\frac{m_1-m_2}{m_1-m_0}\times100 \qquad\qquad (7-2-16)$$

式中：X——试样中水分的含量，单位为克每百毫升（g/100mL）；

$\quad\quad m_1$——含海砂、玻璃棒、试样的称量皿的质量，单位为克（g）；

$\quad\quad m_2$——含海砂、玻璃棒、试样的称量皿恒重后的质量，单位为克（g）；

$\quad\quad m_0$——含海砂、玻璃棒的称量皿恒重后的质量，单位为克（g）。

2. 数字修约

（1）数字修约

产品标准或检验方法标准中有规定的，按标准规定的要求进行；标准中没有规定的，按有效数字运算规则进行运算，按 GB/T 8170 进行修约。

（2）本检验结果水分含量≥1g/100g 或 1g/100mL 时，计算结果保留三位有效数字；水分含量<1g/100g 或 1g/100mL 时，计算结果保留两位有效数字。

3. 原始记录

检验人员负责检验原始记录的设计、填写，应包括以下内容：

（1）检验样品的记录，如样品编号、样品名称、规格型号、生产日期等。

（2）环境条件记录，如环境温度、湿度等。

（3）仪器设备记录，如仪器设备名称、型号、编号及检定有效期等。

（4）检验方法和检验依据。

（5）检验日期、检验地点记录。

（6）各项检验原始观察数据或结果（包括图片、图表），计算公式及导出结果。

（五）检验后归位、整理、清理及污物处理

1. 检验后，所用玻璃器皿、器具均需清洗至不挂水珠并用去离子水冲洗 3 遍，于避尘处晾干；清洁天平，在天平称量室内放入干燥剂，盖上防尘罩。

2. 实验的三废按第二章第四节处理。

（六）编制检验报告及判定

1. 编制检验报告，要求如下：

（1）检验报告应采用统一格式。检验报告表格中各项栏目应完整填写，不得缺项。无内容填写的栏目应使用"—"表示，不得空缺。编写内容应包括检验结果所必需的各种信息，以及采用方法所要求的全部信息。检验报告表格栏目排列顺序可以适当调整，内容也可根据实际需要进行增加。

（2）检验报告应包括封面、首页、检验结果页，如有需要可以有封底。

（3）检验报告中数据、公式、表格和其他技术内容应真实可靠、准确无误，带有计量单位的应使用法定的计量单位；数值应用阿拉伯数字书写。

（4）检验报告中所用的符号、代号应符合 GB/T 1.1—2009 的规定。

2. 检验结果的表示和判定

（1）根据产品标准或方法标准的规定，用测定值、测定值的算术平均值、中值等表示相应的参数。

（2）凡标准中规定采用修约值比较法的，应将测量值或计算值按 GB/T 8170 的有关规定，修约到与标准规定的极限数值的位数一致，再与标准规定的极限数值进行比较、判定。

（3）凡检验标准中未作规定的，均采用全数值比较法，将检验所得测量值或计算值不经修约，用数值的全部数字与标准规定的极限数值进行比较、判定。

第三节　饮料产品中重金属含量的测定

一、总砷、锡的测定

（一）检验样品的制备

样品的制备是指对采取的样品进行分取、粉碎、混匀等处理工作，是保证检测结果准确性的基础，在制备过程中，应注意不使试样污染。

1. 液体样品：一般将样品摇匀，充分搅拌后置于密闭玻璃容器内，保存备用。

2. 含果肉、果粒等液体样品：将样品充分摇匀后，取至少 200g（mL），用组织捣碎机捣碎，混匀后置于密闭玻璃容器内，保存备用。

3. 固体样品：应用粉碎、捣碎或研磨等方法将样品制成均匀可检状态，置于密闭玻璃容器内，保存备用。

（二）检验准备

计量器具的示值精确是确保检验结果准确性的基础，实验室对检测数据准确度有影响的所有测量设备和检验设备包括辅助测量设备在投入使用前或维修后都必须进行校准。

1. 试剂和材料

除非另有规定，本方法所使用试剂均为分析纯，水为 GB/T 6682 规定的一级水。

(1) 盐酸、硝酸、高氯酸：优级纯。

(2) 过氧化氢（30%）。

(3) 硫酸溶液（1+9）：量取硫酸 100mL，小心倒入水 900mL 中，混匀。

(4) 混合酸：硝酸+高氯酸（9+1）：取 9 份硝酸与 1 份高氯酸混合。

(5) 氢氧化钠溶液（2g/L）。

(6) 硼氢化钠（$NaBH_4$）溶液（10g/L）：称取硼氢化钠 10.0g，溶于 2g/L 的氢氧化钠溶液 1000mL 中，混匀。此液于冰箱可保存 10 天，取出后应当日使用（也可称取 14g 硼氢化钾代替 10g 硼氢化钠）。

(7) 硫脲（150g/L）+抗坏血酸（150g/L）溶液：分别称取 15g 硫脲和 15g 抗坏血酸溶于水中，并稀释至 100mL（此溶液需置于棕色瓶中保存）。

(8) 砷标准储备液（1000mg/L）：精确称取于 100℃ 干燥 2h 以上的三氧化二砷（As_2O_3）0.1320g，加 100g/L 的氢氧化钠 10mL 溶解，用适量水转入 100mL 容量瓶中，加（1+9）硫酸 25mL，用水定容至刻度；也可向国家认可的销售标准物质单位购买。

(9) 砷标准使用液（200μg/L）：用移液管吸取砷标准储备液（1000mg/L）1mL 于 100mL 容量瓶中，用硫酸溶液（1+9）稀释至刻度，混匀，此溶液浓度为 10mg/L。再吸取 10mg/L 的砷标准溶液 2.00mL 于 100mL 容量瓶中，用硫酸溶液（1+9）稀释至刻度，混匀。

(10) 锡标准储备液（1000mg/L）：精确称取 0.1000g 金属锡（99.99%），置于小烧杯中，加 10mL 硫酸，盖以表面皿，加热至锡完全溶解，移去表面皿，继续加热至发生浓白烟，冷却，慢慢加水 50mL，移入 100mL 容量瓶中，用硫酸（1+9）多次洗涤烧杯并稀释至刻度，混匀；也可向国家认可的销售标准物质单位购买。

(11) 锡标准使用液（200μg/L）：用移液管吸取锡标准储备液（1000mg/L）1mL 于 100mL 容量瓶中，用硫酸溶液（1+9）稀释至刻度，混匀，此溶液浓度为 10mg/L。再吸取 10mg/L 的锡标准溶液 2.00mL 于 100mL 容量瓶中，用硫酸溶液（1+9）稀释至刻度，混匀。

2. 仪器和设备

(1) 原子荧光光度计，附砷、锡空心阴极灯。

(2) 天平：感量为 1mg。

(3) 压力消解器、压力消解罐或压力溶弹。

(4) 可调式电热板。

(5) 微波消解仪。

（三）检验及注意事项

1. 试样消解

可根据实验室条件选用以下任何一种方法消解。

(1) 湿式消解法：称取固体试样 1g～5g 或液体试样 2.00g（或 mL）～10.00g

（或 mL）（均精确到 0.001g）于锥形瓶或高脚烧杯中，放数粒玻璃珠，加 10mL 混合酸［硝酸＋高氯酸（9＋1）］，加盖浸泡过夜，加一小漏斗于电炉上消解，若变棕黑色，再加混合酸，直至冒白烟，消化液呈无色透明或略带黄色，放冷，用水少量多次洗涤锥形瓶或高脚烧杯至 25mL 容量瓶中，分别加 2mL 盐酸，2mL 硫脲（150g/L）＋抗坏血酸（150g/L）溶液，补加水至刻度，混匀备用；同时作试剂空白试验。

（2）压力消解罐消解法：称取固体试样 0.5g～1g 或液体试样 1.00g（或 mL）～2.00g（或 mL）（均精确到 0.001g）于聚四氟乙烯内罐，加硝酸 2mL～4mL 浸泡过夜，再加过氧化氢 2mL～3mL（总量不能超过罐容积的 1/3），盖好内盖，旋紧不锈钢外套，放入恒温干燥箱，120℃～140℃保持 3h～4h，在箱内自然冷却至室温后，打开压力消解罐，于电热板上（120℃～160℃）赶酸至 1mL 左右，用水少量多次洗涤消化罐至 25mL 容量瓶中，分别加 2mL 盐酸，2mL 硫脲（150g/L）＋抗坏血酸（150g/L）溶液，补加水至刻度，混匀备用；同时作试剂空白试验。

（3）微波消解法：称取固体试样 0.2g～0.5g 或液体试样 0.50g（或 mL）～1.00g（或 mL）（均精确到 0.001g）于微波消解罐中，加入硝酸 4mL～5mL，再加入过氧化氢 1mL～2mL，旋紧外盖置于微波消解仪中进行消解，推荐条件见表 7－3－1（可根据不同的仪器自行设定消解条件），消解完后打开消解罐，于电热板上（120℃～160℃）赶酸至 1mL 左右，用水少量多次洗涤消解罐至 25mL 容量瓶中，分别加 2mL 盐酸，2mL 硫脲（150g/L）＋抗坏血酸（150g/L）溶液，补加水至刻度，混匀备用；同时作试剂空白试验。

表 7－3－1　微波消化推荐条件

步骤	功率		升温时间	控制温度	保持时间
	max	%		℃	
1	1600	100	05：00	120	2：00
2	1600	100	02：00	150	5：00
3	1600	100	05：00	185	15：00

2. 测定

（1）总砷的测定（原子荧光光谱法）

总砷的测定方法主要有比色法（砷斑法）、分光光度法（银盐法）、原子吸收光谱法、原子荧光光谱法、电化学方法、试剂盒、电感耦合等离子体发射光谱法、电感耦合等离子体质谱法等，其中原子荧光光谱法为目前实验室主要的检测方法。

1）仪器参考条件

负高压：400V；灯电流：35mA；原子化温度：800℃；炉高：8mm；载气流速：500mL/min；屏蔽气流速：1000mL/min；测量方式：标准曲线法；读数方式：峰面积；延迟时间：1s；读数时间：15s；加液时间：8s；进样体积：2mL。

2）标准曲线的配制：依次准确加入 200μg/mL 砷标准使用液 0、0.25mL、0.50mL、1.00mL、2.50mL、5.00mL 于 25mL 容量瓶中，分别加 2mL 盐酸，2mL 硫脲（150g/L）＋抗坏血酸（150g/L）溶液，补加水至刻度，容量瓶中砷浓度分别 0、2.0μg/L、4.0μg/L、

8.0μg/L、20.0μg/L、40.0μg/L，制成标准工作曲线，混匀备测。

3）测定方式

设定好仪器最佳条件，在试样参数画面输入以下参数：试样质量（g 或 mL），稀释体积（mL），并选择结果的浓度单位，逐步将炉温升至所需温度，稳定后测量。连续用标准系列零管进样，等读数稳定后，转入标准系列测量，绘制标准曲线。在转入试样测定之前，再进入空白值测量状态，用试样空白消化液进样，让仪器取其均值作为扣除的空白值。随后即可依次测定试样。

（2）锡的测定（原子荧光光谱法）

锡的测定方法主要有滴定分析法、分光光度法、荧光光度法、电化学法、X 射线荧光光谱法、原子吸收光谱法、原子荧光光谱法、电感耦合等离子体发射光谱法、电感耦合等离子体质谱法等，其中原子荧光光谱法为目前实验室主要的检测方法。

1）仪器参考条件

负高压：400V；灯电流：35mA；原子化温度：800℃；炉高：8mm；载气流速：500mL/min；屏蔽气流速：1000mL/min；测量方式：标准曲线法；读数方式：峰面积；延迟时间：1s；读数时间：15s；加液时间：8s；进样体积：2mL。

2）标准曲线的配制：依次准确加入 200μg/mL 锡标准使用液 0、0.25mL、0.50mL、1.00mL、2.50mL、5.00mL 于 25mL 容量瓶中，分别加 2mL 盐酸，2mL 硫脲（150g/L）＋抗坏血酸（150g/L）溶液，补加水至刻度，容量瓶中锡浓度分别 0、2.0μg/L、4.0μg/L、8.0μg/L、20.0μg/L、40.0μg/L，制成标准工作曲线，混匀备测。

3）测定方式

设定好仪器最佳条件，在试样参数画面输入以下参数：试样质量（g 或 mL），稀释体积（mL），并选择结果的浓度单位，逐步将炉温升至所需温度，稳定后测量。连续用标准系列零管进样，等读数稳定后，转入标准系列测量，绘制标准曲线。在转入试样测定之前，再进入空白值测量状态，用试样空白消化液进样，让仪器取其均值作为扣除的空白值。随后即可依次测定试样。

3. 注意事项

（1）样品处理要防止污染，所用器皿均应使用塑料或玻璃制品，使用的试管、器皿及消解内罐均应在使用前用硝酸浸泡，并用去离子水冲洗干净，干燥后使用。

（2）样品消化时注意酸不要烧干，以免发生危险。

（3）按操作规程正确使用仪器。

（四）检验结果计算与数字修约、原始记录

1. 试样中总砷/锡含量按式（7-3-1）进行计算：

$$X=\frac{(c_1-c_0)\times V\times 1000}{m\times 1000\times 1000} \qquad (7-3-1)$$

式中：X——试样中总砷/锡含量，单位为毫克每千克或毫克每升（mg/kg 或 mg/L）；

c_1——测定样液中总砷/锡含量，单位为纳克每毫升（ng/mL）；

c_0——空白液中总砷/锡含量，单位为纳克每毫升（ng/mL）；

V——试样消化液定量总体积，单位为毫升（mL）；

m——试样质量或体积，单位为克或毫升（g 或 mL）。

以重复性条件下获得的两次独立测定结果的算术平均值表示，结果保留两位有效数字。

2. 数字修约

产品标准或检验方法标准中有规定的，按标准规定的要求进行；标准中没有规定的，按有效数字运算规则进行运算，按 GB/T 8170 进行修约。

3. 原始记录

检验人员负责检验原始记录的设计、填写，应包括以下内容：

（1）检验样品的记录，如样品编号、样品名称、规格型号、生产日期等。

（2）环境条件记录，如环境温度、湿度等。

（3）仪器设备记录，如仪器设备名称、型号、编号及检定有效期等。

（4）检验方法和检验依据。

（5）检验日期、检验地点记录。

（6）各项检验原始观察数据或结果（包括图片、图表），计算公式及导出结果。

（五）检验后归位、整理、清理及污物处理

1. 检验后，所用玻璃器皿、器具均需清洗至不挂水珠并用去离子水冲洗干净，然后均以硝酸（10％）浸泡 24h 以上。

2. 实验的三废按第二章第四节处理。

（六）编制检验报告及判定

1. 编制检验报告，要求如下：

（1）检验报告应采用统一格式。检验报告表格中各项栏目应完整填写，不得缺项。无内容填写的栏目应使用"—"表示，不得空缺。编写内容应包括检验结果所必需的各种信息，以及采用方法所要求的全部信息。检验报告表格栏目排列顺序可以适当调整，内容也可根据实际需要进行增加。

（2）检验报告应包括封面、首页、检验结果页，如有需要可以有封底。

（3）检验报告中数据、公式、表格和其他技术内容应真实可靠、准确无误，带有计量单位的应使用法定的计量单位；数值应用阿拉伯数字书写。

（4）检验报告中所用的符号、代号应符合 GB/T 1.1—2009 的规定。

2. 检验结果的表示和判定

（1）根据产品标准或方法标准的规定，用测定值、测定值的算术平均值、中值等表示相应的参数。

（2）凡标准中规定采用修约值比较法的，应将测量值或计算值按 GB/T 8170 的有关规定，修约到与标准规定的极限数值的位数一致，再与标准规定的极限数值进行比较、判定。

（3）凡检验标准中未作规定的，均采用全数值比较法，将检验所得测量值或计算值不经修约，用数值的全部数字与标准规定的极限数值进行比较、判定。

二、铅、镉、铬的测定

（一）检验样品的制备

样品的制备是指对采取的样品进行分取、粉碎、混匀等处理工作，是保证检测结果准确性的基础，在制备过程中，应注意不使试样污染。

1. 液体样品：一般将样品摇匀，充分搅拌后置于密闭玻璃容器内，保存备用。

2. 含果肉、果粒等液体样品：将样品充分摇匀后，取至少 200g（mL），用组织捣碎机捣碎，混匀后置于密闭玻璃容器内，保存备用。

3. 固体样品：应用粉碎、捣碎或研磨等方法将样品制成均匀可检状态，置于密闭玻璃容器内，保存备用。

（二）检验准备

计量器具的示值精确是确保检验结果准确性的基础，实验室对检测数据准确度有影响的所有测量设备和检验设备包括辅助测量设备在投入使用前或维修后都必须进行校准。

1. 试剂和材料

除非另有规定，本方法所使用试剂均为分析纯，水为 GB/T 6682 规定的一级水。

（1）硝酸、高氯酸、盐酸：优级纯。

（2）过氧化氢（30%）。

（3）混合酸：硝酸＋高氯酸（9＋1）：取 9 份硝酸与 1 份高氯酸混合。

（4）硝酸溶液（0.5mol/L）：取 3.2mL 硝酸加入 50mL 水中，稀释至 100mL。

（5）磷酸二氢铵溶液（20g/L）：称取 2.0g 磷酸二氢铵，以水溶解稀释至 100mL。

（6）铅标准贮备溶液（1000mg/L）：准确称取 0.1000g 金属铅（含量 99.99%）于烧杯中加 2mL 硝酸（1＋1）溶液，加热溶解，冷却后定量移入 100mL 容量瓶并加水至刻度，混匀；也可向国家认可的销售标准物质单位购买。

（7）铅标准使用液：每次吸取铅标准储备液 1.0mL 于 100mL 容量瓶中，加硝酸（0.5mol/L）至刻度。如此经多次稀释成每毫升含 10.0ng、20.0ng、40.0ng、60.0ng、80.0ng 铅的标准使用液。

（8）镉标准贮备液（1000mg/L）：准确称取 0.1000g 金属镉（含量 99.99%），分次加 20mL 盐酸（1＋1），溶解，加两滴硝酸，移入 100mL 容量瓶，加水至刻度，混匀；也可向国家认可的销售标准物质单位购买。

（9）镉标准使用液：每次吸取镉标准贮备液 1.0mL 于 100mL 容量瓶中，加硝酸溶液（0.5mol/L）至刻度。如此经多次稀释成每毫升含 1.0ng、2.0ng、4.0ng、6.0ng、8.0ng 镉的标准使用液。

（10）铬标准贮备液（1000mg/L）：准确称取优级纯重铬酸钾（110℃烘 2h）1.4135g 溶于水中，定容至 500 mL 容量瓶；也可向国家认可的销售标准物质单位购买。

（11）铬标准使用液：每次吸取铬标准储备液 1.0 mL 于 100mL 容量瓶中，加硝酸溶液（0.5mol/L）至刻度。如此经多次稀释成每毫升含 10.0ng、20.0ng、40.0ng、60.0ng、80.0ng 铬的标准使用液。

2. 仪器和设备

（1）原子吸收光谱仪，附石墨炉及铅、铬、镉空心阴极灯。

（2）马弗炉。

（3）天平：感量为 1mg。

（4）干燥恒温箱。

（5）瓷坩埚。

（6）压力消解器、压力消解罐或压力溶弹。

（7）可调式电热板、可调式电炉。

（8）微波消解仪。

（三）检验及注意事项

1. 试样消解

可根据实验室条件选用以下任何一种方法消解。

（1）干法灰化：称取固体试样 1g～5g 或液体试样 2.00g（或 mL）～10.00g（或 mL）（均精确到 0.001g）于瓷坩埚中，先小火在可调式电热板上炭化至无烟，移入马弗炉 500℃±25℃灰化 6 h～8 h，冷却。若个别试样灰化不彻底，则加 1mL 混合酸［硝酸＋高氯酸（9＋1）］在可调式电炉上小火加热，反复多次直到消化完全，放冷，用硝酸溶液（0.5mol/L）将灰分溶解，用滴管将试样消化液洗入 10mL～25mL 容量瓶中，用水少量多次洗涤瓷坩埚，洗液合并于容量瓶中并定容至刻度，混匀备用；同时作试剂空白试验。

（2）湿式消解法：称取固体试样 1g～5g 或液体试样 2.00g（或 mL）～10.00g（或 mL）（均精确到 0.001g）于锥形瓶或高脚烧杯中，放数粒玻璃珠，加 10mL 混合酸［硝酸＋高氯酸（9＋1）］，加盖浸泡过夜，加一小漏斗于电炉上消解，若变棕黑色，再加混合酸，直至冒白烟，消化液呈无色透明或略带黄色，放冷，用滴管将试样消化液洗入 10mL～25mL 容量瓶中，用水少量多次洗涤锥形瓶或高脚烧杯，洗液合并于容量瓶中并定容至刻度，混匀备用；同时作试剂空白试验。

（3）压力消解罐消解法：称取固体试样 0.5g～1g 或液体试样 1.00g（或 mL）～2.00g（或 mL）（均精确到 0.001g）于聚四氟乙烯内罐，加硝酸 2mL～4mL 浸泡过夜，再加过氧化氢 2mL～3mL（总量不能超过罐容积的 1/3），盖好内盖，旋紧不锈钢外套，放入恒温干燥箱，120℃～140℃保持 3h～4h，在箱内自然冷却至室温后，打开压力消解罐，于电热板上（120℃～160℃）赶酸至 1mL 左右，用滴管将消化液洗入 10mL～25mL 容量瓶中，用水少量多次洗涤罐，洗液合并于容量瓶中并定容至刻度，混匀备用；同时作试剂空白试验。

（4）微波消解法：称取固体试样 0.2g～0.5g 或液体试样 0.50g（或 mL）～1.00g（或 mL）（均精确到 0.001g）于微波消解罐中，加入硝酸 4mL～5mL，再加入过氧化氢 1mL～2mL，旋紧外盖置于微波消解仪中进行消解，推荐条件见表 7－3－2（可根据不同的仪器自行设定消解条件），消解完后打开消解罐，于电热板上（120℃～160℃）赶酸至

1mL 左右，用纯水少量多次洗涤消解罐至 10mL～25mL 容量瓶中，定容至刻度，混匀备用；同时作试剂空白试验。

表 7-3-2　微波消化推荐条件

步骤	功率		升温时间	控制温度	保持时间
	max	%		℃	
1	1600	100	05：00	120	2：00
2	1600	100	02：00	150	5：00
3	1600	100	05：00	185	15：00

2. 测定

（1）铅的测定（石墨炉原子吸收光谱法）

铅的测定方法主要有分光光度法（二硫腙比色法）、原子光谱法（石墨炉原子吸收光谱法、火焰原子吸收光谱法、氢化物—原子吸收光谱法）、单扫描极谱法、电感耦合等离子体发射光谱法、电感耦合等离子体质谱法等，其中石墨炉原子吸收光谱法为目前实验室主要的检测方法。

1）仪器条件：根据各自仪器性能调至最佳状态。参考条件为波长 283.3nm；狭缝 0.2nm～1.0nm；灯电流 5mA～7mA；干燥温度 120℃，20s；灰化温度 450℃，持续 15s～20s；原子化温度 1700℃～2300℃，持续 4s～5s；背景校正为氘灯或塞曼效应。

2）标准曲线绘制：吸取上面配制的铅标准使用液 10.0ng/mL（或 $\mu g/L$），20.0ng/mL（或 $\mu g/L$），40.0ng/mL（或 $\mu g/L$），60.0ng/mL（或 $\mu g/L$），80.0ng/mL（或 $\mu g/L$）各 $10\mu L$，注入石墨炉，测得其吸光值并求得吸光值与浓度关系的一元线性回归方程。

3）试样测定：分别吸取样液和试剂空白液各 $10\mu L$，注入石墨炉，测得其吸光值，代入标准系列的一元线性回归方程中求得样液中的铅含量。

4）基体改进剂的使用：对有干扰的试样，则注入适量的基体改进剂磷酸二氢铵溶液（20g/L）（一般为 $5\mu L$ 或与试样同量）消除干扰。绘制铅标准曲线时也要加入与试样测定时等量的基体改进剂磷酸二氢铵溶液。

（2）镉的测定（石墨炉原子吸收光谱法）

镉的测定方法主要有分光光度法、原子吸收光谱法（火焰原子吸收光谱法、石墨炉原子吸收光谱法）、氢化物—原子荧光光谱法、高效液相色谱法、电化学方法、电感耦合等离子体发射光谱法、电感耦合等离子体质谱法等，其中石墨炉原子吸收光谱法为目前实验室主要的检测方法。

1）仪器条件：根据各自仪器性能调至最佳状态。参考条件为波长 228.8 nm，狭缝 0.2nm～1.0nm；灯电流 5mA～7mA；干燥温度 120℃，20s；灰化温度 350℃，持续 15s～20s；原子化温度 1700℃～2300℃，持续 4s～5s；背景校正为氘灯或塞曼效应。

2）标准曲线绘制：吸取上面配制的镉标准使用液 1.0ng/mL（或 $\mu g/L$），2.0ng/mL（或 $\mu g/L$），4.0ng/mL（或 $\mu g/L$），6.0ng/mL（或 $\mu g/L$），8.0ng/mL（或 $\mu g/L$）各 $10\mu L$，注入石墨炉，测得其吸光值并求得吸光值与浓度关系的一元线性回归方程。

3）试样测定：分别吸取样液和试剂空白液各 $10\mu L$，注入石墨炉，测得其吸光值，代入标准系列的一元线性回归方程中求得样液中的镉含量。

4）基体改进剂的使用：对有干扰的试样，则注入适量的基体改进剂磷酸二氢铵溶液（20g/L）（一般为5μL或与试样同量）消除干扰。绘制镉标准曲线时也要加入与试样测定时等量的基体改进剂磷酸二氢铵溶液。

（3）铬的测定（石墨炉原子吸收光谱法）

铬的测定方法主要有分光光度法、原子吸收光谱法（火焰原子吸收光谱法、石墨炉原子吸收光谱法）、示波极谱法、电感耦合等离子体发射光谱法、电感耦合等离子体质谱法等，其中石墨炉原子吸收光谱法为目前实验室主要的检测方法。

1）仪器条件：根据各自仪器性能调至最佳状态。参考条件为波长 357.9nm；狭缝 0.2nm～1.0nm；灯电流 5mA～7mA，干燥温度 120℃，20s；灰化温度 1000℃，30s；原子化温度 2800℃，5s；背景校正为氘灯或塞曼效应。

2）标准曲线绘制：吸取上面配制的铬标准使用液 10.0ng/mL（或 μg/L），20.0ng/mL（或 μg/L），40.0ng/mL（或 μg/L），60.0ng/mL（或 μg/L），80.0ng/mL（或 μg/L）各 10μL，注入石墨炉，测得其吸光值并求得吸光值与浓度关系的一元线性回归方程。

3）试样测定：分别吸取样液和试剂空白液各 10μL，注入石墨炉，测得其吸光值，代入标准系列的一元线性回归方程中求得样液中的铬含量。

4）基体改进剂的使用：对有干扰的试样，则注入适量的基体改进剂磷酸二氢铵溶液（20g/L）（一般为5μL或与试样同量）消除干扰。绘制铬标准曲线时也要加入与试样测定时等量的基体改进剂磷酸二氢铵溶液。

3. 注意事项

（1）样品处理要防止污染，所用器皿均应使用塑料或玻璃制品，使用的试管、器皿及消解内罐均应在使用前用硝酸浸泡，并用去离子水冲洗干净，干燥后使用。

（2）干法灰化由于灰化温度比较高，可能会有部分元素（如铅）因为蒸发而损失掉（部分由于坩埚或器皿的吸附，还有些样品可以与坩埚和器皿反应生成难以用酸溶解的物质如玻璃或耐熔物质等），因此干灰化法不是很稳定，建议每批样品都做加标回收试验。

（3）样品消化时注意酸不要烧干，以免发生危险。

（4）按操作规程正确使用仪器。

（四）检验结果计算与数字修约、原始记录

1. 试样中铅/镉/铬含量按式（7－3－2）进行计算：

$$X = \frac{(c_1 - c_0) \times V \times 1000}{m \times 1000 \times 1000} \qquad (7－3－2)$$

式中：X——试样中铅/镉/铬含量，单位为毫克每千克或毫克每升（mg/kg 或 mg/L）；

c_1——测定样液中铅/镉/铬含量，单位为纳克每毫升（ng/mL）；

c_0——空白液中铅/镉/铬含量，单位为纳克每毫升（ng/mL）；

V——试样消化液定量总体积，单位为毫升（mL）；

m——试样质量或体积，单位为克或毫升（g 或 mL）。

以重复性条件下获得的两次独立测定结果的算术平均值表示，结果保留两位有效数字。

2. 数字修约

产品标准或检验方法标准中有规定的，按标准规定的要求进行；标准中没有规定的，按有效数字运算规则进行运算，按 GB/T 8170 进行修约。

3. 原始记录

检验人员负责检验原始记录的设计、填写，应包括以下内容：

（1）检验样品的记录，如样品编号、样品名称、规格型号、生产日期等。

（2）环境条件记录，如环境温度、湿度等。

（3）仪器设备记录，如仪器设备名称、型号、编号及检定有效期等。

（4）检验方法和检验依据。

（5）检验日期、检验地点记录。

（6）各项检验原始观察数据或结果（包括图片、图表），计算公式及导出结果。

（五）检验后归位、整理、清理及污物处理

1. 检验后，所用玻璃器皿、器具均需清洗至不挂水珠并用去离子水冲洗干净，然后均以硝酸（10%）浸泡 24h 以上。

2. 实验的三废按第二章第四节处理。

（六）编制检验报告及判定

1. 编制检验报告，要求如下：

（1）检验报告应采用统一格式。检验报告表格中各项栏目应完整填写，不得缺项。无内容填写的栏目应使用"—"表示，不得空缺。编写内容应包括检验结果所必需的各种信息，以及采用方法所要求的全部信息。检验报告表格栏目排列顺序可以适当调整，内容也可根据实际需要进行增加。

（2）检验报告应包括封面、首页、检验结果页，如有需要可以有封底。

（3）检验报告中数据、公式、表格和其他技术内容应真实可靠、准确无误，带有计量单位的应使用法定的计量单位；数值应用阿拉伯数字书写。

（4）检验报告中所用的符号、代号应符合 GB/T 1.1—2009 的规定。

2. 检验结果的表示和判定

（1）根据产品标准或方法标准的规定，用测定值、测定值的算术平均值、中值等表示相应的参数。

（2）凡标准中规定采用修约值比较法的，应将测量值或计算值按 GB/T 8170 的有关规定，修约到与标准规定的极限数值的位数一致，再与标准规定的极限数值进行比较、判定。

（3）凡检验标准中未作规定的，均采用全数值比较法，将检验所得测量值或计算值不经修约，用数值的全部数字与标准规定的极限数值进行比较、判定。

三、铜、铁、锌的测定

（一）检验样品的制备

样品的制备是指对采取的样品进行分取、粉碎、混匀等处理工作，是保证检测结果准确性的基础，在制备过程中，应注意不使试样污染。

1. 液体样品：一般将样品摇匀，充分搅拌后置于密闭玻璃容器内，保存备用。

2. 含果肉、果粒等液体样品：将样品充分摇匀后，取至少200g（mL），用组织捣碎机捣碎，混匀后置于密闭玻璃容器内，保存备用。

3. 固体样品：应用粉碎、捣碎或研磨等方法将样品制成均匀可检状态，置于密闭玻璃容器内，保存备用。

（二）检验准备

计量器具的示值精确是确保检验结果准确性的基础，实验室对检测数据准确度有影响的所有测量设备和检验设备包括辅助测量设备在投入使用前或维修后都必须进行校准。

1. 试剂和材料

除非另有规定，本方法所使用试剂均为分析纯，水为GB/T 6682规定的一级水。

（1）硝酸、高氯酸、盐酸：优级纯。

（2）过氧化氢（30%）。

（3）混合酸：硝酸＋高氯酸（9＋1）：取9份硝酸与1份高氯酸混合。

（4）硝酸溶液（0.5mol/L）：取3.2mL硝酸加入50mL水中，稀释至100mL。

（5）铜标准贮备溶液（1000mg/L）：准确称取1.0000g金属铜（99.99%），加入硝酸溶解后，移入1000mL容量瓶中，加0.5mol/L的硝酸溶液并稀释至刻度，贮存于聚乙烯瓶中，4℃保存；也可向国家认可的销售标准物质单位购买。

（6）铜标准使用液（100mg/L）：吸取10.0mL铜标准贮备溶液，置于100mL容量瓶中，用硝酸溶液（0.5mol/L）稀释至刻度，摇匀。

（7）锌标准贮备溶液（1000mg/L）：准确称取0.500g金属锌（99.99%）溶于10mL盐酸中，然后在水浴上蒸发至近干，用少量水溶解后移入500mL容量瓶中，以水稀释至刻度，贮存于聚乙烯瓶中，4℃保存；也可向国家认可的销售标准物质单位购买。

（8）锌标准使用液（50mg/L）：吸取5.0 mL锌标准贮备溶液，置于100mL容量瓶中，用硝酸溶液（0.5mol/L）稀释至刻度，摇匀。

（9）铁标准贮备溶液（1000mg/L）：准确称取1.0000g金属铁（纯度大于99.99%），加硝酸溶解后，移入1000mL容量瓶中，加0.5mol/L的硝酸溶液并稀释至刻度，贮存于聚乙烯瓶中，4℃保存；也可向国家认可的销售标准物质单位购买。

（10）铁标准使用液（100mg/L）：吸取10.0 mL铁标准贮备溶液，置于100mL容量瓶中，用硝酸溶液（0.5mol/L）稀释至刻度，摇匀。

2. 仪器和设备

（1）原子吸收光谱仪，附火焰炉及铜、铁、锌空心阴极灯。

（2）马弗炉。

（3）天平：感量为 1mg。

（4）干燥恒温箱。

（5）瓷坩埚。

（6）压力消解器、压力消解罐或压力溶弹。

（7）可调式电热板、可调式电炉。

（8）微波消解仪。

（三）检验及注意事项

1. 试样消解

可根据实验室条件选用以下任何一种方法消解。

（1）干法灰化：称取固体试样 1g～5g 或液体试样 2.00g（或 mL）～10.00g（或 mL）（均精确到 0.001g）于瓷坩埚中，先小火在可调式电热板上炭化至无烟，移入马弗炉 500℃±25℃ 灰化 6h～8h，冷却。若个别试样灰化不彻底，则加 1mL 混合酸［硝酸＋高氯酸（9＋1）］在可调式电炉上小火加热，反复多次直到消化完全，放冷，用硝酸溶液（0.5mol/L）将灰分溶解，用滴管将试样消化液洗入 10mL～25mL 容量瓶中，用水少量多次洗涤瓷坩埚，洗液合并于容量瓶中并定容至刻度，混匀备用；同时作试剂空白试验。

（2）湿式消解法：称取固体试样 1g～5g 或液体试样 2.00g（或 mL）～10.00g（或 mL）（均精确到 0.001g）于锥形瓶或高脚烧杯中，放数粒玻璃珠，加 10mL 混合酸［硝酸＋高氯酸（9＋1）］，加盖浸泡过夜，加一小漏斗于电炉上消解，若变棕黑色，再加混合酸，直至冒白烟，消化液呈无色透明或略带黄色，放冷，用滴管将试样消化液洗入 10mL～25mL 容量瓶中，用水少量多次洗涤锥形瓶或高脚烧杯，洗液合并于容量瓶中并定容至刻度，混匀备用；同时作试剂空白试验。

（3）压力消解罐消解法：称取固体试样 0.5g～1g 或液体试样 1.00g（或 mL）～2.00g（或 mL）（均精确到 0.001g）于聚四氟乙烯内罐，加硝酸 2mL～4mL 浸泡过夜，再加过氧化氢 2mL～3mL（总量不能超过罐容积的 1/3），盖好内盖，旋紧不锈钢外套，放入恒温干燥箱，120℃～140℃ 保持 3h～4h，在箱内自然冷却至室温后，打开压力消解罐，于电热板上（120℃～160℃）赶酸至 1mL 左右，用滴管将消化液洗入 10mL～25mL 容量瓶中，用水少量多次洗涤罐，洗液合并于容量瓶中并定容至刻度，混匀备用；同时作试剂空白试验。

（4）微波消解法：称取固体试样 0.2g～0.5g 或液体试样 0.50g（或 mL）～1.00g（或 mL）（均精确到 0.001g）于微波消解罐中，加入硝酸 4mL～5mL，再加入过氧化氢 1mL～2mL，旋紧外盖置于微波消解仪中进行消解，推荐条件见表 7-3-3（可根据不同的仪器自行设定消解条件），消解完后打开消解罐，于电热板上（120℃～160℃）赶酸至 1mL 左右，用纯水少量多次洗涤消解罐至 10mL～25mL 容量瓶中，定容至刻度，混匀备用；同时作试剂空白试验。

表 7 - 3 - 3　微波消化推荐条件

步骤	功率		升温时间/h	控制温度 ℃	保持时间/h
	W	%			
1	1600	100	5	120	2
2	1600	100	2	150	5
3	1600	100	5	185	15

（5）澄清的液体饮料样品，可直接取样测定。

2. 测定

（1）铜的测定（火焰原子吸收光谱法）

铜的测定方法主要有分光光度法、原子吸收光谱法、催化动力学光度法、电感耦合等离子体发射光谱法、电感耦合等离子体质谱法等，其中火焰原子吸收光谱法为目前实验室主要的检测方法。

1）仪器条件：波长 324.8nm；仪器狭缝、空气及乙炔的流量、灯头高度、元素灯电流等均按使用的仪器说明调至最佳状态。

2）标准曲线绘制：吸取 0、0.10mL、0.20mL、0.50mL、1.00mL、2.00mL 铜标准使用液，分别置于 50mL 容量瓶中，以硝酸溶液（0.5mol/L）稀释至刻度，混匀，容量瓶中铜浓度分别 0、0.2mg/L、0.4mg/L、1.0mg/L、2.0mg/L、4.0mg/L，将其导入火焰原子化器进行测定，测得其吸光值并求得吸光值与浓度关系的一元线性回归方程。

3）试样测定：将处理后的样液、试剂空白液分别导入火焰原子化器进行测定，测得其吸光值，代入标准系列的一元线性回归方程中求得样液中的铜含量。

（2）锌的测定（火焰原子吸收光谱法）

锌的测定方法主要有分光光度法、原子吸收光谱法、原子荧光光谱法、电感耦合等离子体发射光谱法、电感耦合等离子体质谱法等，其中火焰原子吸收光谱法为目前实验室主要的检测方法。

1）仪器条件：波长 213.8nm；仪器狭缝、空气及乙炔的流量、灯头高度、元素灯电流等均按使用的仪器说明调至最佳状态。

2）标准曲线绘制：吸取 0、0.10mL、0.20mL、0.50mL、1.00mL、2.00mL 锌标准使用液，分别置于 50mL 容量瓶中，以硝酸溶液（0.5 mol/L）稀释至刻度，混匀，容量瓶中锌浓度分别 0、0.1mg/L、0.2mg/L、0.5mg/L、1.0mg/L、2.0mg/L，将其导入火焰原子化器进行测定，测得其吸光值并求得吸光值与浓度关系的一元线性回归方程。

3）试样测定：将处理后的样液、试剂空白液分别导入火焰原子化器进行测定，测得其吸光值，代入标准系列的一元线性回归方程中求得样液中的锌含量。

（3）铁的测定（火焰原子吸收光谱法）

铁的测定方法主要有滴定容量法、分光光度法、原子吸收光谱法、催化动力学光度法、电感耦合等离子体发射光谱法、电感耦合等离子体质谱法等，其中火焰原子吸收光谱法为目前实验室主要的检测方法。

1）仪器条件：波长 248.3nm；仪器狭缝、空气及乙炔的流量、灯头高度、元素灯电流等均按使用的仪器说明调至最佳状态。

2）标准曲线绘制：吸取 0、0.20mL、0.40mL、0.80mL、1.50mL、2.00mL 铁标准使用液，分别置于 50mL 容量瓶中，以硝酸溶液（0.5mol/L）稀释至刻度，混匀，容量瓶中铁浓度分别 0、0.4mg/L、0.8mg/L、1.6mg/L、3.0mg/L、4.0mg/L，将其导入火焰原子化器进行测定，测得其吸光值并求得吸光值与浓度关系的一元线性回归方程。

3）试样测定：将处理后的样液、试剂空白液分别导入火焰原子化器进行测定，测得其吸光值，代入标准系列的一元线性回归方程中求得样液中的铁含量。

3. 注意事项

（1）样品处理要防止污染，所用器皿均应使用塑料或玻璃制品，使用的试管、器皿及消解内罐均应在使用前用硝酸浸泡，并用去离子水冲洗干净，干燥后使用。

（2）样品消化时注意酸不要烧干，以免发生危险。

（3）按操作规程正确使用仪器。

（四）检验结果计算与数字修约、原始记录

1. 试样中铜/锌/铁含量按式（7－3－3）进行计算：

$$X = \frac{c_1 - c_0 \times V \times 1000}{m \times 1000}$$

（7－3－3）

式中：X——试样中铜/锌/铁含量，单位为毫克每千克或毫克每升（mg/kg 或 mg/L）；

c_1——测定样液中铜/锌/铁含量，单位为微克每毫升（μg/mL）；

c_0——空白液中铜/锌/铁含量，单位为微克每毫升（μg/mL）；

V——试样消化液定量总体积，单位为毫升（mL）；

m——试样质量或体积，单位为克或毫升（g 或 mL）。

以重复性条件下获得的两次独立测定结果的算术平均值表示，结果保留两位有效数字。试样含量超过 10mg/kg（mg/L）时保留两位有效数字。

2. 数字修约

产品标准或检验方法标准中有规定的，按标准规定的要求进行；标准中没有规定的，按有效数字运算规则进行运算，按 GB/T 8170 进行修约。

3. 原始记录

检验人员负责检验原始记录的设计、填写，应包括以下内容：

（1）检验样品的记录，如样品编号、样品名称、规格型号、生产日期等。

（2）环境条件记录，如环境温度、湿度等。

（3）仪器设备记录，如仪器设备名称、型号、编号及检定有效期等。

（4）检验方法和检验依据。

（5）检验日期、检验地点记录。

（6）各项检验原始观察数据或结果（包括图片、图表），计算公式及导出结果。

（五）检验后归位、整理、清理及污物处理

1. 检验后，所用玻璃器皿、器具均需清洗至不挂水珠并用去离子水冲洗干净，然后均以硝酸溶液（10％）浸泡 24h 以上。

2. 实验的三废按第二章第四节处理。

（六）编制检验报告及判定

1. 编制检验报告，要求如下：

（1）检验报告应采用统一格式。检验报告表格中各项栏目应完整填写，不得缺项。无内容填写的栏目应使用"—"表示，不得空缺。编写内容应包括检验结果所必需的各种信息，以及采用方法所要求的全部信息。检验报告表格栏目排列顺序可以适当调整，内容也可根据实际需要进行增加。

（2）检验报告应包括封面、首页、检验结果页，如有需要可以有封底。

（3）检验报告中数据、公式、表格和其他技术内容应真实可靠、准确无误，带有计量单位的应使用法定的计量单位；数值应用阿拉伯数字书写。

（4）检验报告中所用的符号、代号应符合 GB/T 1.1—2009 的规定。

2. 检验结果的表示和判定

（1）根据产品标准或方法标准的规定，用测定值、测定值的算术平均值、中值等表示相应的参数。

（2）凡标准中规定采用修约值比较法的，应将测量值或计算值按 GB/T 8170 的有关规定，修约到与标准规定的极限数值的位数一致，再与标准规定的极限数值进行比较、判定。

（3）凡检验标准中未作规定的，均采用全数值比较法，将检验所得测量值或计算值不经修约，用数值的全部数字与标准规定的极限数值进行比较、判定。

四、总汞的测定

（一）检验样品的制备

样品的制备是指对采取的样品进行分取、粉碎、混匀等处理工作，是保证检测结果准确性的基础，在制备过程中，应注意不使试样污染。

1. 液体样品

一般将样品摇匀，充分搅拌后置于密闭玻璃容器内，保存备用。

2. 含果肉、果粒等液体样品

将样品充分摇匀后，取至少 200g（mL），用组织捣碎机捣碎，混匀后置于密闭玻璃容器内，保存备用。

3. 固体样品

应用粉碎、捣碎或研磨等方法将样品制成均匀可检状态，置于密闭玻璃容器内，保存备用。

（二）检验准备

计量器具的示值精确是确保检验结果准确性的基础，实验室对检测数据准确度有影响

164

的所有测量设备和检验设备包括辅助测量设备在投入使用前或维修后都必须进行校准。

1. 试剂和材料

除非另有规定，本方法所使用试剂均为分析纯，水为 GB/T 6682 规定的一级水。

（1）硝酸、硫酸：优级纯。

（2）硝酸溶液（1+9）：量取 50mL 硝酸，缓缓倒入 450mL 水中，混匀。

（3）氢氧化钠溶液（2g/L）。

（4）硼氢化钠（NaBH₄）溶液（10g/L）：称取硼氢化钠 10.0g，溶于 2g/L 氢氧化钠溶液 1000mL 中，混匀。此液于冰箱可保存 10 天，取出后应当日使用（也可称取 14g 硼氢化钾代替 10g 硼氢化钠）。

（5）硫酸＋硝酸＋水（1+1+8）：量取 10mL 硝酸和 10mL 硫酸，缓缓倒入 80mL 水中，冷却后小心混匀。

（6）汞标准储备液（1000mg/L）：精密称取 0.13 54g 干燥过的二氯化汞，加硫酸＋硝酸＋水混合酸（1+1+8）溶解后移入 100mL 容量瓶中，并稀释至刻度，混匀；也可向国家认可的销售标准物质单位购买。

（7）汞标准使用溶液：用移液管吸取汞标准储备液（1000mg/L）1mL 于 100mL 容量瓶中，用硝酸溶液（1+9）稀释至刻度，混匀，此溶液浓度为 10mg/L。再吸取 10mg/L 汞标准溶液 0.50mL 于 100mL 容量瓶中，用硝酸溶液（1+9）稀释至刻度，混匀，溶液浓度为 50μg/L。

2. 仪器和设备

（1）原子荧光光度计，附汞空心阴极灯。

（2）天平：感量为 1mg。

（3）压力消解器、压力消解罐或压力溶弹。

（4）微波消解仪。

（三）检验及注意事项

1. 试样消解

可根据实验室条件选用以下任何一种方法消解。

（1）压力消解罐消解法：称取固体试样 0.5g～1g 或液体试样 1.00g（或 mL）～2.00g（或 mL）（均精确到 0.001g）于聚四氟乙烯内罐，加硝酸 2mL～4mL 浸泡过夜，再加过氧化氢 2mL～3mL（总量不能超过罐容积的 1/3），盖好内盖，旋紧不锈钢外套，放入恒温干燥箱，120℃～140℃保持 3h～4h，在箱内自然冷却至室温后，打开压力消解罐，用滴管将消化液洗入 10mL～25mL 容量瓶中，用硝酸溶液（1+9）少量多次洗涤罐，洗液合并于容量瓶中并定容至刻度，混匀备用；同时作试剂空白试验。

（2）微波消解法：称取固体试样 0.2g～0.5g 或液体试样 0.50g（或 mL）～1.00g（或 mL）（均精确到 0.001g）于微波消解罐中，加入硝酸 4mL～5mL，再加入过氧化氢 1mL～2mL，旋紧外盖置于微波消解仪中进行消解，推荐条件见表 7－3－4（可根据不同的仪器自行设定消解条件），消解完后打开消解罐，用硝酸溶液（1+9）少量多次洗涤消解罐至 10mL～25mL 容量瓶中，定容至刻度，混匀备用；同时作试剂空白试验。

表 7-3-4　微波消化推荐条件

步骤	功率		升温时间/h	控制温度 ℃	保持时间/h
	W	%			
1	1600	100	5	120	2
2	1600	100	2	150	5
3	1600	100	5	185	15

2. 测定

（1）总汞的测定（原子荧光光谱法）

总汞的测定方法主要有分光光度法、原子吸收光谱法、原子荧光光谱法、电感耦合等离子体发射光谱法、电感耦合等离子体质谱法等，其中原子荧光光谱法为目前实验室主要的检测方法。

1）仪器参考条件

负高压：240V；灯电流：30mA；原子化温度：300℃；炉高：10mm；载气流速：500mL/min；屏蔽气流速：1000mL/min；测量方式：标准曲线法；读数方式：峰面积；延迟时间：1s；读数时间：10s；加液时间：8s；进样体积：2mL。

2）标准曲线的配制：

分别吸取 50μg/L 汞标准使用液 0、0.20mL、0.40mL、0.80mL、1.00mL、2.00mL 于 25mL 容量瓶中，用硝酸溶液（1+9）稀释至刻度，混匀，容量瓶中汞浓度分别 0、0.4μg/L、0.8μg/L、1.6μg/L、2.0μg/L、4.0μg/L，制成标准工作曲线，混匀备测。

3）测定方式

设定好仪器最佳条件，在试样参数画面输入以下参数：试样质量（g 或 mL），稀释体积（mL），并选择结果的浓度单位，逐步将炉温升至所需温度，稳定后测量。连续用硝酸溶液（1+9）进样，待读数稳定之后，转入标准系列测量，绘制标准曲线。在转入试样测定之前，再进入空白值测量状态，用试样空白消化液进样，让仪器取其均值作为扣除的空白值。随后即可依次测定试样。

3. 注意事项

（1）样品处理要防止污染，所用器皿均应使用塑料或玻璃制品，使用的试管、器皿及消解内罐均应在使用前用硝酸浸泡，并用去离子水冲洗干净，干燥后使用。

（2）按操作规程正确使用仪器。

（四）检验结果计算与数字修约、原始记录

1. 试样中总汞含量按式（7-3-4）进行计算：

$$X = \frac{(c_1 - c_0) \times V \times 1000}{m \times 1000 \times 1000} \tag{7-3-4}$$

式中：X——试样中总汞含量，单位为毫克每千克或毫克每升（mg/kg 或 mg/L）；

c_1——测定样液中总汞含量，单位为纳克每毫升（ng/mL）；

c_0——空白液中总汞含量，单位为纳克每毫升（ng/mL）；

V——试样消化液定量总体积，单位为毫升（mL）；

m——试样质量或体积，单位为克或毫升（g 或 mL）。

以重复性条件下获得的两次独立测定结果的算术平均值表示，结果保留三位有效数字。

2. 数字修约

产品标准或检验方法标准中有规定的，按标准规定的要求进行；标准中没有规定的，按有效数字运算规则进行运算，按 GB/T 8170 进行修约。

3. 原始记录

检验人员负责检验原始记录的设计、填写，应包括以下内容：

（1）检验样品的记录，如样品编号、样品名称、规格型号、生产日期等。

（2）环境条件记录，如环境温度、湿度等。

（3）仪器设备记录，如仪器设备名称、型号、编号及检定有效期等。

（4）检验方法和检验依据。

（5）检验日期、检验地点记录。

（6）各项检验原始观察数据或结果（包括图片、图表）、计算公式及导出结果。

（五）检验后归位、整理、清理及污物处理

1. 检验后，所用玻璃器皿、器具均需清洗至不挂水珠并用去离子水冲洗干净，然后均以硝酸溶液（10%）浸泡 24h 以上。

2. 实验的三废按第二章第四节处理。

（六）编制检验报告及判定

1. 编制检验报告，要求如下：

（1）检验报告应采用统一格式。检验报告表格中各项栏目应完整填写，不得缺项。无内容填写的栏目应使用"—"表示，不得空缺。编写内容应包括检验结果所必需的各种信息，以及采用方法所要求的全部信息。检验报告表格栏目排列顺序可以适当调整，内容也可根据实际需要进行增加。

（2）检验报告应包括封面、首页、检验结果页，如有需要可以有封底。

（3）检验报告中数据、公式、表格和其他技术内容应真实可靠、准确无误，带有计量单位的应使用法定的计量单位；数值应用阿拉伯数字书写。

（4）检验报告中所用的符号、代号应符合 GB/T 1.1—2009 的规定。

2. 检验结果的表示和判定

（1）根据产品标准或方法标准的规定，用测定值、测定值的算术平均值、中值等表示相应的参数。

（2）凡标准中规定采用修约值比较法的，应将测量值或计算值按 GB/T 8170 的有关规定，修约到与标准规定的极限数值的位数一致，再与标准规定的极限数值进行比较、判定。

（3）凡检验标准中未作规定的，均采用全数值比较法，将检验所得测量值或计算值不经修约，用数值的全部数字与标准规定的极限数值进行比较、判定。

第四节　饮料产品中有害无机物含量的测定

一、亚硝酸盐

（一）检验样品的制备

1. 液体样品

（1）不含二氧化碳的样品：充分混合均匀，置于密闭的玻璃容器内。

（2）含二氧化碳的样品（如碳酸饮料等）：至少取 200g（mL）样品于 500mL 烧杯中，置于电炉上，边搅拌边加热至微沸，保持 2min，冷却称量，用煮沸冷却过的去离子水补充至煮沸前的质量（体积），置于密闭的玻璃容器内。

2. 固体样品

应用粉碎、捣碎或研磨等方法将样品制成均匀可检状态，置于密闭玻璃容器内，保存备用。

3. 含果肉、果粒样品

将样品充分摇匀后，取至少 200g（mL），用组织捣碎机捣碎，混匀后置于密闭玻璃容器内。

（二）检验准备

1. 仪器

天平：感量为 0.1mg 和 1mg；粉碎机；超声波清洗器；恒温干燥箱：（50℃～250℃）±0.5℃；紫外可见分光光度计。需要检定/校准的仪器必须在检定/校准有效期内。

2. 试剂

亚铁氰化钾溶液（106g/L）：称取 106.0g 亚铁氰化钾，用水溶解并稀释至 1000mL；乙酸锌溶液（220g/L）：称取 220.0g 乙酸锌，先加 20mL 冰醋酸溶解，再用水稀释至 1000mL；饱和硼砂溶液（50g/L）：称取 5.0g 硼酸钠，溶于 100mL 热水中，冷却后备用；对氨基苯磺酸溶液（4g/L）：称取 0.4g 对氨基苯磺酸，溶于 100mL 20%（体积分数）盐酸中，置于棕色瓶中混匀，避光保存；盐酸萘乙二胺溶液（2g/L）：称取 0.2g 盐酸萘乙二胺，溶于 100mL 水中，混匀后置于棕色瓶中，避光保存；亚硝酸钠标准贮备液（200μg/mL）：准确称取 0.1000g 于 110℃～120℃干燥恒重的亚硝酸钠，加水溶解移入 500mL 容量瓶中，加水稀释至刻度，混匀，冷暗处保存；亚硝酸钠标准使用液（5.0μg/mL）：临用前，吸取亚硝酸钠标准贮备液 5.00mL，置于 200mL 容量瓶中，加水稀释至刻度。方法中所用试剂均为分析纯，水为 GB/T 6682 规定的二级水。

（三）检验及注意事项

1. 检验

（1）提取

称取 5g（精确至 0.01g）按（一）检验样品的制备　制备的试样，置于 50mL 烧杯中，加 12.5mL 饱和硼砂溶液，搅拌均匀，以 70℃左右的水约 300mL 将试样洗入 500mL 容量瓶中，于沸水浴中加热 15min，取出置冷水浴中冷却，放置至室温。

（2）提取净化

在上述提取液中加入 5mL 亚铁氰化钾溶液，摇匀，再加入 5mL 乙酸锌溶液，以沉淀蛋白质，加水至刻度，摇匀，放置 30min，用快速定性滤纸过滤，弃去初滤液 30mL，续滤液备用。

（3）亚硝酸盐的测定

吸取 40.0mL 上述滤液于 50mL 带塞比色管中，另吸取 0.00mL、0.20mL、0.40mL、0.60mL、0.80mL、1.00mL、1.50mL、2.00mL、2.50mL 亚硝酸钠标准使用液（相当于 0.0μg、1.0μg、2.0μg、3.0μg、4.0μg、5.0μg、7.5μg、10.0μg、12.5μg 亚硝酸钠），分别置于 50mL 带塞比色管中，于标准管和试样管中分别加入 2mL 对氨基苯磺酸溶液，混匀，静置 3min～5min 后各加入 1mL 盐酸萘乙二胺溶液，加水至刻度，混匀，静置 15min，用 2cm 比色皿，以零管调节零点，于波长 538nm 处测定吸光度，绘制标准曲线，同时做试剂空白试验。

液体饮料如需按体积计算，流动性好的饮料，直接吸取；流动性不好的饮料，按第七章第二节第一款净含量检测中"相对密度法测量"测定饮料的密度，换算成体积。

2. 注意事项

（1）对氨基苯磺酸、盐酸萘乙二胺及亚硝酸盐标准溶液见光不稳定，均应置于冰箱中避光保存，尽快使用。

（2）对氨基苯磺酸在水中不易溶解，配制时可用温水或超声促进溶解。

（3）加显色剂时要依次加入，顺序不能颠倒。

（4）显色反应需要在一定时间后达到稳定浓度，在此期间应尽快测定。

（5）整个试验过程应避免在阳光直射下进行。

（四）检验结果计算与数字修约、原始记录

1. 结果计算

试样中亚硝酸盐（以亚硝酸钠计）的含量按式（7-4-1）计算：

$$X = \frac{m_1 \times 1000}{n \times (V_2/V_1) \times 1000}$$　　　　　　（7-4-1）

式中：X——试样中亚硝酸钠的含量，单位为毫克每千克或毫克每升（mg/kg 或 mg/L）；

　　　m_1——测定用样液中亚硝酸钠的质量，单位为微克（μg）；

　　　n——称取的试样质量或量取（或按密度换算）的试样体积，单位为克或毫升（g 或 mL）；

V_2——测定用样液的体积，单位为毫升（mL）；

V_1——试样提取净化后定容的体积，单位为毫升（mL）。

2. 数字修约

（1）产品标准或检验方法标准中有规定的，按标准规定的要求进行；标准中没有规定的，按有效数字运算规则进行运算，按 GB/T 8170 进行修约。

（2）本检验结果保留两位有效数字。

3. 原始记录

检验人员负责检验原始记录的设计、填写，应包括以下内容：

（1）检验样品的记录，如样品编号、样品名称、规格型号、生产日期等。

（2）环境条件记录，如环境温度、湿度等。

（3）仪器设备记录，如仪器设备名称、型号、编号及检定有效期等。

（4）检验方法和检验依据。

（5）检验日期、检验地点记录。

（6）各项检验原始观察数据或结果（包括图片、图表），计算公式及导出结果。

（五）检验后归位、整理、清理及污物处理

1. 检验后，所用玻璃器皿、器具均需清洗至不挂水珠并用去离子水冲洗 3 遍，于避尘处晾干。

2. 分光光度计按仪器说明书维护保养操作规程处理。

3. 实验的三废按第二章第四节处理。

（六）编制检验报告及判定

1. 编制检验报告，要求如下：

（1）检验报告应采用统一格式。检验报告表格中各项栏目应完整填写，不得缺项。无内容填写的栏目应使用"—"表示，不得空缺。编写内容应包括检验结果所必需的各种信息，以及采用方法所要求的全部信息。检验报告表格栏目排列顺序可以适当调整，内容也可根据实际需要进行增加。

（2）检验报告应包括封面、首页、检验结果页，如有需要可以有封底。

（3）检验报告中数据、公式、表格和其他技术内容应真实可靠、准确无误，带有计量单位的应使用法定的计量单位；数值应用阿拉伯数字书写。

（4）检验报告中所用的符号、代号应符合 GB/T 1.1—2009 的规定。

2. 检验结果的表示和判定

（1）根据产品标准或方法标准的规定，用测定值、测定值的算术平均值、中值等表示相应的参数。

（2）凡标准中规定采用修约值比较法的，应将测量值或计算值按 GB/T 8170 的有关规定，修约到与标准规定的极限数值的位数一致，再与标准规定的极限数值进行比较、判定。

（3）凡检验标准中未作规定的，均采用全数值比较法，将检验所得测量值或计算值不经修约，用数值的全部数字与标准规定的极限数值进行比较、判定。

二、二氧化硫残留量

（一）检验样品的制备

1. 液体样品

（1）不含二氧化碳的样品：充分混合均匀，置于密闭的玻璃容器内。

（2）含二氧化碳的样品（如碳酸饮料等）：至少取 200g（mL）样品于 500mL 烧杯中，置于电炉上，边搅拌边加热至微沸，保持 2min，冷却称量，用煮沸冷却过的去离子水补充至煮沸前的质量（体积），置于密闭的玻璃容器内。

2. 固体样品

应用粉碎、捣碎或研磨等方法将样品制成均匀可检状态，置于密闭玻璃容器内，保存备用。

3. 含果肉、果粒样品

将样品充分摇匀后，取至少 200g（mL），用组织捣碎机捣碎，混匀后置于密闭玻璃容器内。

（二）检验准备

1. 仪器

天平：感量为 0.1mg 和 1mg；全玻璃蒸馏器；碘量瓶；酸式滴定管（50mL 或 25mL）。需要检定/校准的仪器必须在检定/校准有效期内。

2. 试剂

盐酸溶液（1+1）：量取 100mL 盐酸，加水 100mL，摇匀；乙酸铅溶液（20g/L）：称取 2g 乙酸铅，用水溶解并稀释至 100mL；碘标准滴定溶液 $[c(1/2I_2)=0.010mol/L]$：准确吸取 20.00mL 碘标准溶液（0.100mol/L）用水定容至 200mL 容量瓶中；淀粉指示液（10g/L）：称取 1g 可溶性淀粉，用少量水调成糊状，缓缓倾入 100mL 沸水中，随加随搅拌，煮沸 2min，放冷备用，此溶液应临用时新制。方法中所用试剂均为分析纯，水为 GB/T 6682 规定的二级水。

（三）检验及注意事项

1. 检验

称取 5g（精确至 0.01g）按（一）检验样品的制备　制备的试样或直接吸取 5.0mL～10.0mL，置于 500mL 圆底蒸馏烧瓶中，加入 250mL 水，装上冷凝装置，冷凝管下端应插入碘量瓶中的 25mL 乙酸铅（20g/L）吸收液中，然后在蒸馏瓶中加入 10mL 盐酸溶液（1+1），立即盖塞，加热蒸馏。当蒸馏液约 200mL 时，使冷凝管下端离开液面，再蒸馏 1min，用少量水冲洗插入乙酸铅溶液的装置部分，同时作试剂空白试验。

向取下的碘量瓶中依次加入 10mL 浓盐酸、1mL 淀粉指示液（10g/L），摇匀后用碘标准溶液（0.010mol/L）测定至变蓝且在 30s 内不褪色为止。

液体饮料如需按体积计算，流动性好的饮料，直接吸取；流动性不好的饮料，按第七章第二节第一款净含量检测中"相对密度法测量"测定饮料的密度，换算成体积。

2. 注意事项

（1）每次试验前，应用蒸馏水空蒸 15min 以上，再作空白试验。

（2）对于含蛋白质和糖等的试样，在蒸馏过程中会膨胀和产生气泡，使亚硫酸测定值降低，可以采取减少试样量或使用消泡剂硅酮油的方法来消除。

（四）检验结果计算与数字修约、原始记录

1. 结果计算

试样中二氧化硫总含量按式（7－4－2）计算：

$$X = \frac{(V_1 - V_0) \times 0.01 \times 0.032 \times 1000}{n} \qquad (7-4-2)$$

式中：X——试样中二氧化硫的含量，单位为克每千克或克每升（g/kg 或 g/L）；

V_1——滴定试样所消耗碘标准滴定溶液（0.01mol/L）的体积，单位为毫升（mL）；

V_0——滴定试剂空白所消耗碘标准滴定溶液（0.01mol/L）的体积，单位为毫升（mL）；

0.032——1mL 碘标准溶液 $[c\,(1/2I_2) = 1.0mol/L]$ 相当的二氧化硫的质量，单位为克（g）；

n——称取的试样质量或量取（或按密度换算）的试样体积，单位为克或毫升（g 或 mL）。

2. 数字修约

（1）产品标准或检验方法标准中有规定的，按标准规定的要求进行；标准中没有规定的，按有效数字运算规则进行运算，按 GB/T 8170 进行修约。

（2）本检验结果保留两位有效数字。

3. 原始记录

检验人员负责检验原始记录的设计、填写，应包括以下内容：

（1）检验样品的记录，如样品编号、样品名称、规格型号、生产日期等。

（2）环境条件记录，如环境温度、湿度等。

（3）仪器设备记录，如仪器设备名称、型号、编号及检定有效期等。

（4）检验方法和检验依据。

（5）检验日期、检验地点记录。

（6）各项检验原始观察数据或结果（包括图片、图表），计算公式及导出结果。

（五）检验后归位、整理、清理及污物处理

1. 检验后，所用玻璃器皿、器具均需清洗至不挂水珠并用去离子水冲洗 3 遍，于避尘处晾干。

2. 实验的三废按第二章第四节处理。

（六）编制检验报告及判定

1. 编制检验报告，要求如下：

（1）检验报告应采用统一格式。检验报告表格中各项栏目应完整填写，不得缺项。无内容填写的栏目应使用"—"表示，不得空缺。编写内容应包括检验结果所必需的各种信息，以及采用方法所要求的全部信息。检验报告表格栏目排列顺序可以适当调整，内容也可根据实际需要进行增加。

（2）检验报告应包括封面、首页、检验结果页，如有需要可以有封底。

（3）检验报告中数据、公式、表格和其他技术内容应真实可靠、准确无误，带有计量单位的应使用法定的计量单位；数值应用阿拉伯数字书写。

（4）检验报告中所用的符号、代号应符合 GB/T 1.1—2009 的规定。

2. 检验结果的表示和判定

（1）根据产品标准或方法标准的规定，用测定值、测定值的算术平均值、中值等表示相应的参数。

（2）凡标准中规定采用修约值比较法的，应将测量值或计算值按 GB/T 8170 的有关规定，修约到与标准规定的极限数值的位数一致，再与标准规定的极限数值进行比较、判定。

（3）凡检验标准中未作规定的，均采用全数值比较法，将检验所得测量值或计算值不经修约，用数值的全部数字与标准规定的极限数值进行比较、判定。

第五节　饮料产品中食品添加剂含量的测定

食品添加剂在现代食品工业中被广泛应用，它在改善和提高食品的感官指标、保护食品营养价值、延长食品保质期中起着非常重要的作用，其中，防腐剂、甜味剂、着色剂是食品生产中最常用的三类食品添加剂。因而，本节重点介绍此三大类食品添加剂含量的测定方法。

一、防腐剂的测定

食品防腐剂是用来防止食品因微生物引起的变质，提高食品保存性能，延长食品保质期而使用的食品添加剂。由于防腐剂能延长食品保质期，我国《食品卫生法》规定，允许食品加入适量的防腐剂。饮料中常用的防腐剂主要有苯甲酸、山梨酸、脱氢乙酸等。

（一）饮料中苯甲酸、山梨酸的测定（高效液相色谱法）

苯甲酸又名安息香酸，稍溶于水，溶于乙醇，酸性条件下对多种微生物（酵母、霉菌、细菌）有明显抑菌作用，对产酸菌作用较弱。在直接饮用的饮料内的最大使用量为 0.2g/kg。因苯甲酸溶解度低，使用不便，实际生产中大多是使用其钠盐，其钠盐的抗菌作用是转化为苯甲酸后起作用的。

山梨酸，又名花楸酸，微溶于水，易溶于乙醇。对光、对热稳定，长期放置易被氧化着色。对霉菌、酵母菌和好气性细菌均有抑菌作用。山梨酸是酸性防腐剂，适用范围在 pH 值 5.5 以下，而毒性为苯甲酸的 1/4，所以从国外发展动向看，有逐步取代苯甲酸及其钠盐的趋势。最大使用量为 0.6g/kg。

目前饮料中防腐剂的检测主要有高效液相色谱法、气相色谱法、薄层色谱法等。高效液相色谱法测定苯甲酸、山梨酸的基本原理：试样加温除去二氧化碳和乙醇，调 pH 至近中性，过滤后进高效液相色谱仪，经反相色谱分离后，根据保留时间和峰面积进行定性和定量；气相色谱法测定苯甲酸、山梨酸的基本原理：试样酸化后，用乙醚提取山梨酸、苯甲酸，用附氢火焰离子化检测器的气相色谱仪进行分离测定，与标准系列比较定量；薄层色谱法测定苯甲酸、山梨酸的基本原理：试样酸化后，用乙醚提取苯甲酸、山梨酸。将试样提取浓缩，点于聚酰胺薄层板上，展开。显色后，根据薄层板上苯甲酸、山梨酸的比移值。与标准比较定性，只可进行概略定量。随着检测仪器的高速发展，薄层色谱法因不能准确定量已不能满足饮料中苯甲酸、山梨酸的测定，而液相色谱法则因其高度的稳定性及灵敏性逐渐取代气相色谱法成为防腐剂检测的通用方法。

1. 检验样品的制备

样品制备的目的，在于保证样品十分均匀，使我们在分析的时候，取任何部分都能代表全部被测物质的成分，在制备过程中，应确保不使样品污染。

（1）液体饮料样品：摇动或搅拌，一般将样品摇匀，充分搅拌后置于密闭玻璃容器内，保存备用；

（2）固体饮料样品：应用粉碎、捣碎或研磨等方法将样品制成均匀可检状态，置于密闭玻璃容器内，保存备用。

2. 检验准备（仪器检查校对等）

检验准备包括所用试剂材料和仪器设备检查校对等。实验前，应确保所用试剂材料保存条件符合要求，且在有效期内；所用需检定/校准的仪器必须在检定/校准有效期内。

（1）试剂

除另有说明外，所用试剂均为分析纯，实验用水符合 GB/T 6682 的要求。

1）甲醇：色谱纯。

2）乙酸铵溶液（0.02mol/L）：称取 1.54g 乙酸铵，加水溶解并稀释至 1000mL，经微孔滤膜过滤。

3）亚铁氰化钾溶液：称取 106g 亚铁氰化钾 $[K_4Fe(CN)_6 \cdot 3H_2O]$ 加水至 1000mL。

4）乙酸锌溶液：称取 220g 乙酸锌 $[Zn(CH_3COO)_2 \cdot 2H_2O]$ 溶于少量水中，加入 30mL 冰乙酸，加水稀释至 1000mL。

5）氨水溶液（1+1）：氨水与水等体积混合。

6）正己烷。

7）标准溶液的配制：

① 苯甲酸标准贮备液：准确称取 0.2360g 苯甲酸钠，加水溶解并定容至 200mL。此溶液每毫升相当于含苯甲酸 1.00mg；

② 山梨酸标准贮备液：准确称取 0.2680g 山梨酸钾，加水溶解并定容至 200mL。此溶液每毫升相当于含苯甲酸 1.00mg；

③ 混合标准使用液：分别准确吸取不同体积苯甲酸、山梨酸标准储备液，将其稀释成苯甲酸、山梨酸含量分别为 0.000mg/mL、0.020mg/mL、0.040mg/mL、0.080mg/mL、

0.160mg/mL、0.320mg/mL 的混合标准使用液。

8）微孔滤膜：0.45μm，水相。

（2）仪器设备

1）高效液相色谱仪：配有紫外检测器；

2）离心机：转速不低于 4000r/min；

3）超声波水浴振荡器；

4）食品粉碎机；

5）漩涡混合器；

6）pH 计；

7）天平：分度值为 0.01g 和 0.1mg。

3. 检验及注意事项

（1）检验

1）试样处理

碳酸饮料等：称取 10g 样品（精确至 0.01g）（如含有乙醇需水浴加热除去乙醇后再用水定容至原体积）于 25mL 容量瓶中，用氨水溶液（1＋1）调节 pH 至近中性，用水定容至刻度，混匀，经微孔滤膜过滤，滤液上机分析。

乳饮料、植物蛋白饮料等含蛋白质较多的样品：称取 10g 样品（精确至 0.01g）于 25mL 容量瓶中，加入 2mL 亚铁氰化钾溶液摇匀，再加入 2mL 乙酸锌溶液摇匀，以沉淀蛋白质，加水定容至刻度，4000r/min 离心 10min，取上清液，经微孔滤膜过滤，滤液上机分析。

果汁、果味饮料等基质较简单的样品：取样品 10g（精确至 0.01g）于烧杯中，加适量水后用氨水溶液（1＋1）调 pH 约 7，定容至 25ml，经 0.45μm 滤膜过滤，上高效液相色谱仪分析。

2）仪器条件

①色谱柱：C18 柱，250mm×4.6mm，5μm，或性能相当者；

②流动相：甲醇［（1）试剂中甲醇（色谱纯）］＋乙酸铵溶液（0.02mol/L）（5＋95）；

③流速：1mL/min；

④检测波长：230nm；

⑤进样量：10μL。

3）测定

取处理液和混合标准使用液各 10μL 注入高效液相色谱仪进行分离，以其标准溶液峰的保留时间为依据定性，以其峰面积求出样液中被测物质的含量，供计算。

（2）注意事项

1）含有二氧化碳和酒精的饮料样品，调 pH 前应先加热除去二氧化碳和酒精；

2）因市售标准品有苯甲酸、苯甲酸钠，山梨酸、山梨酸钠两种形式存在，但标准限量是以苯甲酸和山梨酸计，因而在实验过程中应注意两者之间的换算；

3）由于本方法可以同时测定糖精钠，故日常检测利用混标进行校正，但必须注意的是，使用不同的色谱柱，苯甲酸、山梨酸和糖精钠的出峰顺序会有所不同，不能经验地认为苯甲酸、山梨酸和糖精钠依次出峰而最终导致定性错误。

4. 检验结果计算、精密度、数字修约和原始记录

（1）检验结果计算

样品中苯甲酸、山梨酸的含量按式（7－5－1）计算：

$$X = \frac{c \times V \times 1000}{m \times 1000} \tag{7－5－1}$$

式中：X——样品中待测组分含量，单位为克每千克（g/kg）；

$\quad\quad c$——由标准曲线得出的样液中待测物的浓度，单位为毫克每毫升（mg/mL）；

$\quad\quad V$——样品定容体积，单位为毫升（mL）；

$\quad\quad 1000$——单位换算；

$\quad\quad m$——样品质量，单位为克（g）。

计算结果保留两位有效数字。

（2）精密度

在重复性条件下获得的两次独立测定结果的绝对差值不得超过算术平均值的10%。

（3）数字修约

产品标准或检验方法标准中有规定的，按标准规定的要求进行；标准中没有规定的，按有效数字运算规则进行运算，按 GB/T 8170 进行修约。

（4）原始记录

1）在实验的同时用钢笔、圆珠笔或签字笔进行实验记录，不应事后写回忆或转抄。可事先设计好格式。

2）要清楚、详尽、真实地记录测定条件、仪器、试剂、数据及操作人员。

3）采用法定计量单位。数据应按测量仪器的有效读数位数进行记录，发现观测失误应注明。

4）更改记错数据的方法为在原数据上划一条横线表示消去，在旁边另写更正数据，由更改人签字。不得将原数据进行涂抹覆盖，应能清楚看出原数据。

5）所有记录应遵循一个原则，确保数据的溯源要求。

5. 检验后归位、整理、清理及污物处理

（1）检验后，按冲洗程序对柱子及检测器进行冲洗，关机。

（2）检验后，所用玻璃器皿、器具均需清洗至不挂水珠并用去离子水冲洗3遍，于避尘处晾干；称量后清洁天平，在天平称量室内放入干燥剂，盖上防尘罩。

（3）清理实验台。

（4）实验的三废按第二章第四节处理。

6. 编制检验报告及判定

（1）检验报告的编制

1）检验报告应采用统一格式。检验报告表格中各项栏目应完整填写，不得缺项。无内容填写的栏目应使用"—"表示，不得空缺。编写内容应包括检验结果所必需的各种信息，以及采用方法所要求的全部信息。检验报告表格栏目排列顺序可以适当调整，内容也可根据实际需要进行增加。

2）检验报告应包括封面、首页、检验结果页，如有需要可以有封底。

3）检验报告中数据、公式、表格和其他技术内容应真实可靠、准确无误，带有计量单位的应使用法定的计量单位；数值应用阿拉伯数字书写。

4）检验报告中所用的符号、代号应符合 GB/T 1.1—2009 的规定。

（2）检验结果的表示和判定

1）根据产品标准或方法标准的规定，用测定值、测定值的算术平均值、中值等表示相应的参数。

2）凡标准中规定采用修约值比较法的，应将测量值或计算值按 GB/T 8170 的有关规定，修约到与标准规定的极限数值的位数一致，再与标准规定的极限数值进行比较、判定。

3）凡检验标准中未作规定的，均采用全数值比较法，将检验所得测量值或计算值不经修约，用数值的全部数字与标准规定的极限数值进行比较、判定。

（二）饮料中脱氢乙酸的测定（气相色谱法）

1. 检验样品的准备

样品制备的目的，在于保证样品十分均匀，使我们在分析的时候，取任何部分都能代表全部被测物质的成分，在制备过程中，应确保不使样品受污染。

（1）液体饮料样品：摇动或搅拌，一般将样品摇匀，充分搅拌后置于密闭玻璃容器内，保存备用；

（2）固体饮料样品：应用粉碎、捣碎或研磨等方法将样品制成均匀可检状态，置于密闭玻璃容器内，保存备用。

2. 检验准备（仪器检查校对等）

检验准备包括所用试剂材料和仪器设备检查校对等。实验前，应确保所用试剂材料保存条件符合要求，且在有效期内；所用需检定/校准的仪器必须在检定/校准有效期内。

（1）试剂材料

1）乙醚：重蒸；

2）丙酮：重蒸；

3）无水硫酸钠；

4）饱和氯化钠溶液；

5）10g/L 碳酸氢钠溶液；

6）10％（体积分数）硫酸；

7）脱氢乙酸标准溶液：精密称取脱氢乙酸标准品 50mg，加丙酮溶于 50mL 容量瓶中，用丙酮分别稀释至每毫升相当于含 100μg，200μg，300μg，400μg，500μg，800μg 脱氢乙酸。

（2）仪器

1）气相色谱仪：具有氢火焰离子化检测器；

2）K—D 浓缩器。

3. 检验及注意事项

（1）检验

1）试样处理

液体饮料：称取 20g 事先均匀化的试样于 250mL 分液漏斗中，加 10mL 饱和氯化钠溶液，1mL 硫酸酸化，摇匀，分别以 50mL，30mL，30mL 乙醚提取 3 次，每次 2min。弃去水层，合并乙醚层于另一 250mL 分液漏斗中，以 10mL 饱和氯化钠溶液洗涤 1 次，弃去水层，用滤纸去除漏斗颈部水分，塞上脱脂棉，加 10g 无水硫酸钠，室温下放置 30min。在 50℃水浴 K—D 浓缩器上浓缩至近干，吹氮气除去残留溶剂，用丙酮定容后供色谱测定。

固体饮料：按饮料标识采用适当比例水溶后同液体饮料处理方法处理。

2）仪器条件

色谱柱：玻璃柱，内径 3mm，长 2.0m，内涂 5%DESG＋1%磷酸（H$_3$PO$_4$）固定液的 60 目～80 目 Chromosorb W AW DMCS。

柱温：165℃。

进样口、检测器温度：220℃。

气流条件：氢气 50mL/min，空气 500mL/min，氮气 40mL/min。

3）测定

进样 2μL 标准系列中各浓度标准使用液于色谱仪中，测定不同浓度脱氢乙酸的峰高，以浓度为横坐标，峰高为纵坐标绘制标准曲线。同时进样 2μL 试样溶液，测定峰高与标准曲线比较定量。

（2）注意事项

结果判断：通常对于几种简单的饮料中脱氢乙酸的测定，根据保留时间一般不会出现结果误判现象，但对于复杂基质的样品，不能保证同一个保留时间下的化合物一定是同一种化合物，因此也应该对样品进行进一步的定性处理。可采用气相色谱—质谱联用仪来对样品进行辅助定性。对于无气相色谱—质谱联用仪的实验室，可采用液相色谱法进行验证，提高准确性。

4. 检验结果计算与数字修约、原始记录

（1）检验结果计算

样品中脱氢乙酸的含量按式（7－5－2）计算：

$$X=\frac{c\times V}{m\times 1000}\qquad\qquad (7-5-2)$$

式中：X——试样中脱氢乙酸的含量，单位为克每千克（g/kg）；

　　　c——待测试样中脱氢乙酸的含量，单位为微克每毫升（μg/mL）；

　　　V——待测试样定容后的体积，单位为毫升（mL）；

　　　m——试样质量，单位为克（g）。

计算结果保留两位有效数字。

（2）精密度

在重复性条件下获得的两次独立测定结果的绝对差值不得超过算术平均值的 10%。

（3）数字修约

产品标准或检验方法标准中有规定的，按标准规定的要求进行；标准中没有规定的，按有效数字运算规则进行运算，按 GB/T 8170 进行修约。

（4）原始记录

1）在实验的同时用钢笔、圆珠笔或签字笔进行实验记录，不应事后写回忆或转抄。可事先设计好格式。

2）要清楚、详尽、真实地记录测定条件、仪器、试剂、数据及操作人员。

3）采用法定计量单位。数据应按测量仪器的有效读数位数进行记录，发现观测失误应注明。

4）更改记错数据的方法为在原数据上划一条横线表示消去，在旁边另写更正数据，由更改人签字。不得将原数据进行涂抹覆盖，应能清楚看出原数据。

5）所有记录应遵循一个原则，确保数据的溯源要求。

5. 检验后归位、整理、清理及污物处理

（1）检验后，按冲洗程序对柱子及检测器进行冲洗，关机。

（2）检验后，所用玻璃器皿、器具均需清洗至不挂水珠并用去离子水冲洗 3 遍，于避尘处晾干；称量后清洁天平，在天平称量室内放入干燥剂，盖上防尘罩。

（3）清理实验台。

（4）实验的三废按第二章第四节处理。

6. 编制检验报告及判定

（1）检验报告的编制

1）检验报告应采用统一格式。检验报告表格中各项栏目应完整填写，不得缺项。无内容填写的栏目应使用"—"表示，不得空缺。编写内容应包括检验结果所必需的各种信息，以及采用方法所要求的全部信息。检验报告表格栏目排列顺序可以适当调整，内容也可根据实际需要进行增加。

2）检验报告应包括封面、首页、检验结果页，如有需要可以有封底。

3）检验报告中数据、公式、表格和其他技术内容应真实可靠、准确无误，带有计量单位的应使用法定的计量单位；数值应用阿拉伯数字书写。

4）检验报告中所用的符号、代号应符合 GB/T 1.1—2009 的规定。

（2）检验结果的表示和判定

1）根据产品标准或方法标准的规定，用测定值、测定值的算术平均值、中值等表示相应的参数。

2）凡标准中规定采用修约值比较法的，应将测量值或计算值按 GB/T 8170 的有关规定，修约到与标准规定的极限数值的位数一致，再与标准规定的极限数值进行比较、判定。

3）凡检验标准中未作规定的，均采用全数值比较法，将检验所得测量值或计算值不经修约，用数值的全部数字与标准规定的极限数值进行比较、判定。

（三）饮料中脱氢乙酸的测定（高效液相色谱法）

1. 检验样品的准备

样品制备的目的，在于保证样品十分均匀，使我们在分析的时候，取任何部分都能代表全部被测物质的成分，在制备过程中，应确保不使样品受污染。

（1）液体饮料样品：摇动或搅拌，一般将样品摇匀，充分搅拌后置于密闭玻璃容器内，保存备用；

（2）固体饮料样品：应用粉碎、捣碎或研磨等方法将样品制成均匀可检状态，置于密闭玻璃容器内，保存备用。

2. 检验准备（仪器检查校对等）

检验准备包括所用试剂材料和仪器设备检查校对等。实验前，应确保所用试剂材料保存条件符合要求，且在有效期内；所用需检定/校准的仪器必须在检定/校准有效期内。

（1）试剂材料

除另外说明外，所有试剂均为分析纯，水为 GB/T 6682 规定的一级水。

1）甲醇：色谱纯。

2）正己烷。

3）乙酸铵：优级纯。

4）甲酸溶液：10%。取 10mL 甲酸，加水 90mL，混匀。

5）乙酸铵溶液：0.02mol/L。称取 1.54g 乙酸铵，用水溶解并定容至 1L。

6）氢氧化钠溶液：20g/L。称取 20.0g 氢氧化钠，用水溶解并定容至 1L。

7）硫酸锌溶液：120g/L。称取 120.0g 七水硫酸锌，用水溶解并定容至 1L。

8）甲醇溶液：70%。称取 70mL 甲醇（色谱纯），加 30mL 水，混匀。

9）脱氢乙酸标准样品：纯度≥98%。

10）脱氢乙酸标准储备液：1000mg/L。准确称取 100mg 脱氢乙酸标准样品，用 10mL 20g/L 的氢氧化钠溶液溶解，用水定容至 100mL，配成 1000mg/L 的标准储备液，4℃保存，可使用 3 个月。

11）脱氢乙酸标准工作液：分别吸取 0.1mL、1.0mL、5.0mL、10.0mL、20.0mL 的脱氢乙酸储备液，用水稀释至 100mL，得到浓度为 1.0mg/L、10.0mg/L、50.0mg/L、100.0mg/L、200.0mg/L 的标准工作溶液，4℃保存，可使用 1 个月。

（2）仪器设备

1）高效液相色谱仪：配有紫外检测器或二极管阵列检测器。

2）不锈钢高速均质器。

3）粉碎机。

4）分析天平：感量 0.0001g 和感量 0.01g。

5）超声波发生器：功率大于 180W。

6）涡旋混合器。

7）离心机。

8）C18 固相萃取柱：500mg，6mL（使用前用 5mL 的甲醇，10mL 水活化，使柱子保持湿润状态）。

3. 检验及注意事项

（1）检验

1）试样处理

准确称取 2g～5g 试样，精确至 0.01g，置于 50mL 容量瓶中，加入约 10mL 水，用氢氧化钠溶液调 pH 至 7～8，加水稀释至刻度，摇匀，置于离心管中，4000r/min 离心 10min。取 20mL 上清液用 10%甲酸调 pH 至 4～6，定容到 25mL。取 5mL 已经过活化的固相萃取柱，用 5mL 水淋洗，用 2mL 70%的甲醇溶液洗脱，收集洗脱液，过 0.45μm 滤膜，供高效液相色谱测定。

2）参考仪器条件

①色谱柱：C18 柱，5μm，250mm×4.6mm（内径）或相当者。

②流动相：甲醇＋0.02mol/L 乙酸铵（10＋90，体积比）。

③流速：1.0mL/min。

④柱温：30℃。

⑤进样量：10μL。

⑥检测波长：293nm。

3）测定

① 定性分析

依据保留时间一致性进行定性识别的方法，根据脱氢乙酸标准样品的保留时间进行定性，必要时应采用其他方法进一步定性确证。

②定量测定

以脱氢乙酸标准工作溶液浓度为横坐标，以峰面积为纵坐标，绘制标准工作曲线，用标准工作曲线对试样进行定量，标准工作溶液和试样溶液中脱氢乙酸的响应值均应在仪器检测线性范围内。

③空白试验

除不加试样外，空白试验品应与样品测定平行进行，并采用相同的分析步骤，取相同量的所有试剂。

④平行试验

按以上步骤，对同一试样进行平行试验测定。

⑤回收率试验

样品添加标准溶液，按同样步骤操作，测定后计算样品的添加回收率。

（2）注意事项

1）过固相萃取柱过程中要确保固相萃取小柱整个过程中处于湿润状态，不能变干。

2）过柱过程中，流速不能太快，以 1mL/min 较佳。

3）结果判断：通常对于几种简单的饮料中脱氢乙酸的测定，根据保留时间一般不会出现结果误判现象，但对于复杂基质的样品，不能保证同一个保留时间下的化合物一定是同一种化合物，因此也应该对样品进行进一步的定性处理。若采用二极管阵列检测器，可用光谱图对样品进行辅助定性，当然能采用液相色谱—质谱联用仪来对样品进行定性更好。对于无液相色谱—质谱联用仪的实验室，也可采用气相色谱法进行验证，提高准确性。

4. 检验结果计算与数字修约、原始记录

（1）检验结果计算

样品中脱氢乙酸的含量按式（7-5-3）计算：

$$X = \frac{(c_1 - c_0) \times V \times 10^{-3} \times f}{m} \qquad (7-5-3)$$

式中：X——样品中脱氢乙酸的含量，单位为克每千克（g/kg）；

c_1——由标准曲线查得试样溶液中脱氢乙酸的浓度，单位为毫克每升（mg/L）；

c_0——由标准曲线查得空白试样溶液中脱氢乙酸的浓度，单位为毫克每升（mg/L）；

V——试样溶液总体积，单位为毫升（mL）；

f——过固相萃取柱换算系数；

m——样品的质量，单位为克（g）。

计算结果保留至小数点后三位。

（2）精密度

在重复性条件下，获得的两次独立测定结果的绝对差值不得超过算术平均值的10%。

（3）数字修约

产品标准或检验方法标准中有规定的，按标准规定的要求进行；标准中没有规定的，按有效数字运算规则进行运算，按 GB/T 8170 进行修约。

（4）原始记录

1）在实验的同时用钢笔、圆珠笔或签字笔进行实验记录，不应事后写回忆或转抄。可事先设计好格式。

2）要清楚、详尽、真实地记录测定条件、仪器、试剂、数据及操作人员。

3）采用法定计量单位。数据应按测量仪器的有效读数位数进行记录，发现观测失误应注明。

4）更改记错数据的方法为在原数据上划一条横线表示消去，在旁边另写更正数据，由更改人签字。不得将原数据进行涂抹覆盖，应能清楚看出原数据。

5）所有记录应遵循一个原则，确保数据的溯源要求。

5. 检验后归位、整理、清理及污物处理

（1）检验后，按冲洗程序对柱子及检测器进行冲洗，关机。

（2）检验后，所用玻璃器皿、器具均需清洗至不挂水珠并用去离子水冲洗3遍，于避尘处晾干；称量后清洁天平，在天平称量室内放入干燥剂，盖上防尘罩。

（3）清理实验台。

（4）实验的三废按第二章第四节处理。

6. 编制检验报告及判定

（1）检验报告的编制

1）检验报告应采用统一格式。检验报告表格中各项栏目应完整填写，不得缺项。无内容填写的栏目应使用"—"表示，不得空缺。编写内容应包括检验结果所必需的各种信息，以及采用方法所要求的全部信息。检验报告表格栏目排列顺序可以适当调整，内容也可根据实际需要进行增加。

2）检验报告应包括封面、首页、检验结果页，如有需要可以有封底。

3）检验报告中数据、公式、表格和其他技术内容应真实可靠、准确无误，带有计量单位的应使用法定的计量单位；数值应用阿拉伯数字书写。

4）检验报告中所用的符号、代号应符合 GB/T 1.1—2009 的规定。

（2）检验结果的表示和判定

1）根据产品标准或方法标准的规定，用测定值、测定值的算术平均值、中值等表示相应的参数。

2）凡标准中规定采用修约值比较法的，应将测量值或计算值按 GB/T 8170 的有关规定，修约到与标准规定的极限数值的位数一致，再与标准规定的极限数值进行比较、判定。

3）凡检验标准中未作规定的，均采用全数值比较法，将检验所得测量值或计算值不经修约，用数值的全部数字与标准规定的极限数值进行比较、判定。

二、饮料中甜味剂的测定

甜味剂是指赋予食品以甜味的食品添加剂，目前世界上允许使用的甜味剂约有 20 种，其中最常用的甜味剂包括糖精钠、环己基氨基磺酸钠（甜蜜素）、乙酰磺胺酸钾（安赛蜜）、三氯蔗糖等。常见甜味剂糖精钠、乙酰磺胺酸钾（安赛蜜）、三氯蔗糖等多采用高效液相色谱法检测，而环己基氨基磺酸钠（甜蜜素）的检测则多采用气相色谱法。在样品前处理方法方面：气相色谱法测定甜蜜素，利用了亚硝酸钠分解食品中的甜蜜素，产生的环己醇在酸性条件下酯化成易挥发的环己醇亚硝酸酯进行气相色谱法测定，将样品置于冰水浴中，加入亚硝酸钠和硫酸溶液，摇匀，于冰水浴中放置一段时间，然后加入正己烷和氯化钠，振荡，静置分层，得到正己烷提取液；对于高效液相色谱法，由于大多数甜味剂都溶于水，对于一些基质简单的饮料如碳酸饮料、酒精类（事先除去二氧化碳和乙醇）只需用水萃取或水稀释到一定体积过膜即可；对于基质相对复杂的样品，如奶型饮料，可加水超声提取，然后再加入蛋白质沉淀剂，过滤，滤液过膜即可。对于固体饮料，可根据产品标识加水溶解后同液体饮料进行处理。

（一）饮料中环己基氨基磺酸钠的测定

饮料中环己基氨基磺酸钠的已见报道的测定方法主要有气相色谱法、比色法、薄层层析法等，高效液相色谱—串联质谱及气相色谱—串联质谱测定方法也有一定的研究报道。其中，气相色谱法应用比较广泛，液质联用法也已有一定的应用。

气相色谱法测定原理是在硫酸介质中环己基氨基磺酸钠与亚硝酸反应，生成环己醇亚硝酸酯，利用保留时间和峰面积进行定性和定量。

1. 检验样品的制备

样品制备的目的，在于保证样品十分均匀，使我们在分析的时候，取任何部分都能代表全部被测物质的成分，在制备过程中，应确保不使样品受污染。

（1）液体饮料样品：摇动或搅拌，一般将样品摇匀，充分搅拌后置于密闭玻璃容器内，保存备用；

（2）固体饮料样品：应用粉碎、捣碎或研磨等方法将样品制成均匀可检状态，置于密闭玻璃容器内，保存备用。

2. 检验准备（仪器检查校对等）

检验准备包括所用试剂材料和仪器设备检查校对等。实验前，应确保所用试剂材料保存条件符合要求，且在有效期内；所用需检定/校准的仪器必须在检定/校准有效期内。

（1）试剂材料

1）正己烷。

2）氯化钠。

3）层析硅胶。

4）亚硝酸钠溶液 50g/L。

5）100g/L 硫酸溶液。

6）环己基氨基磺酸钠标准溶液（含环己基氨基磺酸钠，98%）：精确称取 1.0000g 环己基氨基磺酸钠，加入水溶解并定容至 100mL，此溶液每毫升含环己基氨基磺酸钠 10mg。

（2）仪器

1）气相色谱仪：附氢火焰离子化检测器。

2）旋涡混合器。

3）离心机。

4）10μL 微量注射器。

3. 检验及注意事项

（1）检验

1）标准曲线的制备

准确吸取 1.00mL 环己基氨基磺酸钠标准溶液于 100mL 带塞比色管中，加水 20mL。置冰水浴中，加入 5mL 50g/L 的亚硝酸钠溶液，5mL 100g/L 的硫酸溶液，摇匀，在冰水浴中放置 30min，并经常摇动，然后准确加入 10mL 正己烷，5g 氯化钠，摇匀后置漩涡混合器上振动 1min（或振摇 80 次），待静止分层后吸出正己烷于 10mL 带塞离心管中进行离心分离，每毫升正己烷提取液相当于 1mg 环己基氨基磺酸钠，将标准提取液进样 1μL～5μL 于气相色谱仪中，根据响应值绘制标准曲线。

2）样品处理

液体饮料：称取 20.0g 试样于 100mL 具塞比色管中，置冰水浴中。

固体饮料：按产品标识，用水溶解后制成液体饮料进行处理。

试样管按上述"检验及注意事项"中"标准曲线的制备"中的"加入 5mL 50g/L 亚硝酸钠溶液……"起依法操作，然后取与标准提取液同体积试样提取液进气相色谱仪中，从标准曲线图中得出相应含量。

3）参考仪器条件

①色谱柱：长 2m，内径 3mm，U 形不锈钢柱。

②固定相：Chromosorb W AW DMCS 80 目～100 目，涂以 10%SE—30（或性能相

当者，如毛细管柱）。

③ 柱温：80℃；汽化温度：150℃；检测温度：150℃。

④ 流速：氮气 40mL/min；氢气：30mL/min；空气：300mL/min。

（2）注意事项

1）在实验时应注意，若乙醚、丙酮试剂中含过氧化物，甜蜜素的回收率降低，故乙醚试剂需重蒸。

2）由于 FID 为广谱检测器，对多种有机化合物都有响应，当采用分析纯正己烷时，其中的杂质成分会影响对甜蜜素的判定，而采用色谱纯正己烷可以很好地解决这一问题。

3）环己基氨基磺酸钠与亚硝酸钠生成环己醇，在硫酸介质中进一步生成环己醇亚硝酸酯。环己醇亚硝酸酯易挥发，因此以它来定量测定甜蜜素会影响其准确度及再现性。试验发现，衍生物环己醇亚硝酸酯的生成因温度、酸度、试剂加入顺序等实验条件的改变而改变，从而影响甜蜜素测定的准确度。故应严格按照国家标准中的步骤进行分析测定。

4）亚硝酸钠与硫酸用量的筛选，不同的亚硝酸钠用量与不同的硫酸用量对甜蜜素测定的影响很大。亚硝酸钠用量不够，甜蜜素不能完全分解为环己醇，酸度不够又影响环己醇酯化成挥发性的环己醇亚硝酸酯，且既要满足环己醇亚硝酸酯的生成，又不能污染色谱柱及检测器。

4. 检验结果计算与数字修约、原始记录

（1）检验结果计算

试样中环己基氨基磺酸钠的含量按式（7-5-4）计算：

$$X = \frac{m_1 \times 10 \times 1000}{m \times V \times 1000} = \frac{10m_1}{m \times V} \qquad (7-5-4)$$

式中：X——试样中环己基氨基磺酸钠的含量，单位为克每千克（g/kg）；

　　　m_1——测定用试样中环己基氨基磺酸钠的质量，单位为微克（μg）；

　　　10——正己烷加入量，单位为毫升（mL）；

　　　m——试样质量，单位为克（g）；

　　　V——进样体积，单位为微升（μL）。

计算结果保留两位有效数字。

（2）数字修约

产品标准或检验方法标准中有规定的，按标准规定的要求进行；标准中没有规定的，按有效数字运算规则进行运算，按 GB/T 8170 进行修约。

（3）原始记录

1）在实验的同时用钢笔、圆珠笔或签字笔进行实验记录，不应事后写回忆或转抄。可事先设计好格式。

2）要清楚、详尽、真实地记录测定条件、仪器、试剂、数据及操作人员。

3）采用法定计量单位。数据应按测量仪器的有效读数位数进行记录，发现观测失误应注明。

4）更改记错数据的方法为在原数据上划一条横线表示消去，在旁边另写更正数据，由更改人签字。不得将原数据进行涂抹覆盖，应能清楚看出原数据。

5）所有记录应遵循一个原则，确保数据的溯源要求。

5. 检验后归位、整理、清理及污物处理

（1）检验后，按烤柱程序烤柱子后，降温，按操作规程关机。

（2）检验后，所用玻璃器皿、器具均需清洗至不挂水珠并用去离子水冲洗3遍，于避尘处晾干；称量后清洁天平，在天平称量室内放入干燥剂，盖上防尘罩。

（3）清理实验台。

（4）实验的三废按第二章第四节处理。

6. 编制检验报告及判定

（1）检验报告的编制

1）检验报告应采用统一格式。检验报告表格中各项栏目应完整填写，不得缺项。无内容填写的栏目应使用"—"表示，不得空缺。编写内容应包括检验结果所必需的各种信息，以及采用方法所要求的全部信息。检验报告表格栏目排列顺序可以适当调整，内容也可根据实际需要进行增加。

2）检验报告应包括封面、首页、检验结果页，如有需要可以有封底。

3）检验报告中数据、公式、表格和其他技术内容应真实可靠、准确无误，带有计量单位的应使用法定的计量单位；数值应用阿拉伯数字书写。

4）检验报告中所用的符号、代号应符合 GB/T 1.1—2009 的规定。

（2）检验结果的表示和判定

1）根据产品标准或方法标准的规定，用测定值、测定值的算术平均值、中值等表示相应的参数。

2）凡标准中规定采用修约值比较法的，应将测量值或计算值按 GB/T 8170 的有关规定，修约到与标准规定的极限数值的位数一致，再与标准规定的极限数值进行比较、判定。

3）凡检验标准中未作规定的，均采用全数值比较法，将检验所得测量值或计算值不经修约，用数值的全部数字与标准规定的极限数值进行比较、判定。

（二）饮料中乙酰磺胺酸钾的测定（高效液相色谱法）

饮料中乙酰磺胺酸钾的测定多采用高效液相色谱法，其原理是试样中乙酰磺胺酸钾经高效液相反相 C18 柱分离后，以保留时间定性，峰高或峰面积定量。

1. 检验样品的制备

样品制备的目的，在于保证样品十分均匀，使我们在分析的时候，取任何部分都能代表全部被测物质的成分，在制备过程中，应确保不使样品污染。

（1）液体饮料样品：摇动或搅拌，一般将样品摇匀，充分搅拌后置于密闭玻璃容器内，保存备用；

（2）固体饮料样品：应用粉碎、捣碎或研磨等方法将样品制成均匀可检状态，置于密闭玻璃容器内，保存备用。

2. 检验准备（仪器检查校对等）

检验准备包括所用试剂材料和仪器设备检查校对等。实验前，应确保所用试剂材料保存条件符合要求，且在有效期内；所用需检定/校准的仪器必须在检定/校准有效期内。

（1）试剂材料

1）甲醇，色谱纯。

2）乙腈，色谱纯。

3）0.02mol/L 的硫酸铵溶液：称取硫酸铵 2.642g，加水溶解至 1000mL。

4）10％硫酸溶液。

5）中性氧化铝：层析用，100 目～200 目。

6）乙酰磺胺酸钾，标准储备液：精密称取乙酰磺胺酸钾 0.1000g，用流动相溶解后移入 100mL 容量瓶中，并用流动相稀释至刻度，即含乙酰磺胺酸钾 1mg/mL 的溶液。

7）乙酰磺胺酸钾标准使用液：吸取乙酰磺胺酸钾标准储备液 2mL 于 50mL 容量瓶中，加流动相至刻度，然后分别吸取此液 1mL、2mL、3mL、4mL、5mL 于 10mL 容量瓶中，各加流动相至刻度，即得含乙酰磺胺酸钾 4μg/mL、8μg/mL、12μg/mL、16μg/mL、20μg/mL 的混合标准液系列。

8）流动相：0.02mol/L 硫酸铵溶液（740mL～800mL）＋甲醇（170mL～150mL）＋乙腈（90mL～50mL）＋10％H_2SO_4（1mL）。

（2）仪器设备

1）高效液相色谱仪；

2）超声清洗仪（溶剂脱气用）；

3）离心机；

4）抽滤瓶；

5）G3 耐酸漏斗；

6）微孔滤膜 0.454μm；

7）层析柱，可用 10mL 注射器筒代替，内装 3cm 高的中性氧化铝。

3. 检验及注意事项

（1）检验

1）试样处理

汽水类饮料：将试样温热，搅拌除去二氧化碳或超声脱气。吸取试样 2.5mL 于 25mL 容量瓶中。加流动相至刻度，摇匀后，溶液通过微孔滤膜过滤，滤液作 HPLC 分析用。

可乐型饮料：将试样温热，搅拌除去二氧化碳或超声脱气，吸取已除去二氧化碳的试样 2.5mL，通过中性氧化铝柱，待试样液流至柱表面时，用流动相洗脱，收集 25mL 洗脱液，摇匀后超声脱气，此液作 HPLC 分析用。

果茶、果汁类饮料：吸取 2.5mL 试样，加水约 20mL 混匀后，离心 15min（4000r/min），上清液全部转入中性氧化铝柱，待水溶液流至柱表面时，用流动相洗脱。收集洗脱液 25mL，超声脱气，此液作 HPLC 分析用。

固体饮料：按产品标识，用水溶解后同液体饮料处理。

2）仪器参考条件

187

①分析柱：Spherisorb C18、4.6mm×150mm，粒度 5μm（或性能相当者）；

②流动相：0.02mol/L 硫酸铵溶液（740mL～800mL）＋甲醇（170mL～150mL）＋乙腈（90mL～50mL）＋10％H₂SO₄（1mL）；

③波长：214nm；

④流速：0.7mL/min；

⑤进样量：10μL。

3）测定

标准曲线：分别进样含乙酰磺胺酸钾 4μg/mL、8μg/mL、12μg/mL、16μg/mL、20μg/mL 混合标准溶液各 10μL，进行 HPLC 分析，然后以峰面积为纵坐标，以乙酰磺胺酸钾的含量为横坐标，绘制标准曲线。

试样测定：吸取 3.（1）1）处理后的试样溶液 10μL 进行 HPLC 分析，测定其峰面积，从标准曲线查得测定液中乙酰磺胺酸钾含量。

（2）注意事项

流动相比例可根据所用色谱柱在范围内进行调节，以达到最佳分离。

4. 检验结果计算与数字修约、原始记录

（1）检验结果计算：

试样中乙酰磺胺酸钾的含量按式（7-5-5）计算：

$$X=\frac{c\times V\times 1000}{m\times 1000} \tag{7-5-5}$$

式中：X——试样中乙酰磺胺酸钾的含量，单位为毫克每千克或毫克每升（mg/kg 或 mg/L）；

c——由标准曲线上查得进样液中乙酰磺胺酸钾的量，单位为微克每毫升（μg/mL）；

V——试样稀释液总体积，单位为毫升（mL）；

m——试样质量，单位为克或毫升（g 或 mL）。

计算结果保留两位有效数字。

（2）精密度

在重复性条件下获得的两次独立测定结果的绝对差值不得超过算术平均值的 10％。

（3）数字修约

产品标准或检验方法标准中有规定的，按标准规定的要求进行；标准中没有规定的，按有效数字运算规则进行运算，按 GB/T 8170 进行修约。

（4）原始记录

1）在实验的同时用钢笔、圆珠笔或签字笔进行实验记录，不应事后写回忆或转抄。可事先设计好格式。

2）要清楚、详尽、真实地记录测定条件、仪器、试剂、数据及操作人员。

3）采用法定计量单位。数据应按测量仪器的有效读数位数进行记录，发现观测失误应注明。

4）更改记错数据的方法为在原数据上划一条横线表示消去，在旁边另写更正数据，由更改人签字。不得将原数据进行涂抹覆盖，应能清楚看出原数据。

5）所有记录应遵循一个原则，确保数据的溯源要求。

5. 检验后归位、整理、清理及污物处理

（1）检验后，按冲洗程序对柱子及检测器进行冲洗，关机。

（2）检验后，所用玻璃器皿、器具均需清洗至不挂水珠并用去离子水冲洗 3 遍，于避尘处晾干；称量后清洁天平，在天平称量室内放入干燥剂，盖上防尘罩。

（3）清理实验台。

（4）实验的三废按第二章第四节处理。

6. 编制检验报告及判定

（1）检验报告的编制

1）检验报告应采用统一格式。检验报告表格中各项栏目应完整填写，不得缺项。无内容填写的栏目应使用"—"表示，不得空缺。编写内容应包括检验结果所必需的各种信息，以及采用方法所要求的全部信息。检验报告表格栏目排列顺序可以适当调整，内容也可根据实际需要进行增加。

2）检验报告应包括封面、首页、检验结果页，如有需要可以有封底。

3）检验报告中数据、公式、表格和其他技术内容应真实可靠、准确无误，带有计量单位的应使用法定的计量单位；数值应用阿拉伯数字书写。

4）检验报告中所用的符号、代号应符合 GB/T 1.1—2009 的规定。

（2）检验结果的表示和判定

1）根据产品标准或方法标准的规定，用测定值、测定值的算术平均值、中值等表示相应的参数。

2）凡标准中规定采用修约值比较法的，应将测量值或计算值按 GB/T 8170 的有关规定，修约到与标准规定的极限数值的位数一致，再与标准规定的极限数值进行比较、判定。

3）凡检验标准中未作规定的，均采用全数值比较法，将检验所得测量值或计算值不经修约，用数值的全部数字与标准规定的极限数值进行比较、判定。

（三）饮料中三氯蔗糖的测定（高效液相色谱法）

三氯蔗糖，是一种白色粉末状产品，极易溶于水、乙醇和甲醇，是目前唯一以蔗糖为原料生产的功能性甜味剂，其甜度是蔗糖的 600 倍。

三氯蔗糖（蔗糖素）测定方法已见报道的有高效液相色谱法（采用的检测器为蒸发光散射检测器或示差折光检测器）、气质联用法和液质联用法，其中占主导地信的为采用蒸发光检测器的高效液相色谱法，根据保留时间和峰面积进行定性和定量。

高效液相色谱法（蒸发光散射检测器）测定三氯蔗糖的原理是基于三氯蔗糖为水溶性物质，易溶于水和甲醇。试样中三氯蔗糖用甲醇水溶液提取，经固相萃取柱净化，富集后经反相 C18 色谱柱分离，蒸发光散射检测器检测，根据保留时间定性，以峰面积定量。

1. 检验样品的制备

样品制备的目的，在于保证样品十分均匀，使我们再分析的时候，取任何部分都能代表全部被测物质的成分，在制备过程中，应确保不使样品受污染。

（1）液体饮料样品：摇动或搅拌，一般将样品摇匀，充分搅拌后置于密闭玻璃容器内，保存备用。

（2）固体饮料样品：应用粉碎、捣碎或研磨等方法将样品制成均匀可检状态、置于密闭玻璃容器内，保存备用。

2. 检验准备

检验准备包括所用试剂材料和仪器设备检查校对等。实验前，应确保所用试剂材料保存条件符合要求，且在有效期内；所用需鉴定/校准的仪器必须在鉴定/校准有效期内。

（1）试剂材料

1）甲醇，分析纯；

2）乙腈：色谱纯；

3）正己烷，分析纯；

4）蒸馏水；

5）固相萃取柱（200mg，类型为 N－乙烯基吡咯烷酮和二乙烯基苯亲水亲酯平衡性填料）使用前依次用 4mL 甲醇、4mL 水活化；

6）三氯蔗糖标准品：纯度≥99.0%；

7）三氯蔗糖贮备液（1.00mg/mL）：称取三氯蔗糖标准品 0.1g（精确至 0.0001g），用水溶解并定容至 100mL，混匀（置于 4℃冰箱保存 3 个月）；

8）乙腈水溶液（11＋89）：量取 11mL 乙腈，加 89mL 水，混匀。

（2）仪器设备

1）高效液相色谱仪：附蒸发光散射检测器；

2）漩涡振荡器；

3）离心机：大于 3000r/min；

3. 检验及注意事项

（1）检验

1）试样处理

准确称取均匀试样 5g（精确至 0.001g），置于 15mL 的离心管中，加入 5mL 蒸馏水，漩涡振荡器上振荡 30s，以 3000r/min 离心 10min。

取全部上清液移入已活化的固相萃取柱，控制液体流速不能超过每秒 1 滴，柱上液面为 2mm 左右时加入 1mL 水，继续保持液体流速为每秒 1 滴，到柱中液体完全排除后，用 3mL 甲醇洗脱，收集甲醇洗脱液。洗脱液置于 50 蒸发皿内，于沸水浴上蒸干，残渣用 1.00mL 乙腈水溶液（11＋89）溶解（如溶液有浑浊现象可将其移入离心管，1000r/min 离心 5min）。溶液过 0.45μm 滤膜，滤液为制备的试样溶液，备用。

不同试样的前处理需要同时做试样空白试验。

2）仪器参考条件

①蒸发光散射检测器。

②色谱性：C18（4.6mm×15mm，5μm）或性能相当者。

③流速：1.0mL/min。

④柱温：35℃。

⑤进样量：20.0μL。

⑥流动相梯度洗脱条件见表7-5-1。

表7-5-1　流动相梯度洗脱条件

时间/min	超纯水（体积分数）/%	乙腈（体积分数）/%
0	89	11
13	89	11
14	10	90
21	10	90
22	89	11
25	89	11

3）测定

①标准曲线制备

分别吸取0.200mL、0.500mL、1.00mL、2.00mL、4.00mL三氯蔗糖标准贮备液于10mL容量瓶中，用水定容至刻度。其中三氯蔗糖工作溶液浓度分别为0.0200mg/mL、0.0500mg/mL、0.100mg/mL、0.200mg/mL、0.400mg/mL。进样20μL，在上述色谱条件下进行HPLC测定，然后按质量（μg）与峰面积之间的关系绘制标准曲线，曲线方程式（7-5-6）：

$$y = bx^a \tag{7-5-6}$$

式中：y——峰面积

b、a——与蒸发室温度及流动相性质等试验条件有关的常数；

x——三氯蔗糖的质量，单位为微克（μm）。

②样品测定

取制备的试样滤液20.0μm进样，进行HPLC分析。以保留时间定性，以试样峰面积与标准比较定量。

（2）注意事项

1）由于蒸发光散射检测器呈现的不是一般的线性关系，而是成对数关系，因而在做标准曲线时，最好做五点及以上比较好。

2）由于蒸发光散射检测器峰面积与蒸发室温度及流动相性质等实验条件都有关系，因而在实验过程中要严格控制实验条件的稳定性。

4. 检验结果计算与数字修约、原始记录

（1）检验结果计算：

试样中三氯蔗糖的含量按式（7-5-7）进行计算：

$$X = \frac{(c - c_0) \times V \times 1000}{m \times 1000} \tag{7-5-7}$$

式中：X——试样中三氯蔗糖的含量，单位为克每千克（g/kg）。

c——由标准曲线查得试样进样液中三氯蔗糖的浓度，单位为毫克每毫升（mg/mL）。

c_0——由标准曲线查得空白度样进样液中三氯蔗糖的浓度，单位为毫克每毫升（mg/mL）。

V——试样定容体积，单位为毫升（mL）。

m——试样称取质量，单位为克（g）。

1000——换算系数。

计算结果保留三位有效数字。

（2）精密度

在重复性条件下获得的两次独立测定结果的绝对差值不得超过算术平均值的10%。

（3）数字修约

产品标准或检验方法标准中有规定的，按标准规定的要求进行；标准中没有规定的，按有效数字运算规则进行运算，按 GB/T 8170 进行修约。

（4）原始记录

1）在实验的同时用钢笔、圆珠笔或签字笔进行实验记录，不应事后写回忆或转抄。可事先设计好格式。

2）要清楚、详尽、真实地记录测定条件、仪器、试剂、数据及操作人员。

3）采用法定计量单位。数据应按测量仪器的有效读数位数进行记录，发现观测失误应注明。

4）更改记错数据的方法为在原数据上划一条横线表示消去，在旁边另写更正数据，由更改人签字。不得将原数据进行涂抹覆盖，应能清楚看出原数据。

5）所有记录应遵循一个原则，确保数据的溯源要求。

5. 检验后归位、整理、清理及污物处理

（1）检验后，按冲洗程序对柱子及检测器进行冲洗，关机。

（2）检验后，所用玻璃器皿、器具均需清洗至不挂水珠并用去离子水冲洗 3 遍，于避尘处晾干；称量后清洁天平，在天平称量室内放入干燥剂，盖上防尘罩。

（3）清理实验台。

（4）实验的三废按第二章第四节处理。

6. 编制检验报告及判定

（1）检验报告的编制

1）检验报告应采用统一格式。检验报告表格中各项栏目应完整填写，不得缺项。无内容填写的栏目应使用"—"表示，不得空缺。编写内容应包括检验结果所必需的各种信息，以及采用方法所要求的全部信息。检验报告表格栏目排列顺序可以适当调整，内容也可根据实际需要进行增加。

2）检验报告应包括封面、首页、检验结果页，如有需要可以有封底。

3）检验报告中数据、公式、表格和其他技术内容应真实可靠、准确无误，带有计量单位的应使用法定的计量单位；数值应用阿拉伯数字书写。

4）检验报告中所用的符号、代号应符合 GB/T 1.1—2009 的规定。

（2）检验结果的表示和判定

1）根据产品标准或方法标准的规定，用测定值、测定值的算术平均值、中值等表示相应的参数。

2）凡标准中规定采用修约值比较法的，应将测量值或计算值按 GB/T 8170 的有关规定，修约到与标准规定的极限数值的位数一致，再与标准规定的极限数值进行比较、判定。

3）凡检验标准中未作规定的，均采用全数值比较法，将检验所得测量值或计算值不经修约，用数值的全部数字与标准规定的极限数值进行比较、判定。

（四）饮料中糖精钠的测定（高效液相色谱法）

糖精钠，又称可溶性糖精，是糖精的钠盐，带有两个结晶水，无色结晶或稍带白色的结晶性粉末，一般含有两个结晶水，易失去结晶水而成为无水糖精，呈白色粉末，无臭或微有香气，味浓甜带苦。甜度是蔗糖的 500 倍左右。耐热及耐碱性弱，酸性条件下加热甜味渐渐消失，溶液大于 0.026％则味苦。

饮料中糖精钠的测定法方法 5009 系列国家标准推荐的主要有高效液相色谱法、薄层色谱法及离子选择电极测定方法。但由于在高效液相色谱法出现之后，薄层色谱法显得繁琐，且只能大概定量。而离子选择电极测定方法不但显得繁琐，其稳定性也面临很大挑战，因而高效液相色谱法应用最为普遍，占据主导地位，另外，液相色谱法测定糖精钠时通过调节液相色谱条件还可实现与苯甲酸、山梨酸或安赛蜜同时检测。

高效液相色谱法测定糖精钠的原理为试样加温除去二氧化碳和乙醇，调 pH 至近中性，过滤后进高效液相色谱仪，经反相色谱分离后，根据保留时间和峰面积进行定性和定量。

1. 检验样品的制备

样品制备的目的，在于保证样品十分均匀，使我们在分析的时候，取任何部分都能代表全部被测物质的成分，在制备过程中，应确保不使样品受污染。

（1）液体饮料样品：摇动或搅拌，一般将样品摇匀，充分搅拌后置于密闭玻璃容器内，保存备用；

（2）固体饮料样品：应用粉碎、捣碎或研磨等方法将样品制成均匀可检状态，置于密闭玻璃容器内，保存备用。

2. 检验准备（仪器检查校对等）

检验准备包括所用试剂材料和仪器设备检查校对等。实验前，应确保所用试剂材料保存条件符合要求，且在有效期内；所用需检定/校准的仪器必须在检定/校准有效期内。

（1）试剂材料

1）甲醇：色谱纯；

2）氨水溶液（1+1）：氨水加等体积水混合；

3）乙酸铵溶液（0.02mol/L）：称取 1.54g 乙酸铵，加水至 1000mL 溶解，经 $0.45\mu m$ 滤膜过滤；

4）糖精钠标准储备溶液：准确称取 0.0851g 经 120℃烘干 4h 后的糖精钠（$C_6H_4CONNaSO_2 \cdot 2H_2O$），加水溶解定容至 100mL。糖精钠含量 1.0mg/mL，作为储备溶液。

5）糖精钠标准使用溶液：吸取糖精钠标准储备液 10mL 放入 100mL 容量瓶中，加水至刻度，经 $0.45\mu m$ 滤膜过滤，该溶液每毫升相当于 0.10mg 的糖精钠。

（2）仪器设备

高效液相色谱仪，配有紫外检测器。

3. 检验及注意事项

（1）检验

1）试样处理

汽水类饮料：称取 5.00g～10.00 g，放入小烧杯中，微温搅拌除去二氧化碳，用氨水溶液（1＋1）调 pH 约为 7，加水定容至适当的体积，经 0.45μm 滤膜过滤。

果汁类饮料：称取 5.00g～10.00 g，用氨水（1＋1）调 pH 约为 7，加水定容至适当的体积，离心沉淀，上清液经 0.45μm 滤膜过滤。

固体饮料：按产品标识，用适量水溶解后，同液体饮料处理。

2）仪器参考条件

①色谱柱：YWG－C18，4.6mm×250mm，10μm 不锈钢柱；

②流动相：甲醇＋乙酸铵溶液（0.02mol/L）（5＋95）；

③流速：1.0mL/min；

④检测器：紫外检测器，230nm 波长，0.2AUFS。

3）测定

取处理液和标准使用液各 10μL（或相同体积）注入高效液相色谱仪进行分离，以其标准溶液峰的保留时间为依据进行定性，以其峰面积求出样液中被测物质的含量，供计算。

（2）注意事项

1）溶液的 pH 对测定和色谱柱的寿命有影响，pH 小于 2 或大于 8 对相对保留时间有影响，并且对柱有侵蚀作用，因而以中性为宜；

2）波长的选择：由于该方法可同时检测苯甲酸和山梨酸，虽然山梨酸的灵敏测定波长为 254nm，但在此波长下糖精钠和苯甲酸的灵敏度降低，为了照顾三者的灵敏度，因而采用测定波长为 230nm。

4. 检验结果计算与数字修约、原始记录

（1）检验结果计算

试样中糖精钠的含量按式（7－5－8）进行计算：

$$X=\frac{c\times V\times 1000}{m\times 1000}\qquad\qquad(7-5-8)$$

式中：X——试样中糖精钠的含量，单位为克每千克（g/kg）；

c——由标准曲线得出的进样液中糖精钠的浓度，单位为毫克每毫升（mg/mL）；

m——试样质量，单位为克（g）；

V——试样稀释液总体积，单位为毫升（mL）；

1000——换算系数。

计算结果保留三位有效数字。

（2）精密度

在重复性条件下获得的两次独立测定结果的绝对差值不得超过算术平均值的 10％。

（3）数字修约

产品标准或检验方法标准中有规定的，按标准规定的要求进行；标准中没有规定的，按有效数字运算规则进行运算，按 GB/T 8170 进行修约。

（4）原始记录

1）在实验的同时用钢笔、圆珠笔或签字笔进行实验记录，不应事后写回忆或转抄。可事先设计好格式。

2）要清楚、详尽、真实地记录测定条件、仪器、试剂、数据及操作人员。

3）采用法定计量单位。数据应按测量仪器的有效读数位数进行记录，发现观测失误应注明。

4）更改记错数据的方法为在原数据上划一条横线表示消去，在旁边另写更正数据，由更改人签字。不得将原数据进行涂抹覆盖，应能清楚看出原数据。

5）所有记录应遵循一个原则，确保数据的溯源要求。

5. 检验后归位、整理、清理及污物处理

（1）检验后，按冲洗程序对柱子及检测器进行冲洗，关机。

（2）检验后，所用玻璃器皿、器具均需清洗至不挂水珠并用去离子水冲洗 3 遍，于避尘处晾干；称量后清洁天平，在天平称量室内放入干燥剂，盖上防尘罩。

（3）清理实验台。

（4）实验的三废按第二章第四节处理。

6. 编制检验报告及判定

（1）检验报告的编制

1）检验报告应采用统一格式。检验报告表格中各项栏目应完整填写，不得缺项。无内容填写的栏目应使用"—"表示，不得空缺。编写内容应包括检验结果所必需的各种信息，以及采用方法所要求的全部信息。检验报告表格栏目排列顺序可以适当调整，内容也可根据实际需要进行增加。

2）检验报告应包括封面、首页、检验结果页，如有需要可以有封底。

3）检验报告中数据、公式、表格和其他技术内容应真实可靠、准确无误，带有计量单位的应使用法定的计量单位；数值应用阿拉伯数字书写。

4）检验报告中所用的符号、代号应符合 GB/T 1.1—2009 的规定。

（2）检验结果的表示和判定

1）根据产品标准或方法标准的规定，用测定值、测定值的算术平均值、中值等表示相应的参数。

2）凡标准中规定采用修约值比较法的，应将测量值或计算值按 GB/T 8170 的有关规定，修约到与标准规定的极限数值的位数一致，再与标准规定的极限数值进行比较、判定。

3）凡检验标准中未作规定的，均采用全数值比较法，将检验所得测量值或计算值不经修约，用数值的全部数字与标准规定的极限数值进行比较、判定。

（五）饮料中阿斯巴甜的测定

饮料中阿斯巴甜的测定多采用高效液相色谱法，其原理是根据阿斯巴甜易溶于水和乙醇等溶剂的特点，固体饮料中阿斯巴甜用蒸馏水在超声波震荡下提取，提取液用水定容；

碳酸饮料类试样除去二氧化碳后用水定容；乳饮料类试样中阿斯巴甜用乙醇沉淀蛋白，上清液用乙醇＋水（2＋1）定容，提取液在液相色谱 ODS C18 反相色谱柱上进行分离，在波长 208nm 处检测，以色谱峰的保留时间定性，峰面积定量。

1. 检验样品的制备

样品制备的目的，在于保证样品十分均匀，使我们在分析的时候，取任何部分都能代表全部被测物质的成分，在制备过程中，应确保不使样品污染。

（1）液体饮料样品：摇动或搅拌，一般将样品摇匀，充分搅拌后置于密闭玻璃容器内，保存备用；

（2）固体饮料样品：应用粉碎、捣碎或研磨等方法将样品制成均匀可检状态，置于密闭玻璃容器内，保存备用。

2. 检验准备（仪器检查校对等）

检验准备包括所用试剂材料和仪器设备检查校对等。实验前，应确保所用试剂材料保存条件符合要求，且在有效期内；所用需检定/校准的仪器必须在检定/校准有效期内。

（1）试剂材料

1）甲醇：色谱纯；

2）乙醇：优级纯；

3）阿斯巴甜标准品：浓度≥99%；

4）水（H_2O）为实验室一级用水；

5）pH4.3 的水，用乙酸调节水 pH 为 4.3；

6）阿斯巴甜标准储备液（1.00mg/mL）：称取 0.1g 阿斯巴甜标准品（精确至 0.0001g），置于 100mL 容量瓶中，用 pH 4.3 的水溶解并定容至刻度，置于冰箱保存，有效期为 3 个月。

7）阿斯巴甜标准使用溶液系列的配制：将阿斯巴甜标准储备液用 pH 4.3 的水逐级稀释为 $500\mu g/mL$、$250\mu g/mL$、$125\mu g/mL$、$50.0\mu g/mL$、$25.0\mu g/mL$ 的标准使用溶液系列。置于冰箱保存，有效期为两个月。

（2）仪器设备

1）液相色谱仪：配有二极管阵列检测器；

2）超声波振荡器；

3）离心机：4000r/min。

3. 检验及注意事项

（1）检验

1）试样处理

碳酸饮料类：称取约 10g 试样（称样量精确到 0.001g），50℃微温除去二氧化碳，用水定容到 25mL～50mL，4000r/min 离心 5min，上清液经 $0.45\mu m$ 水系滤膜过滤，备用。

乳饮料类：称取约 5g 试样（称样量精确到 0.001g）于 50mL 离心管中，加入 10mL 乙醇，盖上盖子，轻轻上下颠倒数次（不能振摇），静置 1min，4000r/min 离心 5min，上清液滤入 25mL 容量瓶中，沉淀用 5mL 乙醇＋水（2＋1）洗涤，离心后合并上清液，用乙醇＋水（2＋1）定容至刻度，经 $0.45\mu m$ 有机系滤膜过滤，备用。

浓缩果汁类：称取 0.5g～2g 试样（精确到 0.001g），用水定容到 25mL 或 50mL，4000r/min 离心 5min，上清液经 0.45μm 水系滤膜过滤，备用。

固体饮料：称取 0.2g～1g 试样（精确到 0.001g），加水后超声波振荡提取 20min，并定容到 25mL 或 50mL，4000r/min 离心 5min，上清液经 0.45μm 水系滤膜过滤，备用。

2）仪器参考条件

①色谱柱：ODS C18 柱，4.6mm×250mm，5μm；

② 流动相：甲醇＋水（39＋61）；

③流速：0.8mL/min；

④进样量：20μL；

⑤柱温：25℃；

⑥ 检测器：二极管阵列检测器；

⑦检测波长：208nm。

3）测定

①校正曲线绘制

取阿斯巴甜标准溶液系列，在上述色谱条件下进行 HPLC 测定，绘制阿斯巴甜—峰面积（峰高）的标准曲线或求出直线回归方程。

② 样品测定

在上述的液相色谱条件下，分别将标准溶液和试样溶液注入液相色谱仪中，以保留时间定性，以试样峰高或峰面积与标准比较定量。

（2）注意事项

1）含有二氧化碳和酒精的饮料样品，定容前应先加热除去二氧化碳和酒精；

2）乳饮料类样品提取时，只能轻轻上下颠倒数次，不能振摇，以防乳化现象发生。

4. 检验结果计算与数字修约、原始记录

（1）检验结果计算

按标准曲线外标法计算试样中阿斯巴甜的含量，按式（7－5－9）计算：

$$X=\frac{c\times V}{m\times 1000} \tag{7－5－9}$$

式中：X——试样中阿斯巴甜的含量，单位为克每千克（g/kg）；

c——由标准曲线计算出进样液汇总阿斯巴甜的浓度，单位为微克每毫升（μg/mL）；

V——试样的最后定容体积，单位为毫升（mL）；

m——试样的质量，单位为克（g）；

1000——由 μg/g 换算成 g/kg 的换算因子。

（2）精密度

在重复性条件下获得的两次独立测定结果的绝对差值不超过算术平均值的 10%。

（3）数字修约

产品标准或检验方法标准中有规定的，按标准规定的要求进行；标准中没有规定的，按有效数字运算规则进行运算，按 GB/T 8170 进行修约。

（4）原始记录

1）在实验的同时用钢笔、圆珠笔或签字笔进行实验记录，不应事后写回忆或转抄。可事先设计好格式。

2）要清楚、详尽、真实地记录测定条件、仪器、试剂、数据及操作人员。

3）采用法定计量单位。数据应按测量仪器的有效读数位数进行记录，发现观测失误应注明。

4）更改记错数据的方法为在原数据上划一条横线表示消去，在旁边另写更正数据，由更改人签字。不得将原数据进行涂抹覆盖，应能清楚看出原数据。

5）所有记录应遵循一个原则，确保数据的溯源要求。

5. 检验后归位、整理、清理及污物处理

（1）检验后，按冲洗程序对柱子及检测器进行冲洗，关机。

（2）检验后，所用玻璃器皿、器具均需清洗至不挂水珠并用去离子水冲洗 3 遍，于避尘处晾干；称量后清洁天平，在天平称量室内放入干燥剂，盖上防尘罩。

（3）清理实验台。

（4）实验的三废按第二章第四节处理。

6. 编制检验报告及判定

（1）检验报告的编制

1）检验报告应采用统一格式。检验报告表格中各项栏目应完整填写，不得缺项。无内容填写的栏目应使用"—"表示，不得空缺。编写内容应包括检验结果所必需的各种信息，以及采用方法所要求的全部信息。检验报告表格栏目排列顺序可以适当调整，内容也可根据实际需要进行增加。

2）检验报告应包括封面、首页、检验结果页，如有需要可以有封底。

3）检验报告中数据、公式、表格和其他技术内容应真实可靠、准确无误，带有计量单位的应使用法定的计量单位；数值应用阿拉伯数字书写。

4）检验报告中所用的符号、代号应符合 GB/T 1.1—2009 的规定。

（2）检验结果的表示和判定

1）根据产品标准或方法标准的规定，用测定值、测定值的算术平均值、中值等表示相应的参数。

2）凡标准中规定采用修约值比较法的，应将测量值或计算值按 GB/T 8170 的有关规定，修约到与标准规定的极限数值的位数一致，再与标准规定的极限数值进行比较、判定。

3）凡检验标准中未作规定的，均采用全数值比较法，将检验所得测量值或计算值不经修约，用数值的全部数字与标准规定的极限数值进行比较、判定。

三、饮料中着色剂的测定

着色剂是以给食品着色、增加对食品的嗜好及刺激食欲为主要目的的食品添加剂，也称实用色素。我国常用的化学合成色素有：苋菜红、胭脂红、赤藓红、新红、柠檬黄、日落黄、靛蓝、亮蓝等。着色剂常用的测定方法有高效液相色谱法、薄层色谱法、示波极谱法、气相色谱—质谱联用、液相色谱—质谱联用方法。其中应用最普遍的方法是高效液相色谱法。高效液相色谱法测定饮料中着色剂的样品前处理方法是采用聚酰胺吸附法或液—液分配法提取，制成水溶液进行检测，对基质特别简单的溶液可直接调至相应 pH 后直接过膜上机分析。

高效液相色谱法测定人工合成着色剂的原理是，试样制备液注入高效液相色谱仪，经反相色谱分离，根据保留时间定性和与峰面积比较进行定量。

1. 检验样品的制备

样品制备的目的，在于保证样品十分均匀，使我们在分析的时候，取任何部分都能代表全部被测物质的成分，在制备过程中，应确保不使样品污染。

（1）液体饮料样品：摇动或搅拌，一般将样品摇匀，充分搅拌后置于密闭玻璃容器内，保存备用；

（2）固体饮料样品：应用粉碎、捣碎或研磨等方法将样品制成均匀可检状态，置于密闭玻璃容器内，保存备用。

2. 检验准备（仪器检查校对等）

检验准备包括所用试剂材料和仪器设备检查校对等。实验前，应确保所用试剂材料保存条件符合要求，且在有效期内；所用需检定/校准的仪器必须在检定/校准有效期内。

（1）试剂材料

1）正己烷；

2）盐酸；

3）乙酸；

4）甲醇：经 0.5μm 滤膜过滤；

5）聚酰胺粉（尼龙 6）：过 200 目筛；

6）乙酸铵溶液（0.02mol/L）：称取 1.54g 乙酸铵，加水至 1000mL，溶解，经 0.45μm 滤膜过滤；

7）氨水溶液：量取氨水 2mL，加水至 100mL，混匀；

8）氨水—乙酸铵溶液（0.02mol/L）：量取氨水 0.5mL，加乙酸铵溶液（0.02mol/L）至 1000mL，混匀；

9）甲醇—甲酸（6＋4）溶液：量取甲醇 60mL，甲酸 40mL，混匀；

10）柠檬酸溶液：称取 20g 柠檬酸（$C_6H_8O_7 \cdot H_2O$），加水至 100mL，溶解混匀；

11）无水乙醇—氨水—水（7＋2＋1）溶液：量取无水乙醇 70mL、氨水 20mL、水 10mL，混匀；

12）三正辛胺—正丁醇溶液（5％）：量取三正辛胺 5mL，加正丁醇至 100mL，混匀；

13）饱和硫酸钠溶液，硫酸钠溶液（2g/L），pH6 的水：水加柠檬酸溶液调 pH 到 6。

14）合成着色剂标准溶液：准确称取按其纯度折算为 100％质量的柠檬黄、日落黄、苋菜红、胭脂红、新红、赤藓红、亮蓝、靛蓝各 0.100g，置 100mL 容量瓶中，加 pH6 的水到刻度，配成水溶液（1.00mg/mL）。

15）合成着色剂标准使用液：临用时上述溶液加水稀释至 20 倍，经 0.45μm 滤膜过滤，配成每毫升相当于 50.0μg 的合成着色剂。

（2）仪器设备

高效液相色谱仪，带紫外检测器，254nm 波长。

3. 检验及注意事项

（1）检验

1）试样的处理

桔子汁、果味水、果子露汽水等：称取 20.0g～40.0g，放入 100mL 烧杯中，含二氧化碳试样加热除去二氧化碳；

含酒精类饮料：称取 20.0g～40.0g，放入 100mL 烧杯中，加小碎瓷片数片，加热除去酒精；

固体饮料：按产品标识，用适量水溶解后，同液体饮料处理。

2）色素提取

聚酰胺吸附法：试样溶液加柠檬酸溶液调 pH 到 6，加热至 60℃，将 1g 聚酰胺粉加少许水调成粥状，倒入试样溶液，搅拌片刻，以 G3 垂融漏斗抽滤，用 60℃ pH＝4 的水洗涤 3 次～5 次，然后用甲醇—甲酸混合溶液洗涤 3 次～5 次（含赤藓红的试样用液—液分配处理），再用水洗至中性，用乙醇—氨水—水混合溶液解吸 3 次～5 次，每次 5mL，收集解吸液，加乙酸中和，蒸发至近干，加水溶解，定容至 5mL。经 0.45μm 滤膜过滤，取 10μL 进高效液相色谱仪。

液—液分配法（适用于含赤藓红的试样）：将制备好的试样溶液放入分液漏斗中，加 2mL 盐酸、三正辛胺正丁醇溶液（5%）10mL～20mL，振摇提取，分取有机相，放蒸发皿中，水浴加热浓缩至 10mL，转移至分液漏斗中，加 60mL 正己烷，混匀，加氨水溶液提取 2 次～3 次，每次 5mL，合并氨水溶液层（含水溶性酸性色素），用正己烷洗两次，氨水层加乙酸调成中性，水浴加热蒸发至近干，加水定容至 5mL。经 0.45μm 滤膜过滤，取 10μL 进高效液相色谱仪。

3）仪器参考条件

① 色谱柱：YWG－C18 10μm 不锈钢柱 4.6mm（i.d）×250mm。

② 流动相

甲醇：乙酸铵溶液（pH＝4，0.02mol/L）。

③ 梯度洗脱

甲醇：20%～35%，3%/min；35%～98%，9%/min；98% 继续 6min。

④ 流速：1mL/min。

⑤ 紫外检测器：254nm 波长。

4）测定

取相同体积样液和合成着色剂标准使用液分别注入高效液相色谱仪。根据保留时间定性，外标峰面积法定量。

（2）注意事项

1）聚酰胺粉的用量：经试验发现，1g 聚酰胺粉能够完全吸附样品溶液中的色素。判别色素是否吸附完全，可以通过观察烧杯底部是否有未吸附色素的白色颗粒物。如果聚酰胺粉的用量过大，会影响之后杂质的洗脱和色素的解吸速度。

2）甲醇—甲酸混合溶液洗涤是为了洗脱掉被聚酰胺粉吸附的天然色素。

3）样品溶液应用柠檬酸调节 pH 至 4，在这样的酸性条件下，色素容易被聚酰胺粉完全吸附。

4）色素的解吸液呈碱性，直接上液相色谱分析会损坏色谱柱，必须蒸发近干，以去除解吸液中的氨水，使其 pH 接近中性，由于这些色素均为水溶性色素，故残渣用水溶解定容，最后经微孔滤膜过滤后进样。

4. 检验结果计算与数字修约、原始记录

（1）检验结果计算

试样中着色剂的含量按式（7-5-10）计算：

$$X=\frac{c\times V}{m\times 1000} \qquad (7-5-10)$$

式中：X——试样中着色剂的含量，单位为克每千克（g/kg）；

　　　c——由标准曲线得出的进样液中着色剂的浓度，单位为微克每毫升（μg/mL）；

　　　m——试样质量，单位为克（g）；

　　　V——试样稀释总体积，单位为毫升（mL）；

1000——换算系数。

（2）数字修约

产品标准或检验方法标准中有规定的，按标准规定的要求进行；标准中没有规定的，按有效数字运算规则进行运算，按 GB/T 8170 进行修约。

（3）原始记录

1）在实验的同时用钢笔、圆珠笔或签字笔进行实验记录，不应事后写回忆或转抄。可事先设计好格式。

2）要清楚、详尽、真实地记录测定条件、仪器、试剂、数据及操作人员。

3）采用法定计量单位。数据应按测量仪器的有效读数位数进行记录，发现观测失误应注明。

4）更改记错数据的方法为在原数据上划一条横线表示消去，在旁边另写更正数据，由更改人签字。不得将原数据进行涂抹覆盖，应能清楚看出原数据。

5）所有记录应遵循一个原则，确保数据的溯源要求。

5. 检验后归位、整理、清理及污物处理

（1）检验后，按冲洗程序对柱子及检测器进行冲洗，关机。

（2）检验后，所用玻璃器皿、器具均需清洗至不挂水珠并用去离子水冲洗 3 遍，于避尘处晾干；称量后清洁天平，在天平称量室内放入干燥剂，盖上防尘罩。

（3）清理实验台。

（4）实验的三废按第二章第四节处理。

6. 编制检验报告及判定

（1）检验报告的编制

1）检验报告应采用统一格式。检验报告表格中各项栏目应完整填写，不得缺项。无内容填写的栏目应使用"—"表示，不得空缺。编写内容应包括检验结果所必需的各种信息，以及采用方法所要求的全部信息。检验报告表格栏目排列顺序可以适当调整，内容也可根据实际需要进行增加。

2）检验报告应包括封面、首页、检验结果页，如有需要可以有封底。

3）检验报告中数据、公式、表格和其他技术内容应真实可靠、准确无误，带有计量单位的应使用法定的计量单位；数值应用阿拉伯数字书写。

4）检验报告中所用的符号、代号应符合 GB/T 1.1—2009 的规定。

（2）检验结果的表示和判定

1）根据产品标准或方法标准的规定，用测定值、测定值的算术平均值、中值等表示相应的参数。

2）凡标准中规定采用修约值比较法的，应将测量值或计算值按 GB/T 8170 的有关规定，修约到与标准规定的极限数值的位数一致，再与标准规定的极限数值进行比较、判定。

3）凡检验标准中未作规定的，均采用全数值比较法，将检验所得测量值或计算值不经修约，用数值的全部数字与标准规定的极限数值进行比较、判定。

四、小结

食品添加剂检测技术与方法近年来发展较为迅速，色谱技术已成为食品添加剂检测的重要手段，其中，液相色谱检测技术更是因其样品前处理相对简单、灵敏度高、稳定性好而占据主导地位。同时，一种饮料有时会含有不同种类的食品添加剂，为提高检测效率，开发能同时检测多种食品添加剂的检测技术成为该领域的发展趋势，已有很多相关文献报道，主要采用液相色谱法和液相色谱－质谱法。

第六节 饮料产品中营养强化剂含量的测定

一、抗坏血酸（还原型抗坏血酸）

（一）检验样品的制备

1. 液体样品

（1）不含二氧化碳的样品：充分混合均匀，置于密闭的玻璃容器内。

（2）含二氧化碳的样品（如碳酸饮料等）：将试样旋摇至基本无气泡后，置于密闭的玻璃容器内备用。

2. 固体样品

应用粉碎、捣碎或研磨等方法将样品制成均匀可检状态，置于密闭玻璃容器内，保存备用。

3. 含果肉、果粒样品

将样品充分摇匀后，取至少 200g（mL），用组织捣碎机捣碎，混匀后置于密闭玻璃容器内。

（二）检验准备

1. 仪器

天平：感量为 0.1mg 和 1mg；粉碎机；紫外可见分光光度计；离心沉淀机；10mL 具塞玻璃比色管。需要检定/校准的仪器必须在检定/校准有效期内。

2. 试剂

乙酸溶液（2mol/L）：吸取 11.6mL 冰乙酸，加水稀释至 100mL；乙酸溶液（0.5mol/L）：吸取 2.9mL 冰乙酸，加水稀释至 100mL；乙二胺四乙酸二钠溶液（0.25mol/L）：称取 9.3g 乙二胺四乙酸二钠 $[C_{10}H_{14}N_2O_8Na_2 \cdot 2H_2O]$ 于水中，加热使之溶解，放冷，并稀释至 100mL；乙酸锌溶液（220g/L）：称取 220.0g 乙酸锌，先加 30mL 冰醋酸溶解，再用水稀释至 1000mL；亚铁氰化钾溶液（106g/L）：称取 106.0g 亚铁氰化钾，用水溶解并稀释至 1000mL；显色剂：固蓝盐 B（Fast Blue Salt B）溶液（2g/L）：准确称取 0.2g 固蓝盐 B，加水溶解于 100mL 棕色容量瓶中，并稀释至刻度（该溶液在室温下贮存可稳定 3d 以上）；抗坏血酸标准储备溶液（2.0mg/mL）：精密称取 0.2000g 抗坏血酸，加 20mL 乙酸溶液（2mol/L）溶解后移入 100mL 棕色容量瓶中，用水稀释至刻度，混匀，（10℃下冰箱内贮存在 2d 内稳定）；抗坏血酸标准使用溶液（100μg/mL）：准确吸取 5.0mL 抗坏血酸标准储备溶液（2.0mg/mL）于 100mL 棕色容量瓶中，加 5mL 乙酸溶液（2mol/L），用水稀释至刻度，混匀（临用时配制）。方法中所用试剂均为分析纯，水为 GB/T 6682 规定的二级水。

（三）检验及注意事项

1. 检验

（1）试液的制备

1）非蛋白性试样

①液体试样：抗坏血酸含量在 0.2g/L 以下的，混匀后可直接取样测定；坑坏血酸含量在 0.2g/L 以上的，用水适量稀释后测定。

②水溶性固体试样：准确称取 1.0g～5.0g，精确至 0.001g（含 0.2g/kg 以下的抗坏血酸）放入碾钵中，加 5mL 乙酸溶液（2mol/L）研磨溶解后，移入 100mL 棕色容量瓶中，加水稀释至刻度。

③含果肉、果粒试样：称取 20.0g～50.0g 于粉碎机内，加同倍量的乙酸溶液（2mol/L）打成匀浆，称取 10.0g～20.0g 匀浆（含 0.2g/kg 以下抗坏血酸）于 100mL 棕色容量瓶内，加 5mL 乙酸溶液（2mol/L），用水稀释至刻度，混匀。滤纸过滤，滤液备用，不易过滤的试样可用离心机离心后，取上清液测定。

2）蛋白性试样（豆奶粉、豆奶、乳饮料等）：固体试样混匀后精密称取 5.0g～10.0g，精确至 0.001g；液体试样，准确吸取 5.0mL～10.0mL 于 100mL 棕色容量瓶内，加 10mL 乙酸溶液（2mol/L）、乙酸锌溶液（220g/L）和亚铁氰化钾溶液（106g/L）各 7.5mL，加水至刻度，混匀。将全部溶液移入离心管内，以 3000r/min 离心 10min，上清液供测定。同时与处理试样相同量的乙酸溶液、乙酸锌溶液和亚铁氰化钾溶液，按同一方法作试剂空白试验。

（2）标准曲线绘制

准确吸取 0、0.1mL、0.2mL、0.4mL、0.6mL、0.8mL、1.0mL、1.5mL、2.0mL 抗坏血酸标准使用溶液（相当于抗坏血酸 0、10.0μg、20.0μg、40.0μg、60.0μg、80.0μg、100.0μg、150.0μg、200.0μg），分别置于 10mL 比色管中，各加 0.3mL 乙二胺四乙酸二钠溶液（0.25mol/L）、0.5mL 乙酸溶液（0.5mol/L）、1.25mL 固蓝盐 B 溶液（2g/L），加水稀释至刻度，摇匀。室温（20℃～25℃）下放置 20min 后，用 1cm 比色皿，以零管为参比，于 420nm 处测定吸光度，绘制标准曲线。

（3）试样测定

1）非蛋白性试样的测定：准确吸取按 1）非蛋白性试样中制备的试液 0.5mL～5.0mL（约相当于抗坏血酸 200μg 以下）于 10mL 比色管中，以下按（2）标准曲线绘制中自"加 0.3mL 乙二胺四乙酸二钠溶液（0.25mol/L）……"起依法操作。

2）蛋白性试样的测定：准确吸取按 2）蛋白性试样（豆奶粉、豆奶、乳饮料等）中制备的试液（约相当于抗坏血酸 200μg 以下）和等量试剂空白溶液 0.5mL～5.0mL，各于 10mL 比色管内，各加 1.5mL 乙二胺四乙酸二钠溶液（0.25mol/L）、1.0mL 乙酸溶液（0.5mol/L）、1.25mL 固蓝盐 B 溶液（2g/L），加水稀释至刻度，混匀，室温（20℃～25℃）下放置 3min 后，用 1cm 比色皿，以试剂空白管为参比，于 420nm 处测定吸光度。

液体饮料如需按体积计算，流动性好的饮料，直接吸取；流动性不好的饮料，按第七章第二节第一款净含量检测中"相对密度法测量"测定饮料的密度，换算成体积。

2. 注意事项

（1）显色反应介质为乙酸溶液，乙酸溶液浓度不宜过高，过高灵敏度降低。

（2）抗坏血酸不稳定，长时间暴露在空气中容易被氧化成氧化型抗坏血酸。

（3）试验中，避免与铜、铁等金属接触。

（4）处理的试液当天测定，不要放置过夜。

（四）检验结果计算与数字修约、原始记录

1. 结果计算

试样中抗坏血酸的含量按式（7-6-1）计算：

$$X = \frac{m_1 \times 100}{n \times (V_2/V_1) \times 1000} \qquad (7-6-1)$$

式中：X——试样中抗坏血酸的含量，单位为毫克每百克或毫克每百毫升（mg/100g 或 mg/100mL）；

m_1——测定用样液中抗坏血酸的质量，单位为微克（μg）；

n——称取的试样质量或量取（或按密度换算）的试样体积，单位为克或毫升（g 或 mL）；

V_2——测定用样液的体积，单位为毫升（mL）；

V_1——试样处理液的体积，单位为毫升（mL）。

2. 数字修约

（1）产品标准或检验方法标准中有规定的，按标准规定的要求进行；标准中没有规定的，按有效数字运算规则进行运算，按 GB/T 8170 进行修约。

（2）本检验结果保留两位有效数字。

3. 原始记录

检验人员负责检验原始记录的设计、填写，应包括以下内容。

（1）检验样品的记录，如样品编号、样品名称、规格型号、生产日期等。

（2）环境条件记录，如环境温度、湿度等。

（3）仪器设备记录，如仪器设备名称、型号、编号及检定有效期等。

（4）检验方法和检验依据。

（5）检验日期、检验地点记录。

（6）各项检验原始观察数据或结果（包括图片、图表），计算公式及导出结果。

（五）检验后归位、整理、清理及污物处理

1. 检验后，所用玻璃器皿、器具均需清洗至不挂水珠并用去离子水冲洗 3 遍，于避尘处晾干。

2. 分光光度计按仪器说明书维护保养操作规程处理。

3. 实验的三废按第二章第四节处理。

（六）编制检验报告及判定

1. 编制检验报告，要求如下：

（1）检验报告应采用统一格式。检验报告表格中各项栏目应完整填写，不得缺项。无内容填写的栏目应使用"—"表示，不得空缺。编写内容应包括检验结果所必需的各种信息，以及采用方法所要求的全部信息。检验报告表格栏目排列顺序可以适当调整，内容也可根据实际需要进行增加。

（2）检验报告应包括封面、首页、检验结果页，如有需要可以有封底。

（3）检验报告中数据、公式、表格和其他技术内容应真实可靠、准确无误，带有计量单位的应使用法定的计量单位；数值应用阿拉伯数字书写。

（4）检验报告中所用的符号、代号应符合 GB/T 1.1—2009 的规定。

2. 检验结果的表示和判定

（1）根据产品标准或方法标准的规定，用测定值、测定值的算术平均值、中值等表示相应的参数。

（2）凡标准中规定采用修约值比较法的，应将测量值或计算值按 GB/T 8170 的有关规定，修约到与标准规定的极限数值的位数一致，再与标准规定的极限数值进行比较、判定。

（3）凡检验标准中未作规定的，均采用全数值比较法，将检验所得测量值或计算值不经修约，用数值的全部数字与标准规定的极限数值进行比较、判定。

二、硫胺素及其衍生物

（一）检验样品的制备

1. 液体样品

（1）不含二氧化碳的样品：充分混合均匀，置于密闭的玻璃容器内。

（2）含二氧化碳的样品（如碳酸饮料等）：将试样旋摇至基本无气泡后，置于密闭的玻璃容器内备用。

2. 固体样品

应用粉碎、捣碎或研磨等方法将样品制成均匀可检状态，置于密闭玻璃容器内，保存备用。

3. 含果肉、果粒样品

将样品充分摇匀后，取至少 200g（mL），用组织捣碎机捣碎，混匀后置于密闭玻璃容器内。

4. 上述制备好的液体或含果肉、果粒试样应于低温冰箱中冷冻保存，用时将其解冻后混匀使用。干燥的固体试样要将其尽量粉碎后备用。

（二）检验准备

1. 仪器

天平：感量为 0.1mg 和 1mg；粉碎机；荧光分光光度计；电热恒温培养箱；Maizel—Gerson 反应瓶，如图 7-6-1 所示；盐基交换管，如图 7-6-2 所示。需要检定/校准的仪器必须在检定/校准有效期内。

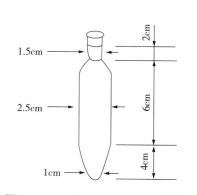

图 7-6-1 Maizel—Gerson 反应瓶

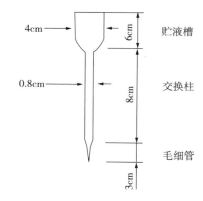

图 7-6-2 盐基交换管

2. 试剂

正丁醇：需经重蒸后使用；无水硫酸钠；淀粉酶和蛋白酶；0.1mol/L 盐酸：8.5mL 浓盐酸（相对密度 1.19 或 1.20）用水稀释至 1000mL；0.3mol/L 盐酸：25.5mL 浓盐酸用水稀释至 1000mL；2mol/L 乙酸钠溶液：164g 无水乙酸钠溶于水中稀释至 1000mL；氯化钾溶液（250g/L）：250g 氯化钾溶于水中稀释至 1000mL；酸性氯化钾溶液（250g/L）：

8.5mL 浓盐酸用氯化钾溶液（250g/L）稀释至 1000mL；氢氧化钠溶液（150g/L）：15g 氢氧化钠溶于水中稀释至 100mL；1％铁氰化钾溶液（10g/L）：1g 铁氰化钾溶于水中稀释至 100mL，放于棕色瓶中保存；碱性铁氰化钾溶液：取 4mL 铁氰化钾溶液（10g/L），用氢氧化钠溶液（150g/L）稀释至 60mL，用时现配，避光使用；乙酸溶液（3％，V/V）：30mL 冰乙酸用水稀释至 1000mL；活性人造浮石：称取 200g40 目～60 目的人造浮石，以 10 倍于其容积的热乙酸溶液（3％，V/V）搅洗两次，每次 10min，再用 5 倍于其容积的热氯化钾溶液（250g/L）搅洗 15min，然后再用乙酸溶液（3％，V/V）搅洗 10min，最后用热蒸馏水洗至没有氯离子，于蒸馏水中保存；硫胺素标准储备液（0.1mg/mL）：准确称取 100mg 经氯化钙干燥 24h 的硫胺素，溶于 0.01mol/L 盐酸中，并稀释至 1000mL，于冰箱中避光保存；硫胺素标准中间液（10μg/mL）：将硫胺素标准储备注用 0.01mol/L 盐酸稀释 10 倍，于冰箱中避光保存；硫胺素标准使用液（0.1μg/mL）：将硫胺素标准中间液用水稀释 100 倍，用时现配；溴甲酚绿溶液（0.4g/L）：称取 0.1g 溴甲酚绿，置于小研钵中，加 1.4mL0.1mol/L 氢氧化钠溶液研磨片刻，再加水少许继续研磨至完全溶解，用水稀释至 250mL。方法中所用试剂均为分析纯，水为 GB/T 6682 规定的二级水。

（三）检验及注意事项

1. 检验

（1）提取

准确称取一定量试样（估计其硫胺素含量约为 10μg～30μg，一般称取 2g～10g 试样），置于 100mL 三角瓶中，加入 50mL0.1mol/L 盐酸或 0.3mol/L 盐酸使其溶解，放入高压锅中加热水解，121℃30min，凉后取出。

用 2mol/L 乙酸钠调其 pH 为 4.5（以 0.4g 溴甲酚绿为外指示剂）。按每克试样加入 20mg 淀粉酶和 40mg 蛋白酶的比例加入淀粉酶和蛋白酶，于 45℃～50℃恒温培养箱中保湿过夜（约 16h）。凉至室温，定容至 100mL，然后混匀过滤，即为提取液。

（2）净化

用少许脱脂棉铺于盐基交换管的交换柱底部，加水将棉纤维中气泡排出，再加约 1g 活性人造浮石使之达到交换柱的三分之一高度，保持盐基交换管中液面始终高于活性人造浮石。

用移液管加入提取液 20mL～60mL（使通过活性人造浮石的硫胺素总量约为 2μg～5μg）。加入约 10mL 热蒸馏水冲洗交换柱，弃去洗液，如此重复 3 次。

加入 20mL 热（温度为 90℃左右）酸性氯化钾溶液（250g/L），收集此液于 25mL 刻度管内，凉至室温，用酸性氯化钾溶液（250g/L）定容至 25mL，即为试样净化液。

重复上述操作，将 20mL 硫胺素标准使用液加入盐基交换管以代替试样提取液，即得到标准净化液。

（3）氧化

将 5mL 试样净化液分别加入 A、B 两个反应瓶，在避光条件下将 3mL150g/L 氢氧化钠溶液加入反应瓶 A，将 3mL 碱性铁氰化钾溶液加入反应瓶 B，振摇约 15s，然后加入 10mL 正丁醇，将 A、B 两个反应瓶同时用力振摇 1.5min。重复上述操作，用标准净化液代替试样净化液。静置分层后，弃去下层碱性溶液，加入 2g～3g 无水硫酸钠使正丁醇脱水。

（4）测定

于激发波长 365nm，发射波长 435nm，激发波狭缝 5nm，发射波狭缝 5nm 处，依次测定试样空白荧光强度（试样反应瓶 A）、标准空白荧光强度（标准反应瓶 A）、试样荧光强度（试样反应瓶 B）、标准荧光强度（标准反应瓶 B）。

液体饮料如需按体积计算，流动性好的饮料，直接吸取；流动性不好的饮料，按第七章第二节第一款净含量检测中"相对密度法测量"测定饮料的密度，换算成体积。

2. 注意事项

（1）一般，标准空白荧光值为 2.8 左右，正丁醇的荧光值应在 1.4 以下，如试剂达不到上述要求，使用前应将正丁醇进行重蒸馏，馏程为 114℃～118℃。

（2）活性人造浮石宜保存在水中，以消除浮石微粒表面的空气，避免硫胺素与浮石的接触面积减少，造成吸附能力降低。

（3）硫胺素标准品多为硫胺素盐酸盐，如果采用硫胺素硝酸盐作为标准品，应根据分子质量乘以一个系数，转换为硫胺素盐酸盐。

（4）硫胺素盐酸盐易吸潮，因此配制前应进行干燥。

（5）硫胺素在酸性环境下较稳定，因此需用盐酸溶液配制、稀释和保存标准溶液。

（6）过滤用滤纸应对硫胺素无吸附力，如果过滤后滤液混浊，可再过滤 1 次或高速离心后提纯净化。

（7）试样流过交换柱后先用几近沸腾的热水进行冲洗，水洗过程中应沿管壁将水注入交换管中，避免浮石被水冲起。

（8）硫胺素本身不产生荧光，在碱性条件下被氧化成噻嘧色素才能产生荧光，用正丁醇提取噻嘧色素时要求每个试样所加试剂的次序、用量、振摇时间等都必须尽量一致。

（9）吸取氢氧化钠吸管与吸取碱性铁氰化钾吸管应分别使用。

（四）检验结果计算与数字修约、原始记录

1. 结果计算

试样中硫胺素的含量按式（7－6－2）计算：

$$X = (U - U_b) \times \frac{c \times V}{S - S_b} \times \frac{V_1}{V_2} \times \frac{1}{n} \times \frac{100}{1000} \qquad (7-6-2)$$

式中：X——试样中硫胺素的含量，单位为毫克每百克或毫克每百毫升（mg/100g 或 mg/100mL）；

U——试样的荧光强度；

U_b——试样空白的荧光强度；

c——硫胺素标准使用液的浓度，单位为微克每毫升（μg/mL）；

V——用于净化的硫胺素标准使用液的体积，单位为毫升（mL）；

S——标准的荧光强度；

S_b——标准空白的荧光强度；

V_1——试样水解后定容的体积，单位为毫升（mL）；

V_2——试样用于净化的提取液的体积，单位为毫升（mL）；

n——称取的试样质量或量取（或按密度换算）的试样体积，单位为克或毫升（g 或 mL）。

2. 数字修约

（1）产品标准或检验方法标准中有规定的，按标准规定的要求进行；标准中没有规定的，按有效数字运算规则进行运算，按 GB/T 8170 进行修约。

（2）本检验结果保留两位有效数字。

3. 原始记录

检验人员负责检验原始记录的设计、填写，应包括以下内容。

（1）检验样品的记录，如样品编号、样品名称、规格型号、生产日期等。

（2）环境条件记录，如环境温度、湿度等。

（3）仪器设备记录，如仪器设备名称、型号、编号及检定有效期等。

（4）检验方法和检验依据。

（5）检验日期、检验地点记录。

（6）各项检验原始观察数据或结果（包括图片、图表），计算公式及导出结果。

（五）检验后归位、整理、清理及污物处理

1. 检验后，所用玻璃器皿、器具均需清洗至不挂水珠并用去离子水冲洗 3 遍，于避尘处晾干。

2. 荧光分光光度计按仪器说明书维护保养操作规程处理。

3. 实验的三废按第二章第四节处理。

（六）编制检验报告及判定

1. 编制检验报告的要求

（1）检验报告应采用统一格式。检验报告表格中各项栏目应完整填写，不得缺项。无内容填写的栏目应使用"—"表示，不得空缺。编写内容应包括检验结果所必需的各种信息，以及采用方法所要求的全部信息。检验报告表格栏目排列顺序可以适当调整，内容也可根据实际需要进行增加。

（2）检验报告应包括封面、首页、检验结果页，如有需要可以有封底。

（3）检验报告中数据、公式、表格和其他技术内容应真实可靠、准确无误，带有计量单位的应使用法定的计量单位；数值应用阿拉伯数字书写。

（4）检验报告中所用的符号、代号应符合 GB/T 1.1—2009 的规定。

2. 检验结果的表示和判定

（1）根据产品标准或方法标准的规定，用测定值、测定值的算术平均值、中值等表示相应的参数。

（2）凡标准中规定采用修约值比较法的，应将测量值或计算值按 GB/T 8170 的有关规定，修约到与标准规定的极限数值的位数一致，再与标准规定的极限数值进行比较、判定。

（3）凡检验标准中未作规定的，均采用全数值比较法，将检验所得测量值或计算值不经修约，用数值的全部数字与标准规定的极限数值进行比较、判定。

三、核黄素及其衍生物

（一）检验样品的制备

1. 液体样品

（1）不含二氧化碳的样品：充分混合均匀，置于密闭的玻璃容器内。

（2）含二氧化碳的样品（如碳酸饮料等）：将试样旋摇至基本无气泡后，置于密闭的玻璃容器内备用。

2. 固体样品

应用粉碎、捣碎或研磨等方法将样品制成均匀可检状态，置于密闭玻璃容器内，保存备用。

3. 含果肉、果粒样品

将样品充分摇匀后，取至少 200g（mL），用组织捣碎机捣碎，混匀后置于密闭玻璃容器内。

4. 在制备上述液体或含果肉、果粒试样以及整个实验过程需避光进行。

（二）检验准备

1. 仪器

实验室常用设备；天平：感量为 0.1mg 和 1mg；粉碎机；荧光分光光度计；电热恒温培养箱；高压消毒锅；核黄素吸附柱，如图 7－6－3 所示。需要检定/校准的仪器必须在检定/校准有效期内。

2. 试剂

硅镁吸附剂：60 目～100 目；2.5mol/L 乙酸钠溶液；木瓜蛋白酶（100g/L）：用 2.5mol/L 乙酸钠溶液配制，使用时现配制；淀粉酶（100g/L）：用 2.5mol/L 乙酸钠溶液配制，使用时现配制；0.1mol/L 盐酸；1mol/L 氢氧化钠；0.1mol/L 氢氧化钠；低亚硫酸钠溶液（200g/L）：称取 20g 低亚硫酸钠，用水溶解并稀释至 100mL，此溶液用时现配，保存在冰水浴中，4h 有效；洗脱液：丙酮＋冰乙酸＋水（5＋2＋9）；溴甲

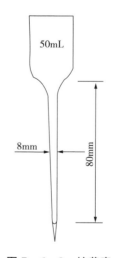

图 7－6－3　核黄素吸附柱

酚绿指示剂（0.4g/L）：称取 0.1g 溴甲酚绿，置于小研钵中，加水少许研磨至完全溶解，用水稀释至 250mL；高锰酸钾溶液（30g/L）：称取 3g 高锰酸钾用水溶解并稀释至 100mL；过氧化氢溶液（3%）：量取 10mL 过氧化氢（30%），用水稀释至 100mL；核黄素标准储备液（25μg/mL）：将标准品核黄素（纯度 98% 以上）粉状结晶置于盛有硫酸的干燥器中，经过 24h 后，准确称取 50mg，置于 2L 容量瓶中，加入 2.4mL 冰乙酸和 1.5L

水，将容量瓶置于温水中摇动，待其溶解，冷至室温，稀释至 2L，移至棕色瓶内，加少许甲苯盖于溶液表面，于冰箱中保存；核黄素标准使用液（1.00μg/mL）：吸取 2.00mL 核黄素标准储备液，置于 50mL 棕色容量瓶中，用水稀释至刻度，避光贮存于 4℃冰箱中，可保存 1 周，此溶液每毫升相当于 1.00μg 核黄素。方法中所用试剂均为分析纯，水为 GB/T 6682 规定的二级水。

（三）检验及注意事项

1. 检验

（1）试样的水解

准确称取 2g～10g 试样（约含核黄素 10μg～200μg），置于 100mL 三角瓶中，加入 50mL 0.1mol/L 盐酸，搅拌直到颗粒物分散均匀，用 40mL 瓷坩埚为盖扣住瓶口，置于高压锅内加热水解，10.3×10^4Pa，30min，凉后取出，用 1mol/L 氢氧化钠溶液中和至 pH 为 4.5，在中和过程中，不断取少许水解液，用 0.4g/L 溴甲酚绿检验呈草绿色即可。

（2）试样的酶解

1）含有淀粉的水解液：加入 3mL10g/L 淀粉酶溶液，于 37℃～40℃保温约 16h；

2）含有蛋白的水解液：加入 3mL10g/L 木瓜蛋白酶溶液，于 37℃～40℃保温约 16h。

（3）过滤

上述酶解液定容至 100.0mL，用干滤纸过滤。此提取液在 4℃冰箱中可保存 1 周。

（4）氧化去杂质

试样中核黄素的含量取一定量的试样提取液及核黄素标准使用液（约含 1μg～10μg 核黄素）分别于 20mL 的带盖刻度试管中，加水至 15mL，各管加 0.5mL 冰乙酸，混匀，加 30g/L 高锰酸钾溶液 0.5mL，混匀，放置 2min，使氧化去杂质，滴加 3%过氧化氢溶液数滴，直至高锰酸钾的颜色退掉，剧烈振摇试管，使多余的氧气逸出。

（5）核黄素的吸附和洗脱

1）核黄素吸附柱：硅镁吸附剂约 1g 用湿法装入柱，占柱长 1/2～2/3（约 5cm）为宜（吸附柱下端用一小团脱脂棉垫上），勿使柱内产生气泡，调节流速约为 60 滴/min。

2）过柱与洗脱：将全部氧化后的样液及标准液通过吸附柱后，用约 20mL 热水洗去样液中的杂质，然后用 5.00mL 洗脱液将试样中的核黄素洗脱并收集于一带盖的 10mL 刻度试管中，再用水洗吸附柱，收集洗出液体并定容至 10mL，混匀后待测荧光。

（6）标准曲线的制备

分别精确吸取核黄素标准使用液 0.3mL、0.6mL、0.9mL、1.25mL、2.5mL、5.0mL、10.0mL、20.0mL（相当于 0.3μg、0.6μg、0.9μg、1.25μg、2.5μg、5.0μg、10.0μg、20.0μg 核黄素）或取与试样含量相近的单点标准，按（5）核黄素的吸附和洗脱步骤操作。

（7）测定

于激发光波长 440nm，发射光波长 525nm，测量试样管及标准管的荧光值。待试样及标准的荧光值测量后，在各管的剩余液（约 5mL～7mL）中加 0.1mL20%低亚硫酸钠溶液，立即混匀，在 20s 内测出各管的荧光值，作各自的空白值。

液体饮料如需按体积计算，流动性好的饮料，直接吸取；流动性不好的饮料，按第七章第二节第一款净含量检测中"相对密度法测量"测定饮料的密度，换算成体积。

2. 注意事项

（1）硅镁吸附剂应预先浸泡于水中。

（2）核黄素标准品可采用105℃烘干至恒重或在装有浓硫酸或五氧化二磷干燥器中干燥3天的方法进行干燥，干燥后的核黄素应避光保存。

（3）低亚硫酸钠极不稳定，因此必须临用时现配。

（4）核黄素在碱性溶液中特别是在热碱性溶液中不稳定，所以水解液需冷却后加碱，调节pH值时，需一边摇一边滴加碱液，以避免局部碱浓度过高造成核黄素损失。

（5）一般干基试样加淀粉酶或蛋白酶20mg，液体试样，每克试样加酶3mg，加酶时宜先将酶溶于少量2.5mol/L乙酸钠中，混匀后加入试样。酶解完全的试样溶液应是透明的。

（6）氧化去杂质过程，加入高锰酸钾的量不宜过多，以避免在清除过量高锰酸钾时加入过多的过氧化氢，产生气泡，影响核黄素的吸附及洗脱。

（7）高锰酸钾的加入量以试样提取液的颜色略微变红并停留2min不褪色为止。

（8）加入过氧化氢时，每加一滴振摇一下，以刚好高锰酸钾颜色褪去，试样提取液澄清为宜。

（9）如果高锰酸钾过量易产生二氧化锰沉淀，应在过柱前离心除去，以免堵塞吸附柱。

（10）硅镁吸附柱制备好后应始终保持液面的高度，避免空气在硅镁吸附剂表面形成表面张力影响核黄素的吸附。

（四）检验结果计算与数字修约、原始记录

1. 结果计算

试样中核黄素的含量按式（7-6-3）计算：

$$X=\frac{(A-B)\times S}{(C-D)\times n}\times f\times\frac{100}{1000} \qquad (7-6-3)$$

式中：X——试样中核黄素的含量，单位为毫克每百克或毫克每百毫升（mg/100g 或 mg/100mL）；

A——试样管荧光值；

B——试样管空白荧光值；

S——标准管中核黄素质量，单位为微克（μg）；

C——标准管荧光值；

D——标准管空白荧光值；

n——称取的试样质量或量取（或按密度换算）的试样体积，单位为克或毫升（g 或 mL）；

f——稀释倍数。

2. 数字修约

（1）产品标准或检验方法标准中有规定的，按标准规定的要求进行；标准中没有规定的，按有效数字运算规则进行运算，按 GB/T 8170 进行修约。

（2）本检验结果保留到小数点后两位。

3. 原始记录

检验人员负责检验原始记录的设计、填写，应包括以下内容：

（1）检验样品的记录，如样品编号、样品名称、规格型号、生产日期等。

（2）环境条件记录，如环境温度、湿度等。

（3）仪器设备记录，如仪器设备名称、型号、编号及检定有效期等。

（4）检验方法和检验依据。

（5）检验日期、检验地点记录。

（6）各项检验原始观察数据或结果（包括图片、图表），计算公式及导出结果。

（五）检验后归位、整理、清理及污物处理

1. 检验后，所用玻璃器皿、器具均需清洗至不挂水珠并用去离子水冲洗 3 遍，于避尘处晾干。

2. 荧光分光光度计按仪器说明书维护保养操作规程处理。

3. 实验的三废按第二章第四节处理。

（六）编制检验报告及判定

1. 编制检验报告要求如下：

（1）检验报告应采用统一格式。检验报告表格中各项栏目应完整填写，不得缺项。无内容填写的栏目应使用"—"表示，不得空缺。编写内容应包括检验结果所必需的各种信息，以及采用方法所要求的全部信息。检验报告表格栏目排列顺序可以适当调整，内容也可根据实际需要进行增加。

（2）检验报告应包括封面、首页、检验结果页，如有需要可以有封底。

（3）检验报告中数据、公式、表格和其他技术内容应真实可靠、准确无误，带有计量单位的应使用法定的计量单位；数值应用阿拉伯数字书写。

（4）检验报告中所用的符号、代号应符合 GB/T 1.1—2009 的规定。

2. 检验结果的表示和判定

（1）根据产品标准或方法标准的规定，用测定值、测定值的算术平均值、中值等表示相应的参数。

（2）凡标准中规定采用修约值比较法的，应将测量值或计算值按 GB/T 8170 的有关规定，修约到与标准规定的极限数值的位数一致，再与标准规定的极限数值进行比较、判定。

（3）凡检验标准中未作规定的，均采用全数值比较法，将检验所得测量值或计算值不经修约，用数值的全部数字与标准规定的极限数值进行比较、判定。

四、微量元素（营养元素）

以下为饮料中常含的微量元素（营养元素）钠、钾、镁、钙的测定。

（一）检验样品的制备

样品的制备是指对采取的样品进行分取、粉碎、混匀等处理工作，是保证检测结果准确性的基础，在制备过程中，应注意不使试样受污染。

1. 液体样品：一般将样品摇匀，充分搅拌后置于密闭玻璃容器内，保存备用。

2. 含果肉、果粒等液体样品：将样品充分摇匀后，取至少 200g（mL），用组织捣碎机捣碎，混匀后置于密闭玻璃容器内，保存备用。

3. 固体样品：应用粉碎、捣碎或研磨等方法将样品制成均匀可检状态，置于密闭玻璃容器内，保存备用。

（二）检验准备（仪器检查校对等）

计量器具的示值精确是确保检验结果准确性的基础，实验室对检测数据准确度有影响的所有测量设备和检验设备包括辅助测量设备在投入使用前或维修后都必须进行校准。

1. 试剂和材料

除非另有规定，本方法所使用试剂均为分析纯，水为 GB/T 6682 规定的一级水。

（1）硝酸、高氯酸、盐酸：优级纯。

（2）过氧化氢（30％）。

（3）混合酸：硝酸＋高氯酸（9＋1）：取 9 份硝酸与 1 份高氯酸混合。

（4）硝酸溶液（0.5mol/L）：取 3.2mL 硝酸加入 50mL 水中，稀释至 100mL。

（5）氧化镧溶液（20g/L）：称取 23.45g 氧化镧（纯度大于 99.99％），先用少量水湿润，再加 75mL 盐酸于 1000mL 容量瓶中，加去离子水稀释至刻度。

（6）钠、钾、镁、钙标准贮备溶液（1000mg/L）：向国家认可的销售标准物质单位购买。

（7）钠标准使用液（100mg/L）：吸取 10.0mL 钠标准贮备溶液，置于 100mL 容量瓶中，用硝酸溶液（0.5mol/L）稀释至刻度，摇匀。

（8）钾标准使用液（100mg/L）：吸取 10.0mL 钾标准贮备溶液，置于 100mL 容量瓶中，以硝酸溶液（0.5mol/L）稀释至刻度，摇匀。

（9）镁标准使用液（50mg/L）：吸取 5.0mL 镁标准贮备溶液，置于 100mL 容量瓶中，用硝酸溶液（0.5mol/L）稀释至刻度，摇匀。

（10）钙标准使用液（100mg/L）：吸取 10.0mL 钙标准贮备溶液，置于 100mL 容量瓶中，用氧化镧溶液（20g/L）稀释至刻度，摇匀。

2. 仪器和设备

（1）原子吸收光谱仪，附火焰炉及钠、钾、镁、钙空心阴极灯。

（2）马弗炉。

（3）天平：感量为 1mg。

（4）恒温干燥箱。

（5）瓷坩埚。

（6）压力消解器、压力消解罐或压力溶弹。

（7）可调式电热板、可调式电炉。

（8）微波消解仪。

（三）检验及注意事项

1. 试样消解

可根据实验室条件选用以下任何一种方法消解。

（1）干法灰化：称取固体试样 1g～5g 或液体试样 2.00g（或 mL）～10.00g（或 mL）（均精确到 0.001g）于瓷坩埚中，先小火在可调式电热板上炭化至无烟，移入马弗炉 500℃±25℃ 灰化 6h～8h，冷却。若个别试样灰化不彻底，则加 1mL 混合酸［硝酸＋高氯酸（9＋1）］在可调式电炉上小火加热，反复多次直到消化完全，放冷，用硝酸溶液（0.5mol/L）将灰分溶解，用滴管将试样消化液洗入 10mL～25mL 容量瓶中，用水少量多次洗涤瓷坩埚，洗液合并于容量瓶中并定容至刻度，混匀备用；同时作试剂空白试验。

（2）湿式消解法：称取固体试样 1g～5g 或液体试样 2.00g（或 mL）～10.00g（或 mL）（均精确到 0.001g）于锥形瓶或高脚烧杯中，放数粒玻璃珠，加 10mL 混合酸［硝酸＋高氯酸（9＋1）］，加盖浸泡过夜，加一小漏斗于电炉上消解，若变棕黑色，再加混合酸，直至冒白烟，消化液呈无色透明或略带黄色，放冷，用滴管将试样消化液洗入 10mL～25mL 容量瓶中，用水少量多次洗涤锥形瓶或高脚烧杯，洗液合并于容量瓶中并定容至刻度，混匀备用；同时作试剂空白试验。

（3）压力消解罐消解法：称取固体试样 0.5g～1g 或液体试样 1.00g（或 mL）～2.00g（或 mL）（均精确到 0.001g）于聚四氟乙烯内罐，加硝酸 2mL～4mL 浸泡过夜，再加过氧化氢 2mL～3mL（总量不能超过罐容积的 1/3），盖好内盖，旋紧不锈钢外套，放入恒温干燥箱，120℃～140℃ 保持 3h～4h，在箱内自然冷却至室温后，打开压力消解罐，于电热板上（120℃～160℃）赶酸至 1mL 左右，用滴管将消化液洗入 10mL～25mL 容量瓶中，用水少量多次洗涤消解罐，洗液合并于容量瓶中并定容至刻度，混匀备用；同时作试剂空白试验。

（4）微波消解法：称取固体试样 0.2g～0.5g 或液体试样 0.50g（或 mL）～1.00g（或 mL）（均精确到 0.001g）于微波消解罐中，加入硝酸 4mL～5mL，再加入过氧化氢 1mL～2mL，旋紧外盖置于微波消解仪中进行消解，推荐条件见表 7-6-1（可根据不同的仪器自行设定消解条件），消解完后打开消解罐，于电热板上（120℃～160℃）赶酸至 1mL 左右，用纯水少量多次洗涤消解罐至 10mL～25mL 容量瓶中，定容至刻度，混匀备用；同时作试剂空白试验。

表 7-6-1　微波消化推荐条件

步骤	功率		升温时间/h	控制温度/℃	保持时间/h
	W	%			
1	1600	100	5	120	2
2	1600	100	2	150	5
3	1600	100	5	185	15

2. 测定

（1）钠的测定（原子吸收光谱法）

1）仪器条件：波长 589nm；仪器狭缝、空气及乙炔的流量、灯头高度、元素灯电流等均按使用的仪器说明调至最佳状态。

2）标准曲线绘制：吸取 0、0.50mL、1.00mL、2.00mL、3.00mL、4.00mL 钠标准使用液，分别置于100mL 容量瓶中，以硝酸溶液（0.5mol/L）稀释至刻度，混匀，容量瓶中钠的浓度分别 0、0.5mg/L、1.0mg/L、2.0mg/L、3.0mg/L、4.0mg/L，将其导入火焰原子化器进行测定，测得其吸光值并求得吸光值与浓度关系的一元线性回归方程。

3）试样测定：将处理后的样液、试剂空白液分别导入火焰原子化器进行测定，测得其吸光值，代入标准系列的一元线性回归方程中求得样液中的钠含量。

（2）钾的测定（原子吸收光谱法）

1）仪器条件：波长 766.5nm；仪器狭缝、空气及乙炔的流量、灯头高度、元素灯电流等均按使用的仪器说明调至最佳状态。

2）标准曲线绘制：吸取 0mL、0.20mL、0.40mL、0.80mL、1.20mL、2.00mL 钾标准使用液，分别置于100mL 容量瓶中，以硝酸溶液（0.5mol/L）稀释至刻度，混匀，容量瓶中钾的浓度分别 0、0.2mg/L、0.4mg/L、0.8mg/L、1.2mg/L、2.0mg/L，将其导入火焰原子化器进行测定，测得其吸光值并求得吸光值与浓度关系的一元线性回归方程。

3）试样测定：将处理后的样液、试剂空白液分别导入火焰原子化器进行测定，测得其吸光值，代入标准系列的一元线性回归方程中求得样液中的锌含量。

（3）镁的测定（原子吸收光谱法）

1）仪器条件：波长 285.2nm；仪器狭缝、空气及乙炔的流量、灯头高度、元素灯电流等均按使用的仪器说明调至最佳状态。

2）标准曲线绘制：吸取 0mL、0.20mL、0.40mL、0.80mL、1.20mL、2.00mL 镁标准使用液，分别置于100mL 容量瓶中，以硝酸溶液（0.5mol/L）稀释至刻度，混匀，容量瓶中镁的浓度分别 0mg/L、0.1mg/L、0.2mg/L、0.4mg/L、0.6mg/L、1.0mg/L，将其导入火焰原子化器进行测定，测得其吸光值并求得吸光值与浓度关系的一元线性回归方程。

3）试样测定：将处理后的样液、试剂空白液分别导入火焰原子化器进行测定，测得其吸光值，代入标准系列的一元线性回归方程中求得样液中的镁含量。

（4）钙的测定（原子吸收光谱法）

吸取适量消化液和试剂空白液于 10mL～25mL 容量瓶中，用氧化镧溶液（20g/L）稀释至刻度，混匀。

1）仪器条件：波长 422.7nm；仪器狭缝、空气及乙炔的流量、灯头高度、元素灯电流等均按使用的仪器说明调至最佳状态。

2）标准曲线绘制：吸取 0mL、0.20mL、0.40mL、0.80mL、1.20mL、2.00mL 钙标准使用液，分别置于50mL 容量瓶中，用氧化镧溶液（20g/L）稀释至刻度，混匀，容量瓶中钙的浓度分别 0mg/L、0.4mg/L、0.8mg/L、1.6mg/L、2.4mg/L、4.0mg/L，将其导入火焰原子化器进行测定，测得其吸光值并求得吸光值与浓度关系的一元线性回归方程。

3）试样测定：将处理后的样液、试剂空白液分别导入火焰原子化器进行测定，测得其吸光值，代入标准系列的一元线性回归方程中求得样液中的钙含量。

3. 注意事项

（1）样品处理要防止污染，所用器皿均应使用塑料或玻璃制品，使用的试管、器皿及消解内罐均应在使用前用硝酸浸泡，并用去离子水冲洗干净，干燥后使用。

（2）样品消化时注意酸不要烧干，以免发生危险。

（3）按操作规程正确使用仪器。

（四）检验结果计算与数字修约、原始记录

1. 试样中钠/钾/镁的含量按式（7－6－4）进行计算：

$$X = \frac{(c_1 - c_0) \times V \times 1000}{m \times 1000} \tag{7-6-4}$$

式中：X——试样中钠/钾/镁的含量，单位为毫克每千克或毫克每升（mg/kg 或 mg/L）；

c_1——测定样液中钠/钾/镁的含量，单位为微克每毫升（μg/mL）；

c_0——空白液中钠/钾/镁的含量，单位为微克每毫升（μg/mL）；

V——试样消化液定量总体积，单位为毫升（mL）；

m——试样质量或体积，单位为克或毫升（g 或 mL）。

以重复性条件下获得的两次独立测定结果的算术平均值表示，计算结果表示到小数点后两位。

2. 试样中钙的含量按式（7－6－5）进行计算：

$$X = \frac{(c_1 - c_0) \times V_1 \times 1000}{m \times V_2/V_1 \times 1000} \tag{7-6-5}$$

式中：X——试样中钙的含量，单位为毫克每千克或毫克每升（mg/kg 或 mg/L）；

c_1——测定样液中钙的含量，单位为微克每毫升（μg/mL）；

c_0——空白液中钙的含量，单位为微克每毫升（μg/mL）；

V——试样消化液定量总体积，单位为毫升（mL）；

m——试样质量或体积，单位为克或毫升（g 或 mL）；

V_2——试样消化液移取体积，单位为毫升（mL）；

V_1——试样处理液的总体积，单位为毫升（mL）。

以重复性条件下获得的两次独立测定结果的算术平均值表示，计算结果表示到小数点后两位。

3. 数字修约

产品标准或检验方法标准中有规定的，按标准规定的要求进行；标准中没有规定的，按有效数字运算规则进行运算，按 GB/T 8170 进行修约。

4. 原始记录

检验人员负责检验原始记录的设计、填写，应包括以下内容：

（1）检验样品的记录，如样品编号、样品名称、规格型号、生产日期等。

（2）环境条件记录，如环境温度、湿度等。

（3）仪器设备记录，如仪器设备名称、型号、编号及检定有效期等。

（4）检验方法和检验依据。

（5）检验日期、检验地点记录。

（6）各项检验原始观察数据或结果（包括图片、图表），计算公式及导出结果。

（五）检验后归位、整理、清理及污物处理

1. 检验后，所用玻璃器皿、器具均需清洗至不挂水珠并用去离子水冲洗干净，然后均以硝酸溶液（10％）浸泡 24h 以上。

2. 实验的三废按第二章第四节处理。

（六）编制检验报告及判定

1. 编制检验报告，要求如下：

（1）检验报告应采用统一格式。检验报告表格中各项栏目应完整填写，不得缺项。无内容填写的栏目应使用"—"表示，不得空缺。编写内容应包括检验结果所必需的各种信息，以及采用方法所要求的全部信息。检验报告表格栏目排列顺序可以适当调整，内容也可根据实际需要进行增加。

（2）检验报告应包括封面、首页、检验结果页，如有需要可以有封底。

（3）检验报告中数据、公式、表格和其他技术内容应真实可靠、准确无误，带有计量单位的应使用法定的计量单位；数值应用阿拉伯数字书写。

（4）检验报告中所用的符号、代号应符合 GB/T 1.1—2009 的规定。

2. 检验结果的表示和判定

（1）根据产品标准或方法标准的规定，用测定值、测定值的算术平均值、中值等表示相应的参数。

（2）凡标准中规定采用修约值比较法的，应将测量值或计算值按 GB/T 8170 的有关规定，修约到与标准规定的极限数值的位数一致，再与标准规定的极限数值进行比较、判定。

（3）凡检验标准中未作规定的，均采用全数值比较法，将检验所得测量值或计算值不经修约，用数值的全部数字与标准规定的极限数值进行比较、判定。

第七节　饮料产品中微生物的测定

一、菌落总数的测定

（一）检验样品的制备

1. 液体样品：采用玻璃或金属材质罐装的样品用点燃的酒精棉球烧灼瓶口灭菌，如需用开瓶器开启的则开瓶器也需灭菌，采用塑料或复合纸质材质包装的样品可用 75％消毒酒精棉擦拭灭菌后用无菌手术剪刀将开口剪开；样品中如含有二氧化碳，可将样品倒入另一灭菌容器内（如灭菌广口瓶），瓶口勿盖紧，覆盖一灭菌纱布，轻轻摇荡，将二氧化碳气体排尽，用于检验。

2. 固体样品：先用75％消毒酒精棉对外包装进行彻底擦拭消毒，特别是准备要开启的部位以防止开启时发生交叉污染，罐装的样品可直接采用无菌操作开盖，如为软包装的样品则用无菌手术剪刀剪开包装，然后用无菌勺子勺取样品于无菌均质杯或无菌均质袋中。

（二）检验准备

1. 按要求开启无菌室、洁净室或超净工作台的紫外线灯进行消毒；检查培养箱应稳定在36℃±1℃，恒温水浴锅应稳定在46℃±1℃。

2. 平板计数琼脂培养基

（1）成分：胰蛋白胨 5.0g；酵母浸膏 2.5g；葡萄糖 1.0g；琼脂 15.0g；蒸馏水 1000mL。

（2）制法：将上述成分加于蒸馏水中，煮沸溶解，调节 pH 至 7.0±0.2，分装于适宜容器中，121℃高压灭菌 15min，已经冷却凝固的培养基可用微波炉或电炉加热溶解后，置于恒温水浴锅（46℃±1℃）内保温。

3. 磷酸盐缓冲液

（1）成分：磷酸二氢钾（KH_2PO_4）34.0g；蒸馏水 500mL。

（2）制法：

贮存液：称取 34.0g 磷酸二氢钾溶于 500mL 蒸馏水中，用大约 175mL 的 1mol/L 氢氧化钠溶液调节 pH 至 7.2，用蒸馏水稀释至 1000mL 后贮存于冰箱。

稀释液：取贮存液 1.25mL，用蒸馏水稀释至 1000mL，分装于适宜容器中，121℃高压灭菌 15min。

4. 无菌生理盐水

（1）成分：氯化钠 8.5g；蒸馏水 1000mL。

（2）制法：称取 8.5g 氯化钠溶于 1000mL 蒸馏水中，分装于适宜容器，121℃高压灭菌 15min。

5. 1mol/L 氢氧化钠溶液

（1）成分：氢氧化钠 40.0g；蒸馏水 1000mL。

（2）制法：称取 40g 氢氧化钠溶于 1000mL 蒸馏水中，121℃高压灭菌 15min。

6. 1mol/L 盐酸溶液

（1）成分：盐酸 90mL；蒸馏水 1000mL。

（2）制法：移取浓盐酸 90mL，用蒸馏水稀释至 1000mL，121℃高压灭菌 15min。

（三）检验及注意事项

1. 样品的稀释

（1）固体和半固体样品：称取 25g 样品置盛有 225mL 磷酸盐缓冲液或生理盐水的无菌均质杯内，8000r/min～10 000r/min 均质 1min～2min，或放入盛有 225mL 稀释液的无菌均质袋中，用拍击式均质器拍打 1min～2min，制成 1：10 的样品匀液。

（2）液体样品：以无菌吸管吸取 25mL 样品置盛有 225mL 磷酸盐缓冲液或生理盐水的无菌锥形瓶（瓶内预置适当数量的无菌玻璃珠）中，充分混匀，制成 1：10 的样品匀液。

（3）用 1mL 无菌吸管或微量移液器吸取 1：10 样品匀液 1mL，沿管壁缓慢注于盛有 9mL 稀释液的无菌试管中（注意吸管或吸头尖端不要触及稀释液面），振摇试管或换用 1 支无菌吸管反复吹打使其混合均匀，制成 1：100 的样品匀液。

（4）按上述操作步骤，制备 10 倍系列稀释样品匀液，每递增稀释 1 次，换用 1 支 1mL 灭菌吸管或吸头。

（5）根据对样本污染状况的估计，选择 2 个～3 个适宜稀释度的样品匀液（液体样品可包括原液），在进行 10 倍递增稀释的同时，吸取 1mL 样品匀液于无菌平皿内，每个稀释度做两个平皿。同时，分别吸取 1mL 空白稀释液加入两个无菌平皿作空白对照。

（6）及时将 15mL～20mL 冷却至 46℃的平板计数琼脂培养基（可放置于 46℃±1℃恒温水浴锅中保温）倾注平皿，并转动平皿使混合均匀。

2. 培养

（1）待琼脂凝固后，将平板翻转，36℃±1℃培养 48h±2h。

（2）如果样品中可能含有在琼脂培养基表面弥漫生长的菌落时，可在凝固后的琼脂表面覆盖一薄层琼脂培养基（约 4mL），凝固后翻转平板，36℃±1℃培养 48h±2h。

3. 菌落计数

可用肉眼观察，必要时用放大镜或菌落计数器，记录稀释倍数和相应的菌落数量。菌落计数以菌落形成单位（colony-forming units，CFU）表示。

（1）选取菌落数在 30CFU～300CFU 之间、无蔓延菌落生长的平板计数菌落总数。低于 30CFU 的平板记录具体菌落数，大于 300CFU 的可记录为多不可计。每个稀释度的菌落数应采用两个平板的平均数。

（2）其中一个平板有较大片状菌落生长时，则不宜采用，而应以无片状菌落生长的平板作为该稀释度的菌落数，若片状菌落不到平板的一半，而其余一半中菌落分布又很均匀，即可计算半个平板后乘以 2 代表一个平板菌落数。

（3）当平板上出现菌落间无明显界线的链状生长时，则将每条单链作为一个菌落计数。

4. 注意事项

（1）检验过程中所使用的玻璃器皿必须是清洗干净然后彻底灭菌，不得残留有抑制微生物生长的物质。用于样品稀释的液体，每个批次都要有空白试验。

（2）所使用的吸管要准确，要使用 1mL 刻度吸管加样液到平皿，因为 1mL 的刻度吸管其误差为 0.01mL，如果使用 2mL 的刻度吸管则其误差为 0.02mL，如果用 5mL 的刻度吸管则其误差为 0.03mL。使用吸管吸液后，吸管头部应轻碰一下平皿底部，吸走残留的稀释液，另外还应按照刻度吸管的注明要求，吹或不吹最后部分，因为半滴的稀释液会造成一定的误差，而随着稀释液的 10 倍递增稀释，这种误差的积累会增大，使用移液枪和一次性枪头可减少这种误差。

（3）在制备 10 倍递增稀释样品匀液时，每递增稀释 1 次，换用 1 支 1mL 灭菌吸管或吸头，这样所得的稀释倍数才准确。吸管或吸头在进出装有稀释液的玻璃瓶或试管时，不得触及瓶口或试管的外侧部分，以免受到污染。吸取稀释液时，吸管头部或吸头插入稀释液液面 1cm 位置即可，以免在吸管外壁粘附过多的液体，当释放稀释液时，应小心沿管壁加入，不得触及管内稀释液，以免吸管尖头外侧部分粘附的液体混入其中。

（4）在检液加入平皿后，应在 20min 内倾注平板计数琼脂并混匀，以免细菌增殖产生片状菌落。检液与琼脂混匀时，应先将平皿左右轻轻摇动，然后按顺时针方向和逆时针方向旋转，使之充分混匀，摇动时应小心，不要使混合物溅到皿边的上方。皿内琼脂凝固后，将平皿翻转，倒置于培养箱培养，防止冷凝水滴落到培养基表面导致菌落蔓延生长，影响菌落形成。

（5）应定期监控实验操作环境的无菌状况，在检验工作时，打开一块琼脂平板置于工作台面上，其暴露时间应与检样的制备、稀释液的加注相同，然后与加有检样的平皿一起放入培养箱培养，以了解检样在检验操作过程中有无受到来自空气的污染。

（6）菌落计算时应选择 30CFU～300CFU 之间的平板，有人按公式（误差^2＝±稀释误差^2＋菌落分布误差^2）进行计算，在 95％可信限范围内的结果如表 7－7－1。

表 7－7－1

菌落总数真实值 CFU	平板上出现的错误率 ％	平板上可能表现的菌落数 CFU
20	47	11～29
30	37	19～41
50	28	36～64
80	20	64～96
200	14	173～228
320	11	285～355
400	10	360～440
500	9	455～545

由以上计算得出，菌落数越少，误差越大。在平板上出现 20 以下的菌落数时，误差更大。而大于 300CFU 时，因为菌落密度太高，又不易辨认。故选择菌落数在 30CFU～300CFU 之间的平板进行计算。

（7）加入平皿内的检样稀释液（特别是 10^{-1} 的稀释液）有时带有的检样颗粒和小的菌落很难区别。这时，可做一检样稀释液与平板计数琼脂混合的平皿，不经培养，置于 4℃ 冰箱存放，以便在计数检样菌落数时用于对照。也可以用加 TTC 的办法解决，即在 45℃ 左右，每 100mL 平板计数琼脂加入 1mL 0.5％的 2，3，5－氯化三苯四氮唑（TTC），因细菌有还原能力，菌落成红色，而食品颗粒不带颜色，但 TTC 本身对革兰氏阳性菌有一定抑制作用。

（四）检验结果计算与数字修约、原始记录

1. 检验结果的计算与数字修约

（1）若只有一个稀释度平板上的菌落数在适宜计数范围内，计算两个平板菌落数的平均值，再将平均值乘以相应稀释倍数，作为每克（毫升）样品中菌落总数结果。

（2）若有两个连续稀释度的平板菌落数在适宜计数范围内时，按式（7-7-1）计算：

$$N= \sum C/(n_1 + 0.1n_2)d \qquad (7-7-1)$$

式中：N——样品中的菌落数；

$\sum C$——平板（含适宜范围菌落数的平板）菌落数之和；

n_1——第一个稀释度（低稀释倍数）平板个数；

n_2——第二个稀释度（高稀释倍数）平板个数；

d——稀释因子（第一稀释度）。

（3）若所有稀释度的平板上菌落数均大于300CFU，则对稀释度最高的平板进行计数，其他平板可记录为多不可计，结果按平均菌落数乘以最高稀释倍数计算。

（4）若所有稀释度的平板菌落数均小于30CFU，则应按稀释度最低的平均菌落数乘以稀释倍数计算。

（5）若所有稀释度（包括液体样品原液）平板均无菌落生长，则以小于1乘以最低稀释倍数计算。

（6）若所有稀释度的平板菌落数均不在30CFU～300CFU之间，其中一部分小于30 CFU或大于300CFU时，则以最接近30CFU或300CFU的平均菌落数乘以稀释倍数计算。

（7）菌落数小于100CFU时，按"四舍五入"原则修约，以整数报告。

（8）菌落数大于或等于100CFU时，第3位数字采用"四舍五入"原则修约后，取前两位数字，后面用0代替位数；也可用10的指数形式来表示，按"四舍五入"原则修约后，采用两位有效数字。

（9）若所有平板上为蔓延菌落而无法计数，则报告菌落蔓延。

（10）若空白对照上有菌落生长，则此次检测结果无效。

（11）称重取样以 CFU/g 为单位报告，体积取样以 CFU/mL 为单位报告。

2. 原始记录

菌落总数检验原始记录应详细记录样品名称、样品型号规格、生产批次、检验日期、所使用的平板计数琼脂培养名称和配制日期、培养箱的编号及培养的温度和时间、各稀释度及平板上的菌落数、检验结果，原始记录上需有检验人员和校核人员的签名，记录如有更改则用双划线划改并签名，一页原始记录上划改处最好不要超过3处。

（五）检验后归位、整理、清理及污物处理

检验完毕后，应及时清理实验现场和实验用具，无菌室工作台面和地面还需用含有效氯500mg/L～1000mg/L的消毒液擦拭；定期更换水浴锅内的去离子水；定期检查隔水式恒温培养箱夹层水位；检验结果观察后的平皿需经121℃20min高压灭菌后方可处理。

（六）编制检验报告及判定

按检验项目完成各类检验后，检验报告编制人员应及时根据原始记录填写检验报告，根据检验项目的指标要求对检验结果的符合性进行判定，签名后送主管人员核实签名，并加盖单位检验专用章，以示生效。

二、大肠菌群的测定

（一）检验样品的制备

1. 液体样品：采用玻璃或金属材质罐装的样品用点燃的酒精棉球烧灼瓶口灭菌，如需用开瓶器开启的则开瓶器也需灭菌，采用塑料或复合纸质材质包装的样品可用75％的消毒酒精棉擦拭灭菌后用无菌手术剪刀将开口剪开；样品中如含有二氧化碳，可将样品倒入另一灭菌容器内（如灭菌广口瓶），瓶口勿盖紧，覆盖一灭菌纱布，轻轻摇荡，将二氧化碳气体排尽，用于检验。

2. 固体样品：先用75％的消毒酒精棉对外包装进行彻底擦拭消毒，特别是准备要开启的部位以防止开启时发生交叉污染，罐装的样品可直接采用无菌操作开盖，如为软包装的样品则用无菌手术剪刀剪开包装，然后用无菌勺子勺取样品于无菌均质杯或无菌均质袋中。

（二）检验准备

1. 开启无菌室、洁净室或超净工作台的紫外线灯消毒至少30min，培养箱应稳定在36℃±1℃，水浴锅应稳定在46℃±1℃。

2. 月桂基硫酸盐胰蛋白胨（LST）肉汤

（1）成分：胰蛋白胨或胰酪胨 20.0g；氯化钠 5.0g；乳糖 5.0g；磷酸氢二钾（K_2HPO_4） 2.75g；磷酸二氢钾（KH_2PO_4） 2.75g；月桂基硫酸钠 0.1g；蒸馏水 1000mL。

（2）制法：将上述成分（也可购置商业化脱水培养基按其配制说明）溶解于蒸馏水中，调节pH至6.8±0.2，分装到装有玻璃小倒管的试管中，每管10mL，121℃高压灭菌15min。（如配制双料LST肉汤，则各成分加倍，蒸馏水不变）

3. 煌绿乳糖胆盐（BGLB）肉汤

（1）成分：蛋白胨 10.0g；乳糖 10.0g；牛胆粉（oxgall或oxbile）溶液 200mL；0.1％煌绿水溶液 13.3mL；蒸馏水 800mL。

（2）制法：将蛋白胨、乳糖溶于约500mL蒸馏水中，加入牛胆粉溶液200mL（将20.0g脱水牛胆粉溶于200mL蒸馏水中，调节pH至7.0～7.5），用蒸馏水稀释到975mL，调节pH至7.2±0.1，再加入0.1％煌绿水溶液13.3mL，用蒸馏水补足到1000mL，用棉花过滤后，（也可购置商业化脱水培养基按其配制说明）分装到装有小倒管的试管中，每管10mL。121℃高压灭菌15min。

4. 结晶紫中性红胆盐琼脂（VRBA）

（1）成分：蛋白胨 7.0g；酵母膏 3.0g；乳糖 10.0g；氯化钠 5.0g；胆盐或3号胆盐 1.5g；中性红 0.03g；结晶紫 0.002g；琼脂 15g～18g；蒸馏水 1000mL。

（2）制法：将上述成分（也可购置商业化脱水培养基按其配制说明）溶于蒸馏水中，静置几分钟，充分搅拌，调节pH至7.4±0.1，煮沸2min，将培养基冷却至45℃～50℃倾注平板，使用前临时制备，不得超过3h。

5. 磷酸盐缓冲液

（1）成分：磷酸二氢钾（KH_2PO_4）34.0g；蒸馏水 500mL。

（2）制法：

贮存液：称取 34.0g 磷酸二氢钾溶于 500mL 蒸馏水中，用大约 175mL 的 1mol/L 氢氧化钠溶液调节 pH 至 7.2，用蒸馏水稀释至 1000mL 后贮存于冰箱。

稀释液：取贮存液 1.25mL，用蒸馏水稀释至 1000mL，分装于适宜容器中，121℃高压灭菌 15min。

6. 无菌生理盐水

（1）成分：氯化钠 8.5g；蒸馏水 1000mL。

（2）制法：称取 8.5g 氯化钠溶于 1000mL 蒸馏水中，分装于适宜容器，121℃高压灭菌 15min。

7. 1mol/L 氢氧化钠溶液

（1）成分：氢氧化钠 40.0g；蒸馏水 1000mL。

（2）制法：称取 40g 氢氧化钠溶于 1000mL 蒸馏水中，121℃高压灭菌 15min。

8. 1mol/L 盐酸溶液

（1）成分：盐酸 90mL；蒸馏水 1000mL。

（2）制法：移取浓盐酸 90mL，用蒸馏水稀释至 1000mL，121℃高压灭菌 15min。

（三）检验及注意事项

1. 大肠菌群 MPN（最可能数，most probable number）计数法

（1）样品的稀释

1）固体和半固体样品：称取 25g 样品，放入盛有 225mL 磷酸盐缓冲液或生理盐水的无菌均质杯内，8000r/min～10 000r/min 均质 1min～2min，或放入盛有 225mL 磷酸盐缓冲液或生理盐水的无菌均质袋中，用拍击式均质器拍打 1min～2min，制成 1∶10 的样品匀液。

2）液体样品：以无菌吸管吸取 25mL 样品置于盛有 225mL 磷酸盐缓冲液或生理盐水的无菌锥形瓶（瓶内预置适当数量的无菌玻璃珠）中，充分混匀，制成 1∶10 的样品匀液。

3）样品匀液的 PH 应在 6.5～7.5 之间，必要时分别用 1mol/L 氢氧化钠溶液或 1mol/L 盐酸溶液调节。

4）用 1mL 无菌吸管或微量移液器吸取 1∶10 样品匀液 1mL，沿管壁缓缓注入 9mL 磷酸盐缓冲液或生理盐水的无菌试管中（注意吸管或吸头尖端不要触及管内稀释液面），振摇试管或换用 1 支 1mL 无菌吸管反复吹打，使其混合均匀，制成 1∶100 的样品匀液。

5）根据对样品污染状况的估计，按上述操作，依次制成十倍递增系列稀释样品匀液。每递增稀释 1 次，换用 1 支 1mL 无菌吸管或吸头，从制备样品匀液至样品接种完毕，全过程不得超过 15min。

（2）初发酵试验：每个样品，选择 3 个适宜的连续稀释度的样品匀液（液体样品可选择原液），每个稀释度接种 3 管月桂基硫酸盐胰蛋白胨（LST）肉汤，每管接种 1mL（如

接种量超过 1mL，则用双料 LST 肉汤），36℃±1℃培养 24h±2h，观察倒管内是否有气泡产生，24h±2h 产气者进行复发酵试验，如未产气则继续培养至 48h±2h，产气者进行复发酵试验。未产气者为大肠菌群阴性。

（3）复发酵试验：用接种环从产气的 LST 肉汤管中分别取培养物 1 环，移种于煌绿乳糖胆盐肉汤（BGLB）管中，36℃±1℃培养 48h±2h，观察产气情况。产气者，计为大肠菌群阳性。

2. 大肠菌群平板计数法

（1）样品的稀释：按 MPN 法中样品稀释步骤进行。

（2）选取 2 个～3 个适宜的连续稀释度，每个稀释度接种两个无菌平皿，每皿 1mL。同时取 1mL 生理盐水加入无菌平皿作空白对照。

（3）及时将 15mL～20mL 冷至 46℃的结晶紫中性红胆盐琼脂（VRBA）倾注于每个平皿中。小心旋转平皿，将培养基与样液充分混匀，待琼脂凝固后，再加 3mL～4mLVRBA 覆盖平板表层。翻转平板，置于 36℃±1℃培养 18h～24h。

（4）平板菌落数的选择：选取菌落数在 15CFU～150CFU 之间的平板，分别计数平板上出现的典型和可疑大肠菌群菌落。典型菌落为紫红色，菌落周围有红色的胆盐沉淀环，菌落直径为 0.5mm 或更大。

（5）证实试验：从 VBRA 平板上挑取 10 个不同类型的典型和可疑菌落，分别移种于 BGLB 肉汤管内，36℃±1℃培养 24h～48h，观察产气情况。凡 BGLB 肉汤管产气，即可报告为大肠菌群阳性。

3. 注意事项

（1）在 LST 初发酵试验中，大肠菌群的产气量，多者可以使小倒管充满气体，但经常也可以看到在小倒管内只有极微小的气泡，大小比小米粒还小，一般来说，产气量与大肠菌群检出率呈正比关系，但随着样品种类而有不同，有米粒般大小气泡也有阳性检出，所以也需要接种至 BGLB 肉汤中进行证实试验。还有如果对产气不明显的 LST 发酵管现象有疑问，可轻轻拍打试管，如有气泡沿管壁上浮，即可能有气体产生，应做进一步证实试验。

（2）当实验结果在 MPN 表中无法查找到 MPN 值时，如：阳性管数为 122，123，232，233 等，这些组合在 MPN 表中属于小概率组合，建议增加稀释度（可做 4 个～5 个稀释度），使样品的最高稀释度能达到获得阴性终点，然后再检索 MPN 表确定 MPN 值。

（3）平板法适合用于污染比较严重的样品，对于污染菌量较少的样品，还是 MPN 法更有优势。

（4）对于 VRBA 平板上的可疑菌落，一类是非典型菌落，如在颜色、直径与典型菌落不符合的菌落，另一类则是被检样品中含有乳糖以外的其他糖类，如牛奶、饮料等样品，使得不能分解乳糖但能分解其他糖类的细菌也能够长出红色菌落，所以需要进行证实试验。

（5）用 MPN 法检测含有二氧化碳的样品时，一定要使二氧化碳完全逸出，否则在进行大肠菌群测定时，二氧化碳进入小倒管造成假阳性；而在检测部分固体饮料样品时，一些水不溶性物质会沉降在试管底部，往往会堵住小倒管口部，使得大肠菌群阳性所产生的气体不能进入小倒管而造成假阴性，这时，需轻摇试管，观察是否有小气泡沿管壁上升，应注意仍要接种复发酵管。

（四）检验结果计算与数字修约、原始记录

1. 检验结果的计算与数字修约

（1）大肠菌群 MPN 计数法：根据复发酵确证的大肠菌群 LST 阳性管数，检索表 7－7－2，报告每克（毫升）样品中大肠菌群的 MPN 值。

表 7－7－2　大肠菌群最可能数（MPN）检索表

阳性管数			MPN	95％可信限		阳性管数			MPN	95％可信限	
0.10	0.01	0.001		下限	上限	0.10	0.01	0.001		下限	上限
0	0	0	<3.0	—	9.5	2	2	0	21	4.5	42
0	0	1	3.0	0.15	9.6	2	2	1	28	8.7	94
0	1	0	3.0	0.15	11	2	2	2	35	8.7	94
0	1	1	6.1	1.2	18	2	3	0	29	8.7	94
0	2	0	6.2	1.2	18	2	3	1	36	8.7	94
0	3	0	9.4	3.6	38	3	0	0	23	4.6	94
1	0	0	3.6	0.17	18	3	0	1	38	8.7	110
1	0	1	7.2	1.3	18	3	0	2	64	17	180
1	0	2	11	3.6	38	3	1	0	43	9	180
1	1	0	7.4	1.3	20	3	1	1	75	17	200
1	1	1	11	3.6	38	3	1	2	120	37	420
1	2	0	11	3.6	42	3	1	3	160	40	420
1	2	1	15	4.5	42	3	2	0	93	18	420
1	3	0	16	4.5	42	3	2	1	150	37	420
2	0	0	9.2	1.4	38	3	2	2	210	40	430
2	0	1	14	3.6	42	3	2	3	290	90	1000
2	0	2	20	4.5	42	3	3	0	240	42	1000
2	1	0	15	3.7	42	3	3	1	460	90	2000
2	1	1	20	4.5	42	3	3	2	1100	180	4100
2	1	2	27	8.7	94	3	3	3	>1100	420	—

注1：本表采用 3 个稀释度 ［0.1g（mL）、0.01g（mL）和 0.001g（mL）］，每个稀释度接种 3 管。

注2：表内所列检样量如改用 1g（mL）、0.1g（mL）和 0.01g（mL）时，表内数字应相应降低 10 倍；如改用 0.01g（mL）、0.001g（mL）和 0.0001g（mL）时，表内数字应相应增高 10 倍，其余类推。

（2）大肠菌群平板计数法：经证实试验最后证实为大肠菌群阳性的试管比例乘以 VR-BA 平板中计数的典型和可疑大肠菌群菌落数，再乘以稀释倍数，即为每克（毫升）样品

中大肠菌群数。称重取样以 CFU/g 为单位报告，体积取样以 CFU/mL 为单位报告。

2. 原始记录

大肠菌群检验原始记录应详细记录样品名称、样品型号规格、生产批次、检验日期、所使用的培养基名称和配制日期、培养箱的编号及培养的温度和时间、各稀释度阳性发酵管数或平板上的菌落数、检验结果，原始记录上需有检验人员和校核人员的签名，记录如有更改则用双划线划改并签名，一页原始记录上划改处最好不要超过 3 处。

（五）检验后归位、整理、清理及污物处理

检验完毕后，应及时清理检验现场和检验用具，无菌室工作台面和地面还需用含有效氯 500mg/L～1000mg/L 的消毒液擦拭；定期检查隔水式恒温培养箱夹层水位；检验结果观察后的 BGLB 发酵管和 LST 发酵管或 VRBA 平皿需经 121℃ 20min 高压灭菌后方可处理。

（六）编制检验报告及判定

按检验项目完成各类检验后，检验报告编制人员应及时根据原始记录填写检验报告，根据检验项目的指标要求对检验结果的符合性进行判定，签名后送主管人员核实签名，并加盖单位检验专用章，以示生效。

三、霉菌、酵母菌的测定

（一）检验样品的制备

1. 液体样品：采用玻璃或金属材质罐装的样品用点燃的酒精棉球烧灼瓶口灭菌，如需用开瓶器开启的则开瓶器也需灭菌，采用塑料或复合纸质材质包装的样品可用 75% 消毒酒精棉擦拭灭菌后用无菌手术剪刀将开口剪开；样品中如含有二氧化碳，可将样品倒入另一灭菌容器内（如灭菌广口瓶），瓶口勿盖紧，覆盖一灭菌纱布，轻轻摇荡，将二氧化碳气体排尽，用于检验。

2. 固体样品：先用 75% 消毒酒精棉对外包装进行彻底擦拭消毒，特别是准备要开启的部位以防止开启时发生交叉污染，罐装的样品可直接采用无菌操作开盖，如为软包装的样品则用无菌手术剪刀剪开包装，然后用无菌勺子勺取样品于无菌均质杯或无菌均质袋中。

（二）检验准备（仪器检查校对等）

1. 开启无菌室、洁净室或超净工作台的紫外线灯消毒至少 30min，霉菌培养箱应稳定在 28℃±1℃，水浴锅应稳定在 46℃±1℃。

2. 马铃薯—葡萄糖—琼脂

（1）成分：马铃薯（去皮切块）300g；葡萄糖 20.0g；琼脂 20.0g；氯霉素 0.1g；蒸馏水 1000mL。

（2）制法：将马铃薯去皮切块，加 1000mL 蒸馏水，煮沸 10min～20min。用纱布过滤，补加蒸馏水至 1000mL。加入葡萄糖和琼脂，加热溶化，分装后，121℃灭菌 20min。倾注平板前，用少量乙醇溶解氯霉素加入培养基中。

3. 孟加拉红培养基

（1）成分：蛋白胨 5.0g；葡萄糖 10.0g；磷酸二氢钾 1.0g；硫酸镁（无水）0.5g；琼脂 20.0g；孟加拉红 0.033g；氯霉素 0.1g；蒸馏水 1000mL。

（2）制法：上述各成分加入蒸馏水中，加热溶化，补足蒸馏水至 1000mL，分装后，121℃灭菌 20min。倾注平板前，用少量乙醇溶解氯霉素加入培养基中。

（三）检验及注意事项

1. 样品的稀释

（1）固体和半固体样品：称取 25g 样品至盛有 225mL 灭菌蒸馏水的锥形瓶中，充分振摇，即为 1：10 稀释液。或放入盛有 225mL 灭菌蒸馏水的无菌均质袋中，用拍击式均质器拍打 2min，制成 1：10 的样品匀液。

（2）液体样品：以无菌吸管吸取 25mL 样品至盛有 225mL 灭菌蒸馏水的锥形瓶中（可在瓶内预置适当数量的无菌玻璃珠），充分混匀，制成 1：10 的样品匀液。

（3）取 1mL 1：10 稀释液注入含有 9mL 灭菌水的试管中，另换一支 1mL 灭菌吸管反复吹吸，此液为 1：100 稀释液。

（4）按上述操作程序制备 10 倍系列稀释样品匀液，每递增稀释 1 次，换用一支 1mL 灭菌吸管。

（5）根据对样品污染状况的估计，选择 2 个～3 个适宜稀释度的样品匀液（液体样品可包括原液），在进行 10 倍递增稀释的同时，每个稀释度分别吸取 1mL 样品匀液于两个无菌平皿内，同时分别取 1mL 样品稀释液加入两个无菌平皿作空白对照。

（6）及时将 15mL～20mL 冷却至 46℃的马铃薯—葡萄糖—琼脂或孟加拉红培养基（可放置于 46℃±1℃恒温水浴箱中保温）倾注平皿，并转动平皿使其混合均匀。

2. 培养

待琼脂凝固后，将平板倒置，28℃±1℃培养 5d，观察并记录。

3. 菌落计数

肉眼观察，必要时可用放大镜，记录各稀释倍数和相应的霉菌和酵母数。以菌落形成单位（colony forming units，CFU）表示。

选取菌落数在 10 CFU～150 CFU 之间的平板，根据菌落形态分别计数霉菌和酵母数。霉菌蔓延生长覆盖整个平板的可记录为多不可计。菌落数应采用两个平板的平均数。

4. 注意事项

（1）样品稀释液必须振荡充分（也可选择将稀释液放在混匀器上振荡混匀），这样才能将霉菌孢子充分散开，这将直接影响结果的准确性。

（2）孟加拉红培养基中以氯霉素和孟加拉红抑制细菌的生长，以孟加拉红抑制霉菌菌丝的过度扩散，孟加拉红遇光易分解，产生对霉菌有毒的物质，所以保存时应注意。

（3）由于有些菌落生长太快，导致菌落间区分不开，而有些孢子特别是受伤的孢子生长过于缓慢，因此宜在第 3 天开始观察，总共培养 5d。

（四）检验结果计算与数字修约、原始记录

1. 检验结果的计算与数字修约

（1）计算两个平板菌落数的平均值，再将平均值乘以相应稀释倍数计数。

（2）若所有平板上菌落数均大于150CFU，则对稀释度最高的平板进行计数，其他平板可记录为多不可计，结果按平均菌落数乘以最高稀释倍数计算。

（3）若所有平板上菌落数均小于10CFU，则应按稀释度最低的平均菌落数乘以稀释倍数计算。

（4）若所有稀释度平板均无菌落生长，则以小于1乘以最低稀释倍数计算；如为原液，则以小于1计数。

（5）菌落数在100CFU以内时，按"四舍五入"原则修约，采用两位有效数字报告。

（6）菌落数大于或等于100CFU时，前三位数字采用"四舍五入"原则修约后，取前两位数字，后面用0代替位数来表示结果；也可用10的指数形式来表示，此时也按"四舍五入"原则修约后，采用两位有效数字。

（7）称重取样以CFU/g为单位报告，体积取样以CFU/mL为单位报告，报告或分别报告霉菌和（或）酵母数。

2. 原始记录

检验原始记录应详细记录样品名称、样品型号规格、生产批次、检验日期、所使用的培养基名称和配制日期、培养箱的编号及培养的温度和时间、各稀释度及平板上的菌落数、检验结果，原始记录上需有检验人员和校核人员的签名，记录如有更改则用双划线划改并签名，一页原始记录上划改处最好不要超过3处。

（五）检验后归位、整理、清理及污物处理

检验完毕后，应及时清理检验现场和检验用具，无菌室工作台面和地面还需用含有效氯500mg/L～1000mg/L的消毒液擦拭；定期更换水浴锅内的去离子水；检验结果观察后的平皿需经121℃20min高压灭菌后方可处理。

（六）编制检验报告及判定

按检验项目完成各类检验后，检验报告编制人员应及时根据原始记录填写检验报告，根据各项目的指标要求对检验结果的符合性进行判定，签名后送主管人员核实签名，并加盖单位检验专用章，以示生效。

四、沙门氏菌的检验

（一）检验样品的制备

1. 液体样品：采用玻璃或金属材质罐装的样品用点燃的酒精棉球烧灼瓶口灭菌，如需用开瓶器开启的则开瓶器也需灭菌，采用塑料或复合纸质材质包装的样品可用75%消毒酒精棉擦拭灭菌后用无菌手术剪刀将开口剪开；样品中如含有二氧化碳，可将样品倒入另一灭菌容器内（如灭菌广口瓶），瓶口勿盖紧，覆盖一灭菌纱布，轻轻摇荡，将二氧化碳气体排尽，用于检验。

2. 固体样品：先用75％消毒酒精棉对外包装进行彻底擦拭消毒，特别是准备要开启的部位以防止开启时发生交叉污染，罐装的样品可直接采用无菌操作开盖，如为软包装的样品则用无菌手术剪刀剪开包装，然后用无菌勺子勺取样品于无菌均质杯或无菌均质袋中。

（二）检验准备（仪器检查校对等）

1. 开启无菌室、洁净室或超净工作台的紫外线灯消毒至少30min；如需使用生物安全柜对目标菌进行分离或鉴定，则需先将工作所需的物品表面消毒后置于生物安全柜内，开启风机5min～10min，待生物安全柜内空气得到净化后且气流稳定时方可开始操作；两台培养箱应分别稳定在36℃±1℃和42℃±1℃，水浴锅应稳定在46℃±1℃。

2. 缓冲蛋白胨水（BPW）

（1）成分：蛋白胨10.0g；氯化钠5.0g；磷酸氢二钠（含12个结晶水）9.0g；磷酸二氢钾1.5g；蒸馏水1000mL。

（2）制法：将各成分加入到蒸馏水中，搅混均匀，静置约10min，煮沸溶解，调节pH至7.2±0.2，分装后高压灭菌121℃15min。

3. 四硫磺酸钠煌绿（TTB）增菌液

（1）基础液：蛋白胨10.0g；牛肉膏5.0g；氯化钠3.0g；碳酸钙45.0g；蒸馏水1000mL。除碳酸钙外，将各成分加入到蒸馏水中，煮沸溶解，再加入碳酸钙，调节pH至7.0±0.2，高压灭菌121℃20min。

（2）硫代硫酸钠溶液：硫代硫酸钠（含5个结晶水）50.0g；蒸馏水加至100mL。高压灭菌121℃20min。

（3）碘溶液：碘片20.0g；碘化钾25.0g；蒸馏水加至100mL。将碘化钾充分溶解于少量的蒸馏水中，再投入碘片，振摇玻璃瓶至碘片全部溶解为止，然后加蒸馏水至规定的总量，储存于棕色瓶内，塞紧瓶盖备用。

（4）0.5％煌绿水溶液：煌绿0.5g；蒸馏水100mL。溶解后，存放于暗处，不少于1d，使其自然灭菌。

（5）牛胆盐溶液：牛胆盐10.0g；蒸馏水100mL。加热煮沸至完全溶解，高压灭菌121℃20min。

（6）制法：基础液900mL；硫代硫酸钠溶液100mL；碘溶液20.0mL；煌绿水溶液2.0mL；牛胆盐溶液50.0mL。使用前，按上述顺序，以无菌操作依次加入到基础液中，每加入一种成分，均应摇匀后再加入另一种成分。

4. 亚硒酸盐胱氨酸（SC）增菌液

（1）成分：蛋白胨5.0g；乳糖4.0g；磷酸氢二钠10.0g；亚硒酸氢钠4.0g；L-胱氨酸0.01g；蒸馏水1000mL。

（2）制法：除亚硒酸氢钠和L-胱氨酸外，将每个成分加入到蒸馏水中，煮沸溶解，冷至55℃以下，以无菌操作加入亚硒酸氢钠和1g/L的L-胱氨酸溶液10mL（称取0.1g

L-胱氨酸，加 1mol/L 氢氧化钠溶液 15mL，使溶解，再加无菌蒸馏水至 100mL 即成，如为 DL-胱氨酸，用量应加倍）。摇匀，调节 pH 至 7.0±0.2。

5. 亚硫酸铋（BS）琼脂

（1）成分：蛋白胨 10.0g；牛肉膏 5.0g；葡萄糖 5.0g；硫酸亚铁 0.3g；磷酸氢二钠 4.0g；煌绿 0.025g 或 5.0g/L 煌绿水溶液 5.0mL；柠檬酸铋铵 2.0g；亚硫酸钠 6.0g；琼脂 18.0g～20.0g；蒸馏水 1000mL。

（2）制法：将前三种成分加入 300mL 蒸馏水中（制成基础液），硫酸亚铁和磷酸氢二钠分别加入 20mL 和 30mL 蒸馏水中，柠檬酸铋铵和亚硫酸钠分别加入另一 20mL 和 30mL 蒸馏水中，琼脂加入 600mL 蒸馏水中，然后分别搅拌均匀，煮沸溶解。冷至 80℃左右时，先将硫酸亚铁和磷酸氢二钠混匀，倒入基础液中，混匀。将柠檬酸铋铵和亚硫酸钠混匀，倒入基础液中，再混匀。调节 pH 至 7.5±0.2，随即倾入琼脂液中，混合均匀，冷至 50℃～55℃。加入煌绿溶液，充分混匀后立即倾注平皿。

6. HE 琼脂

（1）成分：蛋白胨 12.0g；牛肉膏 3.0g；乳糖 12.0g；蔗糖 12.0g；水杨素 2.0g；胆盐 20.0g；氯化钠 5.0g；琼脂 18.0g～20.0g；蒸馏水 1000mL；0.4%溴麝香草酚蓝溶液 16.0mL；Andrade 指示剂（将酸性复红 0.5g 溶解于 100mL 蒸馏水中，加入 1mol/L 氢氧化钠溶液 16.0mL，数小时后如复红褪色不全，再加氢氧化钠溶液 1mL～2mL 即可）20.0mL；甲液（硫代硫酸钠 34.0g；柠檬酸铁铵 4.0g；蒸馏水 100mL）20.0mL；乙液（去氧胆酸钠 10.0g；蒸馏水 100mL）20.0mL。

（2）制法：将前面七种成分溶解于 400mL 蒸馏水中作为基础液，将琼脂加入 600mL 蒸馏水中，然后分别搅拌均匀，煮沸溶解。加入甲液和乙液于基础液内，调节 pH 至 7.5±0.2。再加入指示剂，并与琼脂液合并，待冷至 50℃～55℃ 倾注平皿。

7. 木糖赖氨酸脱氧胆盐（XLD）琼脂

（1）成分：酵母膏 3.0g；L-赖氨酸 5.0g；木糖 3.75g；乳糖 7.5g；蔗糖 7.5g；去氧胆酸钠 2.5g；柠檬酸铁铵 0.8g；硫代硫酸钠 6.8g；氯化钠 5.0g；琼脂 15.0g；酚红 0.08g；蒸馏水 1000mL。

（2）制法：除酚红和琼脂外，将其他成分加入 400mL 蒸馏水中，煮沸溶解，调节 pH 至 7.4±0.2。另将琼脂加入 600mL 蒸馏水中，煮沸溶解。将上述两溶液混合均匀后，再加入指示剂，待冷至 50℃～55℃ 倾注平皿。

8. 三糖铁（TSI）琼脂

（1）成分：蛋白胨 20.0g；牛肉膏 5.0g；乳糖 10.0g；蔗糖 10.0g；葡萄糖 1.0g；硫酸亚铁铵（含 6 个结晶水）0.2g；酚红 0.25g 或 5.0g/L 酚红溶液 5.0mL；氯化钠 5.0g；硫代硫酸钠 0.2g；琼脂 12.0g；蒸馏水 1000mL。

（2）制法：除酚红和琼脂外，将其他成分加入 400mL 蒸馏水中，煮沸溶解，调节 pH 至 7.4±0.2，另将琼脂加入 600mL 蒸馏水中，煮沸溶解。将上述两溶液混合均匀，再加入指示剂，混匀分装试管，每管 2mL～4mL，高压灭菌 121℃ 10min 或 115℃ 15min，灭菌后置成高层斜面，呈桔红色。

9. 蛋白胨水、靛基质试剂

（1）蛋白胨水：蛋白胨（或胰蛋白胨）20.0g；氯化钠5.0g；蒸馏水1000mL。将上述成分加入蒸馏水中，煮沸溶解，调节pH至7.4±0.2，分装小试管，121℃高压灭菌15min。

（2）靛基质试剂

1）柯凡克试剂：将5g对二甲氨基甲醛溶解于75mL戊醇中，然后缓慢加入浓盐酸25mL。

2）欧—波试剂：将1g对二甲氨基苯甲醛溶解于95mL95%乙醇内，然后缓慢加入浓盐酸20mL。

3）试验方法：挑取少量培养物接种，在36℃±1℃培养1d～2d，必要时可培养4d～5d。加入柯凡克试剂约0.5mL，轻摇试管，阳性者于试剂层呈深红色；或加入欧—波试剂约0.5mL，沿管壁流下，覆盖于培养液表面，阳性者于液面接触处呈玫瑰红色。

10. 尿素琼脂（pH7.2）

（1）成分：蛋白胨1.0g；氯化钠5.0g；葡萄糖1.0g；磷酸二氢钾2.0g；0.4%酚红3.0mL；琼脂20.0g；蒸馏水1000mL；20%尿素溶液100mL。

（2）制法：除尿素、琼脂和酚红外，将其他成分加入400mL蒸馏水中，煮沸溶解，调节pH至7.2±0.2。另将琼脂加入600mL蒸馏水中，煮沸溶解。将上述两溶液混合均匀后，再加入指示剂后分装，121℃高压灭菌15min。冷至50℃～55℃，加入经过滤除菌的尿素溶液。尿素的最终浓度为2%。分装于无菌试管内，放成斜面备用。

（3）试验方法：挑取琼脂培养物接种，在36℃±1℃培养24h，观察结果，尿素酶阳性者由于产碱而使培养基变为红色。

11. 氰化钾（KCN）培养基

（1）成分：蛋白胨10.0g；氯化钠5.0g；磷酸二氢钾0.225g；磷酸氢二钠5.64g；蒸馏水1000mL；0.5%氰化钾20.0mL。

（2）制法：将除氰化钾以外的成分加入蒸馏水中，煮沸溶解，分装后121℃高压灭菌15min。放在冰箱内使其充分冷却。每100mL培养基加入0.5%氰化钾2.0mL（最后浓度为1：10000），分装于无菌试管内，每管约4mL，立即用无菌橡皮塞塞紧，放在4℃冰箱内，至少可以保存两个月。同时，将不加氰化钾的培养基作为对照培养基，分装试管备用。

（3）试验方法：将琼脂培养物接种于蛋白胨水内成为稀释菌液，挑取一环接种于氰化钾（KCN）培养基。并另挑取1环接种于对照培养基。在36℃±1℃培养1d～2d，观察结果。如有细菌生长即为阳性（不抑制），经2d细菌不生长为阴性（抑制）。

12. 赖氨酸脱羧酶试验培养基

（1）成分：蛋白胨5.0g；酵母浸膏3.0g；葡萄糖1.0g；蒸馏水1000mL；1.6%溴甲酚紫—乙醇溶液1.0mL；L-赖氨酸0.5g/100mL或DL-赖氨酸1.0g/100mL。

（2）制法：除赖氨酸以外的成分加热溶解后，分装每瓶100mL，分别加入赖氨酸。L-赖氨酸按0.5%加入，DL-赖氨酸按1%加入，调节pH至6.8±0.2。对照培养基不加赖氨酸。分装于无菌小试管，每管0.5mL，上面滴加一层液体石蜡，115℃高压灭菌10min。

（3）试验方法：从琼脂斜面上挑取培养物接种，于 36℃±1℃ 培养 18h～24h，观察结果。氨基酸脱羧酶阳性者由于产碱，培养基应呈紫色。阴性者无碱性产物，但因葡萄糖产酸而使培养基变为黄色。对照管应为黄色。

13. 糖发酵管

（1）成分：牛肉膏 5.0g；蛋白胨 10.0g；氯化钠 3.0g；磷酸氢二钠（含 12 个结晶水）2.0g；0.2％溴麝香草酚蓝溶液 12.0mL；蒸馏水 1000mL。

（2）制法：葡萄糖发酵管按上述成分配好后，调节 pH 至 7.4±0.2，按 0.5％加入葡萄糖，分装于有一个倒置小管的小试管内，121℃高压灭菌 15min。其他各种糖发酵管可按上述成分配好后，分装每瓶 100mL，121℃高压灭菌 15min，另将各种糖类分别配好10％溶液，同时高压灭菌，将 5mL 糖溶液加入 100mL 培养基内，以无菌操作分装小试管。

（3）试验方法：从琼脂斜面上挑取少量培养物接种，于 36℃±1℃ 培养 2d～3d。迟缓反应需观察 14d～30d。

14. ONPG 培养基

（1）成分：邻硝基酚 β—D 半乳糖苷（ONPG）60.0mg；0.01mol/L 磷酸钠缓冲液（pH7.5）10.0mL；1％蛋白胨水（pH7.5）30.0mL。

（2）制法：将 ONPG 溶于缓冲液内，加入蛋白胨水，经过滤除菌，分装于无菌的小试管内，每管 0.5mL，用橡皮塞塞紧。

（3）试验方法：自琼脂斜面上挑取培养物 1 满环接种，于 36℃±1℃ 培养 1h～3h 和24h 观察结果。如果 β—半乳糖苷酶产生，则于 1h～3h 变黄色，如无此酶则 24h 不变色。

15. 半固体琼脂

（1）成分：牛肉膏 0.3g；蛋白胨 1.0g；氯化钠 0.5g；琼脂 0.35g～0.4g；蒸馏水 100mL。

（2）制法：按上述成分配好，煮沸溶解，调节 pH 至 7.4±0.2，分装小试管，121℃高压灭菌 15min，直立凝固备用。

16. 丙二酸钠培养基

（1）成分：酵母浸膏 1.0g；硫酸铵 2.0g；磷酸氢二钾 0.6g；磷酸二氢钾 0.4g；氯化钠 2.0g；丙二酸钠 3.0g；0.2％溴麝香草酚蓝溶液 12.0mL；蒸馏水 1000mL。

（2）制法：除指示剂以外的成分溶解于蒸馏水中，调节 pH 至 6.8±0.2，再加入指示剂，分装试管，121℃高压灭菌 15min。

（3）试验方法：用新鲜的琼脂培养物接种，于 36℃±1℃ 培养 48h，观察结果，阳性者由绿色变为蓝色。

（三）检验及注意事项

1. 前增菌

称取 25g（mL）样品放入装有 225mL BPW 的无菌均质杯内，以 8000r/min～10 000r/min均质 1min～2min，或置于盛有 225mLBPW 的无菌均质袋中，用拍击式均质器拍打1min～2min，若样品为液态，不需要均质，振荡摇匀。如需要测定 pH，用 1mol/L 无菌氢氧化钠溶液或盐酸溶液调 pH 至 6.8±0.2。无菌操作将样品转至 500mL 锥形瓶中，如使用均质袋，可直接进行培养，于 36℃±1℃ 培养 8h～18h。

如为冷冻产品，应在 45℃ 以下不超过 15min，或 2℃～5℃ 不超过 18h 解冻。

2. 增菌

轻轻摇动培养过的样品混合物，移取 1mL，转种于 10mL TTB 内，于 42℃±1℃ 培养 18h～24h。同时，另取 1mL，转种于 10mL SC 内，于 36℃±1℃ 培养 18h～24h。

3. 分离

分别用接种环取增菌液 1 环，划线接种于一个 BS 琼脂平板和一个 XLD 琼脂平板（或 HE 琼脂平板或沙门氏菌属显色培养基平板）。于 36℃±1℃ 分别培养 18h～24h（XLD 琼脂平板、HE 琼脂平板、沙门氏菌属显色培养基平板）或 40h～48h（BS 琼脂平板），观察各个平板上生长的菌落，各个平板上的菌落特征见表 7-7-3。

表 7-7-3　沙门氏菌属在不同选择性琼脂平板上的菌落特征

选择性琼脂平板	沙门氏菌菌落特征
BS 琼脂	菌落为黑色有金属光泽、棕褐色或灰色，菌落周围培养基可呈黑色或棕色；有些菌株形成灰绿色的菌落，周围培养基不变
HE 琼脂	蓝绿色或蓝色，多数菌落中心黑色或几乎全黑色；有些菌株为黄色，中心黑色或几乎全黑色
XLD 琼脂	菌落呈粉红色，带或不带黑色中心，有些菌株可呈现大的带光泽的黑色中心，或呈现全部黑色的菌落；有些菌株为黄色菌落，带或不带黑色中心
沙门氏菌属显色培养基	按照显色培养基的说明进行判定

4. 生化试验

（1）自选择性琼脂平板上分别挑取两个以上典型或可疑菌落，接种三糖铁琼脂，先在斜面划线，再底层穿刺；接种针不要灭菌，直接接种赖氨酸脱羧酶试验培养基和营养琼脂平板，于 36℃±1℃ 培养 18h～24h，必要时可延长至 48h。在三糖铁琼脂和赖氨酸脱羧酶试验培养基内，沙门氏菌属的反应结果见表 7-7-4。

表 7-7-4　沙门氏菌属在三糖铁琼脂和赖氨酸脱羧酶试验培养基内的反应结果

三糖铁琼脂				赖氨酸脱羧酶试验培养基	初步判断
斜面	底层	产气	硫化氢		
K	A	+（-）	+（-）	+	可疑沙门氏菌属
K	A	+（-）	+（-）	-	可疑沙门氏菌属
A	A	+（-）	+（-）	+	可疑沙门氏菌属
A	A	+/-	+/-	-	非沙门氏菌
K	K	+/-	+/-	+/-	非沙门氏菌

注：K 产碱，A 产酸；+阳性，-阴性；+（-）多数阳性，少数阴性；+/-阳性或阴性。

（2）接种三糖铁琼脂和赖氨酸脱羧酶试验培养基的同时，可直接接种蛋白陈水（供做靛基质试验）、尿素琼脂（pH7.2）、氰化钾（KCN）培养基，也可在初步判断结果后从营养琼脂平板上挑取可疑菌落接种，于 36℃±1℃ 培养 18h～24h，必要时可延长至 48h，按表 7－7－5 判定结果。将已挑菌落的平板储存于 2℃～5℃ 或室温至少保留 24h，以备必要时复查。

表 7－7－5　沙门氏菌属生化反应初步鉴别表

反应序号	硫化氢	靛基质	pH7.2 尿素	氰化钾（KCN）	赖氨酸脱羧酶
A1	＋	－	－	－	＋
A2	＋	＋	－	－	＋
A3	－	－	－	－	＋/－

注：＋阳性；－阴性；＋/－阳性或阴性

1）反应序号 A1：典型反应判定为沙门氏菌属。如尿素、氰化钾、赖氨酸脱羧酶 3 项中有 1 项异常，按表 7－7－6 可判定为沙门氏菌，如有两项异常为非沙门氏菌。

表 7－7－6　沙门氏菌属生化反应初步鉴定表

pH7.2 尿素	氰化钾	赖氨酸脱羧酶	判定结果
－	－	－	甲型副伤寒沙门氏菌（要求血清学鉴定结果）
－	＋	＋	沙门氏菌Ⅳ或Ⅴ（要求符合本群生化特性）
＋	－	＋	沙门氏菌个别变体（要求血清学鉴定结果）

注：＋阳性；－阴性。

2）反应序号 A2：补做甘露醇和山梨醇试验，沙门氏菌靛基质阳性变体两项试验结果均为阳性，但需要结合血清学鉴定结果进行判定。

3）反应序号 A3：补做 OPNG。OPNG 阴性为沙门氏菌，同时赖氨酸脱羧酶阳性，甲型副伤寒沙门氏菌为赖氨酸脱羧酶阴性。

4）必要时按表 7－7－7 进行沙门氏菌生化群的鉴别。

表 7－7－7　沙门氏菌属各生化群的鉴别

项目	Ⅰ	Ⅱ	Ⅲ	Ⅳ	Ⅴ	Ⅵ
卫矛醇	＋	＋	－	－	＋	－
山梨醇	＋	＋	＋	＋	＋	－
水杨苷	－	－	－	＋	－	－
ONPG	－	－	＋	－	＋	－
丙二酸盐	－	＋	＋	－	－	－
氰化钾（KCN）	－	－	－	＋	＋	－

注：＋阳性；－阴性。

（3）如果选择生化鉴定试剂盒或全自动微生物鉴定系统，可根据表7-7-4的初步判断结果，从营养琼脂平板上挑取可疑菌落，用生理盐水制备成浊度适当的菌悬液，使用生化鉴定试剂盒或全自动微生物鉴定系统进行鉴定。

5. 血清学鉴定

（1）抗原的准备

一般采用1.2%~1.5%琼脂培养物作为玻片凝集试验用的抗原。

O血清不凝集时，将菌株接种在琼脂量较高的（如2%~3%）培养基上再检查；如果是由于Vi抗原的存在而阻止了O血清凝集反应时，可挑取菌苔于1mL生理盐水中做成浓菌液，于酒精灯火焰上煮沸后再检查。H抗原发育不良时，将菌株接种在0.55%~0.65%半固体琼脂平板的中央，待菌落蔓延生长时，在其边缘部分取菌检查；或将菌株通过装有0.3%~0.4%半固体琼脂的小玻管1次~2次，自远端取菌培养后再检查。

（2）多价菌体抗原（O）鉴定

在玻片上划出两个约1cm×2cm的区域，挑取1环待测菌，各放1/2环于玻片的每一区域上部，在其中一个区域下部加1滴多价菌体（O）抗血清，在另一区域下部加入1滴生理盐水，作为对照。再用无菌接种环或针分别将两个区域内的菌落研成乳状液。将玻片倾斜摇动混合1min，并对着黑暗背景进行观察，任何程度的凝集现象皆为阳性反应。

（3）多价鞭毛抗原（H）鉴定

同多价菌体抗原（O）鉴定步骤。

（4）血清学分型

1）O抗原的鉴定

用A~F多价O血清做玻片凝集试验，同时用生理盐水做对照。在生理盐水中自凝者为粗糙形菌株，不能分型。

被A~F多价O血清凝集者，依次用O4；O3、O10；O7；O8；O9；O2和O11因子血清做凝集试验。根据试验结果，判定O群。被O3、O10血清凝集的菌株，再用O10、O15、O34、O19单因子血清做凝集试验，判定E1、E2、E3、E4各亚群，每一个O抗原成分的最后确定均应根据O单因子血清的检查结果，没有O单因子血清的要用两个O复合因子血清进行核对。

不被A~F多价O血清凝集者，先用9种多价O血清检查，如有其中一种血清凝集，则用这种血清所包括的O群血清逐一检查，以确定O群。每种多价O血清所包括的O因子如下：

O多价1　A，B，C，D，E，F群（并包括6，14群）

O多价2　13，16，17，18，21群

O多价3　28，30，35，38，39群

O多价4　40，41，42，43群

O多价5　44，45，47，48群

O多价6　50，51，52，53群

O多价7　55，56，57，58群

O多价8　59，60，61，62群

O 多价 9　63，65，66，67 群

2）H 抗原的鉴定

属于 A～F 各 O 群的常见菌型，依次用表 7－7－8 所述 H 因子血清检查第 1 相和第 2 相的 H 抗原。

表 7－7－8　A～F 群常见菌型 H 抗原表

O 群	第 1 相	第 2 相
A	a	无
B	g，f，s	无
B	i，b，d	2
C1	k，v，r，c	5，Z15
C2	b，d，r	2，5
D（不产气的）	d	无
D（产气的）	g，m，p，q	无
E1	h，v	6，w，x
E4	g，s，t	无
E4	i	无

不常见的菌型，先用 8 种多价 H 血清检查，如有其中一种或两种血清凝集，则再用这一种或两种血清所包括的各种 H 因子血清逐一检查，以确定第 1 相和第 2 相的 H 抗原。8 种多价 H 血清所包括的 H 因子如下：

H 多价 1　a，b，c，d，i

H 多价 2　eh，enx，enz_{15}，fg，gms，gpu，gp，gq，mt，gz_{51}

H 多价 3　k，r，y，z，z_{10}，lv，lw，lz_{13}，lz_{28}，lz_{40}

H 多价 4　1，2；1，5；1，6；1，7；z_6

H 多价 5　$z_4 z_{23}$，$z_4 z_{24}$，$z_4 z_{32}$，z_{29}，z_{35}，z_{36}，z_{38}

H 多价 6　z_{39}，z_{41}，z_{42}，z_{44}

H 多价 7　z_{52}，z_{53}，z_{54}，z_{55}

H 多价 8　z_{56}，z_{57}，z_{60}，z_{61}，z_{62}

每一个 H 抗原成分的最后确定均应根据 H 单因子血清的检查结果，没有 H 单因子血清的要用两个 H 复合因子血清进行核对。

检出第 1 相 H 抗原而未检出第 2 相 H 抗原的或检出第 2 相 H 抗原而未检出第 1 相 H 抗原的，可在琼脂斜面上移种 1 代～2 代后再检查。如仍只检出一个相的 H 抗原，要用位相变异的方法检查其另一个相。单相菌不必做位相变异检查。

位相变异试验方法如下：

小玻管法：将半固体管（每管约 1mL～2mL）在酒精灯上溶化并冷至 50℃，取已知相的 H 因子血清 0.05mL～0.1mL，加入于溶化的半固体内，混匀后，用毛细吸管吸取分装于供位相变异试验的小玻管内，待凝固后，用接种针挑取待检菌，接种于一端。将小玻

管平放在平皿内，并在其旁放一团湿棉花，以防琼脂中水分蒸发而干缩，每天检查结果，待另一相细菌解离后，可以从另一端挑取细菌进行检查。培养基内血清的浓度应有适当的比例，过高时细菌不能生长，过低时同一相细菌的动力不能抑制。一般按原血清 1：200～1：800 的量加入。

小倒管法：将两端开口的小玻管（下端开口要留一个缺口，不要平齐）放在半固体管内，小玻管的上端应高出于培养基的表面，灭菌后备用。临用时在酒精灯上加热溶化，冷至 50℃，挑取因子血清 1 环，加入小套管中的半固体内，略加搅动，使其混匀，待凝固后，将待检菌株接种于小套管中的半固体表层内，每天检查结果，待另一相细菌解离后，可从套管外的半固体表面取菌检查，或转种 1％软琼脂斜面，于 37℃培养后再做凝集试验。

简易平板法：将 0.35％～0.4％半固体琼脂平板烘干表面水分，挑取因子血清 1 环，滴在半固体平板表面，放置片刻，待血清吸收到琼脂内，在血清部位的中央点种待检菌株，培养后，在形成蔓延生长的菌苔边缘取菌检查。

3）Vi 抗原的鉴定

用 Vi 因子血清检查。已知具有 Vi 抗原的菌型有：伤寒沙门氏菌，丙型副伤寒沙门氏菌，都柏林沙门氏菌。

4）菌型的判定

根据血清学分型鉴定的结果，按照常见沙门氏菌属抗原表判定菌型。

6. 注意事项

（1）由于伤寒沙门氏菌和副伤寒沙门氏菌生态学的特殊性，所以一定要使用两种增菌液和两种选择性分离培养基。TTB 适合大多数的沙门氏菌生长，但不利于伤寒沙门氏菌的生长，而 SC 适合伤寒沙门氏菌和副伤寒沙门氏菌的增菌；选择性分离培养基一般结合使用强选择性的 BS 和弱选择性的 HE 或 XLD，由于 BS 的选择性强，所以抑菌作用亦强，会导致沙门氏菌生长变得缓慢，所以培养时间需延长至 48h±2h，再者 BS 更适合分离伤寒沙门氏菌；使用两种选择性增菌液和分离培养基可提高检出率，以防漏检。

（2）从分离平板上挑取可疑菌落划线穿刺接种至三糖铁琼脂，该培养基中乳糖：蔗糖：葡萄糖＝10：10：1，沙门氏菌由于只能发酵其中的葡萄糖，在培养基的底部，由于厌氧，进行发酵产酸，使得底部呈黄色，而在斜面上，由于有氧，且葡萄糖含量少，均被代谢为二氧化碳和水，加上氮代谢物呈碱性，导致斜面呈红色；由于培养基中含铁，产硫化氢的菌株在斜面的不同部位会变黑；除伤寒沙门氏菌不产气外，产气的沙门氏菌菌株在培养基底部还能形成气泡；此外，沙门氏菌Ⅲ（亚利桑那菌）会在斜面产酸变黄，但会产生硫化氢。在食品检验中遇到的大多数是沙门氏菌Ⅰ，所以记住这一颜色，会对沙门氏菌的检出很有帮助。

（3）经过初步生化鉴定后，接下来可进行多价血清和因子血清鉴定，O 多价血清试验可确认与沙门氏菌 O 抗体凝集，因子血清试验可确认是哪一群，O 群主要有 O_2（A）、O_4（B）、$O_{6,7}$（C_1）、$O_{6,8}$（C_2）、O_8（C_3）、O_9（D_1）、$O_{9,46}$（D_2）、$O_{3,10}$（E_{1-3}）、$O_{1,3,19}$（E_4）、O_{11}（F）、O_{13}（$G_{1,2}$）、$O_{6,14}$（H）、O_{16}（I）、O_{18}（K）、O_{21}（L）、O_{35}（O）。当确定 O 群抗原后，进一步检查鞭毛（H）抗原，H 血清凝集试验与 O 血清凝集试验相似，

先用 1～8 多价血清进行凝集试验，再用因子血清进行凝集试验，一般做 H 血清凝集试验出现双相抗原的机会不多，如同时出现双相抗原的，可依据生化反应和抗原表报告结果，更常见的是只检出一个相来，需进行位相变异试验，添加已知相的抗体，并在低浓度琼脂培养基上培养传代，使另一相抗原得以分出。

（4）血清凝集试验还需以生理盐水做对照观察是否自凝，在日常工作中经常遇到某些粗糙型（R）沙门氏菌在和生理盐水做对照试验时发生自凝现象，由光滑型菌株变为粗糙型菌株的原因可能是因菌株通过多次传代或在保持此菌株的培养基中含有多糖类物质促使细菌变为粗糙型。生理盐水自凝的菌株可有以下几种处理方法：

1）酒精处理法：将自凝菌株的培养物混悬于 95％酒或纯酒精内，60℃加温 1h，离心沉淀菌体，并重新混悬于氯化钠溶液内，此法可能会得到较稳定的细菌悬液，此菌株方可用于检定。

2）肉汤传代法：将自凝菌株接种肉汤内 37℃培养 18h～24h，低速离心，取上清液转种普通琼脂斜面或血平板，培养 6h～8h，再转种肉汤，这样以幼龄菌连续传种几代后，再进行沙门氏菌血清凝集试验。

3）小白鼠腹腔试验：将自凝菌接种肉汤，于 37℃培养 4h～6h，吸取上层液体 0.5mL～1.0mL，注射小白鼠腹腔内，动物死亡后解剖取心血培养，可得不自凝菌株，如一次不满意可进行第二次试验。

（四）检验结果计算与数字修约、原始记录

1. 检验结果的计算与数字修约

综合生化试验和血清学鉴定的结果，报告 25g（mL）样品中检出或未检出沙门氏菌。

2. 原始记录

检验原始记录应详细记录样品名称、样品型号规格、生产批次、检验日期、所使用的平板计数琼脂培养名称和配制日期、培养箱的编号及培养的温度和时间，详细记录检验过程中的菌落形态，染色镜检、生化血清反应结果，原始记录上需有检验人员和校核人员的签名，记录如有更改则用双划线划改并签名，一页原始记录上划改处最好不要超过 3 处。

（五）检验后归位、整理、清理及污物处理

检验完毕后，应及时清理检验现场和检验用具，染菌的用具如移液管或一次性接种环等需经 121℃ 20min 高压灭菌后方可做进一步处理。无菌室工作台面、地面和生物安全柜工作区还需用含有效氯 500mg/L～1 000mg/L 的消毒液擦拭；定期更换水浴锅内的去离子水；检验过程中所使用的培养基、生化反应管及血清试剂均需经 121℃20min 高压灭菌后方可处理。

（六）编制检验报告及判定

按检验项目完成各类检验后，检验报告编制人员应及时根据原始记录填写检验报告，根据各项目的指标要求对检验结果的符合性进行判定，签名后送主管人员核实签名，并加盖单位检验专用章，以示生效。

五、金黄色葡萄球菌的检验

（一）检验样品的制备

1. 液体样品：采用玻璃或金属材质罐装的样品用点燃的酒精棉球烧灼瓶口灭菌，如需用开瓶器开启的则开瓶器也需灭菌，采用塑料或复合纸质材质包装的样品可用75％消毒酒精棉擦拭灭菌后用无菌手术剪刀将开口剪开；样品中如含有二氧化碳，可将样品倒入另一灭菌容器内（如灭菌广口瓶），瓶口勿盖紧，覆盖一灭菌纱布，轻轻摇荡，将二氧化碳气体排尽，用于检验。

2. 固体样品：先用75％消毒酒精棉对外包装进行彻底擦拭消毒，特别是准备要开启的部位以防止开启时发生交叉污染，罐装的样品可直接采用无菌操作开盖，如为软包装的样品则用无菌手术剪刀剪开包装，然后用无菌勺子勺取样品于无菌均质杯或无菌均质袋中。

（二）检验准备（仪器检查校对等）

1. 开启无菌室、洁净室或超净工作台的紫外线灯消毒至少30min；如需使用生物安全柜对目标菌进行分离或鉴定，则需先将工作所需的物品表面消毒后置于生物安全柜内，开启风机5min～10min，待生物安全柜内空气得到净化后且气流稳定时方可开始操作；培养箱及水浴锅应稳定在36℃±1℃。

2. 10％氯化钠胰酪胨大豆肉汤

（1）成分：胰酪胨（或胰蛋白胨）17.0g；植物蛋白胨（或大豆蛋白胨）3.0g；氯化钠100.0g；磷酸氢二钾2.5g；丙酮酸钠10.0g；葡萄糖2.5g；蒸馏水1000mL。

（2）制法：将上述成分混合，加热，轻轻搅拌并溶解，调节pH至7.3±0.2，分装，每瓶225mL，121℃高压灭菌15min。

3. 7.5％氯化钠肉汤

（1）成分：蛋白胨10.0g；牛肉膏5.0g；氯化钠75g；蒸馏水1000mL。

（2）制法：将上述成分加热溶解，调节pH至7.4，分装，每瓶225mL，121℃高压灭菌15min。

4. 血琼脂平板

（1）成分：豆粉琼脂100mL；脱纤维羊血（或兔血）5mL～10mL。

（2）制法：加热溶化琼脂，冷却至50℃，以无菌操作加入脱纤维羊血，摇匀，倾注平板。

5. Baird—Parker琼脂平板

（1）成分：胰蛋白胨10.0g；牛肉膏5.0g；酵母膏1.0g；丙酮酸钠10.0g；甘氨酸12.0g；氯化锂（LiCl·6H₂O）5.0g；琼脂20.0g；蒸馏水950mL。

（2）增菌剂的配制：30％卵黄盐水50mL与经过滤除菌的1％亚碲酸钾溶液10mL混合，保存于冰箱内。

（3）制法：将各成分加到蒸馏水中，加热煮沸至完全溶解，调节pH至7.0±0.2，分装每瓶 95mL，121℃ 高压灭菌 15min。临用时加热溶化琼脂，冷至 50℃，每 95mL 加入预热至 50℃ 的卵黄亚碲酸钾增菌剂 5mL，摇匀后倾注平板。培养基应是致密不透明的。使用前在冰箱储存不得超过 48h。

6. 脑心浸出液肉汤（BHI）

（1）成分：胰蛋白胨 10.0g；氯化钠 5.0g；磷酸氢二钠（12 H_2O）2.5g；葡萄糖 2.0g；牛心浸出液 500mL。

（2）制法：加热溶解，调节 pH 至 7.4±0.2，分装 16mm×160mm 试管，每管 5mL，121℃ 高压灭菌 15min。

7. 兔血浆

（1）取柠檬酸钠 3.8g，加蒸馏水 100mL，溶解后过滤，装瓶，121℃ 高压灭菌 15min。

（2）兔血浆制备：取 3.8% 柠檬酸钠溶液一份，加兔全血四份，混好静置（或以 3000r/min 离心 30min），使血液细胞下降，即可得血浆。

8. 磷酸盐缓冲液

（1）成分：磷酸二氢钾（KH_2PO_4）34.0g；蒸馏水 500mL。

（2）制法：

贮存液：称取 34.0g 的磷酸二氢钾溶于 500mL 蒸馏水中，用大约 175mL 的 1mol/L 氢氧化钠溶液调节 pH 至 7.2，用蒸馏水稀释至 1000mL 后贮存于冰箱。

稀释液：取贮存液 1.25mL，用蒸馏水稀释至 1000mL，分装于适宜容器中，121℃ 高压灭菌 15min。

9. 营养琼脂小斜面

（1）成分：蛋白胨 10.0g；牛肉膏 3.0g；氯化钠 5.0g；琼脂 15.0g～20.0g；蒸馏水 1000mL。

（2）制法：将除琼脂以外的各成分溶解于蒸馏水内，加入 15% 氢氧化钠溶液约 2mL，调节 pH 至 7.2～7.4。加入琼脂，加热煮沸，使琼脂溶化，分装 13mm×130mm 试管，121℃ 高压灭菌 15min。

10. 革兰氏染色液

（1）结晶紫染色液

1）成分：结晶紫 1.0g；95% 乙醇 20.0mL；1% 草酸铵水溶液 80.0mL。

2）制法：将结晶紫完全溶解于乙醇中，然后与草酸铵溶液混合。

（2）革兰氏碘液

1）成分：碘 1.0g；碘化钾 2.0g；蒸馏水 300mL。

2）制法：将碘与碘化钾先行混合，加入蒸馏水少许充分振摇，待完全溶解后，再加蒸馏水至 300mL。

（3）沙黄复染液

1）成分：沙黄 0.25g；95% 乙醇 10.0mL；蒸馏水 90.0mL。

2）制法：将沙黄溶解于乙醇中，然后用蒸馏水稀释。

（4）染色法

1）涂片在火焰上固定，滴加结晶紫染液，染 1min，水洗。

2）滴加革兰氏碘液，作用 1min，水洗。

3）滴加 95％乙醇脱色约 15s～30s，直至染色液被洗掉，不要过分脱色，水洗。

4）滴加复染液，复染 1min，水洗、待干、镜检。

11. 无菌生理盐水

（1）成分：氯化钠 8.5g；蒸馏水 1000mL。

（2）制法：称取 8.5g 氯化钠溶于 1000mL 蒸馏水中，121℃高压灭菌 15min。

（三）检验及注意事项

1. 第一法：金黄色葡萄球菌定性检验

（1）样品的处理

称取 25 g 样品至盛有 225 mL 7.5％氯化钠肉汤或 10％氯化钠胰酪胨大豆肉汤的无菌均质杯内，8000r/min～10 000r/min 均质 1min～2min，或放入盛有 225mL 7.5％氯化钠肉汤或 10％氯化钠胰酪胨大豆肉汤的无菌均质袋中，用拍击式均质器拍打 1min～2min。若样品为液态，吸取 25mL 样品至盛有 225mL 7.5％氯化钠肉汤或 10％氯化钠胰酪胨大豆肉汤的无菌锥形瓶（瓶内可预置适当数量的无菌玻璃珠）中，振荡混匀。

（2）增菌和分离培养

1）将上述样品匀液于 36℃±1℃培养 18h～24 h。金黄色葡萄球菌在 7.5％氯化钠肉汤中呈混浊生长，污染严重时在 10％氯化钠胰酪胨大豆肉汤内呈混浊生长。

2）将上述培养物，分别划线接种到 Baird—Parker 平板和血平板，血平板于 36℃±1℃培养 18h～24h。Baird—Parker 平板于 36℃±1℃培养 18h～24h 或 45h～48h。

3）金黄色葡萄球菌在 Baird—Parker 平板上，菌落直径为 2mm～3mm，颜色呈灰色到黑色，边缘为淡色，周围为一混浊带，在其外层有一透明圈。用接种针接触菌落有似奶油至树胶样的硬度，偶然会遇到非脂肪溶解的类似菌落；但无混浊带及透明圈。长期保存的冷冻或干燥食品中所分离的菌落比典型菌落所产生的黑色较淡些，外观可能粗糙并干燥。在血平板上，形成菌落较大，圆形、光滑凸起、湿润、金黄色（有时为白色），菌落周围可见完全透明溶血圈。挑取上述菌落进行革兰氏染色镜检及血浆凝固酶试验。

（3）鉴定

1）染色镜检：金黄色葡萄球菌为革兰氏阳性球菌，排列呈葡萄球状，无芽胞，无荚膜，直径约为 $0.5\mu m～1\mu m$。

2）血浆凝固酶试验：挑取 Baird—Parker 平板或血平板上可疑菌落 1 个或以上，分别接种到 5 mL BHI 和营养琼脂小斜面，36℃±1℃培养 18 h～24 h。

取新鲜配制兔血浆 0.5 mL，放入小试管中，再加入 BHI 培养物 0.2mL～0.3mL，振荡摇匀，置 36℃±1℃温箱或水浴箱内，每半小时观察 1 次，观察 6h，如呈现凝固（即将试管倾斜或倒置时，呈现凝块）或凝固体积大于原体积的一半，即可判定为阳性结果。同时以血浆凝固酶试验阳性和阴性葡萄球菌菌株的肉汤培养物作为对照。也可用商品化的试剂，按说明书操作，进行血浆凝固酶试验。

结果如可疑，挑取营养琼脂小斜面的菌落到 5mL BHI，36℃±1℃培养 18h～48h，重复试验。

（4）葡萄球菌肠毒素的检验

可疑食物中毒样品或产生葡萄球菌肠毒素的金黄色葡萄球菌菌株的鉴定，可按 GB 4789.10—2010 附录 B 检测葡萄球菌肠毒素。

2. 第二法：金黄色葡萄球菌 Baird—Parker 平板计数

（1）样品的稀释：

1）固体和半固体样品：称取 25g 样品至盛有 225mL 磷酸盐缓冲液或生理盐水的无菌均质杯内，8000r/min～10000 r/min 均质 1 min～2 min，或置盛有 225mL 稀释液的无菌均质袋中，用拍击式均质器拍打 1min～2 min，制成 1：10 的样品匀液。

2）液体样品：以无菌吸管吸取 25mL 样品置盛有 225mL 磷酸盐缓冲液或生理盐水的无菌锥形瓶（瓶内预置适当数量的无菌玻璃珠）中，充分混匀，制成 1：10 的样品匀液。

3）用 1mL 无菌吸管或微量移液器吸取 1：10 样品匀液 1mL，沿管壁缓慢注于盛有 9mL 稀释液的无菌试管中（注意吸管或吸头尖端不要触及稀释液面），振摇试管或换用 1 支 1mL 无菌吸管反复吹打使其混合均匀，制成 1：100 的样品匀液。

4）按上述操作程序，制备 10 倍系列稀释样品匀液。每递增稀释 1 次，换用 1 次 1mL 无菌吸管或吸头。

（2）样品的接种

根据对样品污染状况的估计，选择 2 个～3 个适宜稀释度的样品匀液（液体样品可包括原液），在进行 10 倍递增稀释时，每个稀释液分别吸取 0.3mL、0.3mL、0.4mL 样品匀液加入到 3 块 Baird—Parker 平板，然后用无菌 L 棒涂布整个平板，注意不要触及平板边缘。使用前，如 Baird—Parker 平板表面有水珠，可放在 25℃～50℃ 的培养箱里干燥，直到平板表面的水珠消失。

（3）培养：

在通常情况下，涂布后，将平板静置 10min，如样液不易吸收，可将平板放在培养箱 36℃±1℃ 培养 1h；等样品匀液吸收后翻转平皿，倒置于培养箱，36℃±1℃ 培养，45h～48h。

（4）典型菌落计数和确认

1）金黄色葡萄球菌在 Baird—Parker 平板上，菌落直径为 2mm～3mm，颜色呈灰色到黑色，边缘为淡色，周围为一混浊带，在其外层有一透明圈。用接种针接触菌落有似奶油至树胶样的硬度，偶然会遇到非脂肪溶解的类似菌落；但无混浊带及透明圈。长期保存的冷冻或干燥食品中所分离的菌落比典型菌落所产生的黑色较淡些，外观可能粗糙并干燥。

2）选择有典型的金黄色葡萄球菌菌落的平板，且同一稀释度 3 个平板所有菌落数合计在 20CFU～200CFU 之间的平板，计数典型菌落数。如果：

①如果只有一个稀释度平板的菌落数在 20CFU～200CFU 之间且有典型菌落，计数该稀释度平板上的典型菌落；

②最低稀释度平板的菌落数小于 20CFU 且有典型菌落，计数该稀释度平板上的典型菌落；

③某一稀释度平板的菌落数大于 200CFU 且有典型菌落，但下一稀释度平板上没有典型菌落，应计数该稀释度平板上的典型菌落；

④某一稀释度平板的菌落数大于 200CFU 且有典型菌落，且下一稀释度平板上有典型菌落，但其平板上的菌落数不在 20CFU～200CFU 之间，应计数该稀释度平板上的典型菌落；

以上按式 7－7－2 计算。

⑤两个连续稀释度的平板菌落数均在 20CFU～200CFU 之间，按式 7－7－3 计算。

3）从典型菌落中任选 5 个菌落（小于 5 个全选），分别按第一法进行血浆凝固酶试验。

3. 第三法：金黄色葡萄球菌 MPN 计数

（1）样品的稀释

同第二法金黄色葡萄球菌 Baird-Parker 平板计数稀释步骤。

（2）接种和培养

1）根据对样品污染状况的估计，选择 3 个适宜稀释度的样品匀液（液体样品可包括原液），在进行 10 倍递增稀释时，每个稀释度分别吸取 1mL 样品匀液接种到 10％氯化钠胰酪胨大豆肉汤管，每个稀释度接种 3 管，将上述接种物于 36℃±1℃培养 45h～48h。

2）用接种环从有细菌生长的各管中，移取 1 环，分别接种 Baird—Parker 平板，36℃±1℃培养 45h～48h。

（3）典型菌落确认

1）典型菌落的特征见第二法金黄色葡萄球菌 Baird—Parker 平板计数法的典型菌落特征。

2）从典型菌落中至少挑取 1 个菌落接种到 BHI 肉汤和营养琼脂斜面，36℃±1℃培养 18h～24h。进行血浆凝固酶试验，血浆凝固酶试验操作步骤同第一法。

4. 注意事项

（1）方法一是定性的方法，适用于所有食品中金黄色葡萄球菌的定性检验；方法二适用于金黄色葡萄球菌含量较高的食品中金黄色葡萄球菌的计数；方法三适用于可能含有少量金黄色葡萄球菌，却带有大量竞争菌的样品中金黄色葡萄球菌的计数。

（2）在添加亚碲酸钾卵黄增菌液时，温度的掌握，不宜太高，过高易使卵黄变性，也不应太低，太低琼脂易凝固。

（3）在使用 Baird-Parker 培养基时，不要使用在冰箱保存已经超过 48h 的平板，除非在使用前另加丙酮酸钠。经试验证明，超过 48h 的平板会降低其选择性，其机理可能与丙酮酸钠选择兼性厌氧菌有关，但也可以在使用前另加丙酮酸钠，因为丙酮酸钠很容易扩散到培养基中。

（4）金黄色葡萄球菌除了血浆凝固酶试验以外，还可以使用其他一些辅助生化试验来加以确认。

1）过氧化氢酶试验：刮取菌苔，置于玻片或平皿上，滴加 3％过氧化氢溶液（需现配现用）1 滴，30s 内发生气泡为阳性，无气泡为阴性，金黄色葡萄球菌过氧化氢酶试验呈阳性。

2）葡萄糖和甘露醇厌氧培养：含 0.5％葡萄糖和甘露醇发酵培养基，接种培养物于管底，在培养基上层滴加灭菌石蜡约 2mm～3mm，36℃±1℃培养 5d，如果产酸变黄为阳性，金黄色葡萄球菌葡萄糖和甘露醇厌氧培养试验呈阳性。

3）溶葡萄球菌素敏感试验：刮取接种在营养琼脂斜面或平板上的菌落，混悬于0.2mL的磷酸盐缓冲液中，制成乳剂，吸取0.1mL置于另一灭菌试管，加入0.1mL磷酸盐缓冲液，作为阴性对照，另一0.1mL内加入用0.2MPBS（含1%氯化钠）稀释的含25μg/mL溶葡萄球菌素0.1mL，两管都置于35℃培养不超过2h，如果在试管中由浑浊变清，则为阳性，不变清则为阴性，金黄色葡萄球菌通常呈阳性。

4）耐热核酸酶试验：将核酸酶琼脂溶化后，吸取2.5mL～3mL，加在载玻片上，凝固后，用直径2mm的打孔器打孔，将琼脂取出，将待检菌的肉浸液肉汤培养24h后，在沸水中煮沸15min，吸取该液约0.01mL，滴在孔内，置于加有湿棉球的湿盒内，在35℃培养4h，在孔周围有1mm粉红圈为阳性，金黄色葡萄球菌耐热核酸酶试验呈阳性。

（四）检验结果计算与数字修约、原始记录

1. 第一法的结果报告：在25g（mL）样品中检出或未检出金黄色葡萄球菌。

2. 第二法的结果计算与报告：

式7－7－2：

$$T=\frac{AB}{Cd} \qquad (7-7-2)$$

式中：T——样品中金黄色葡萄球菌菌落数；

A——某一稀释度典型菌落的总数；

B——某一稀释度血浆凝固酶阳性的菌落数；

C——某一稀释度用于血浆凝固酶试验的菌落数；

d——稀释因子。

式7－7－3：

$$T=\frac{A_1B_1/C_1+A_2B_2/C_2}{1.1d} \qquad (7-7-3)$$

式中：T——样品中金黄色葡萄球菌菌落数；

A_1——第一稀释度（低稀释倍数）典型菌落的总数；

B_1——第一稀释度（低稀释倍数）血浆凝固酶阳性的菌落数；

C_1——第一稀释度（低稀释倍数）用于血浆凝固酶试验的菌落数；

A_2——第二稀释度（高稀释倍数）典型菌落的总数；

B_2——第二稀释度（高稀释倍数）血浆凝固酶阳性的菌落数；

C_2——第二稀释度（高稀释倍数）用于血浆凝固酶试验的菌落数；

1.1——计算系数；

d——稀释因子（第一稀释度）。

根据Baird-Parker平板上金黄色葡萄球菌的典型菌落数，按式7－7－2或7－7－3计算，报告每克（毫升）样品中金黄色葡萄球菌数，以CFU/g（mL）表示；如T值为0，则以小于1乘以最低稀释倍数报告。

3. 第三法的结果计算与报告：

计算血浆凝固酶试验阳性菌落对应的管数，查表7－7－9，报告每克（毫升）样品中金黄色葡萄球菌的最可能数，以MPN/g（mL）表示。

表 7－7－9　金黄色葡萄球菌最可能数（MPN）检索表

阳性管数			MPN	95％可信限		阳性管数			MPN	95％可信限	
0.10	0.01	0.001		下限	上限	0.10	0.01	0.001		下限	上限
0	0	0	<3.0	—	9.5	2	2	0	21	4.5	42
0	0	1	3.0	0.15	9.6	2	2	1	28	8.7	94
0	1	0	3.0	0.15	11	2	2	2	35	8.7	94
0	1	1	6.1	1.2	18	2	3	0	29	8.7	94
0	2	0	6.2	1.2	18	2	3	1	36	8.7	94
0	3	0	9.4	3.6	38	3	0	0	23	4.6	94
1	0	0	3.6	0.17	18	3	0	1	38	8.7	110
1	0	1	7.2	1.3	18	3	0	2	64	17	180
1	0	2	11	3.6	38	3	1	0	43	9	180
1	1	0	7.4	1.3	20	3	1	1	75	17	200
1	1	1	11	3.6	38	3	1	2	120	37	420
1	2	0	11	3.6	42	3	1	3	160	40	420
1	2	1	15	4.5	42	3	2	0	93	18	420
1	3	0	16	4.5	42	3	2	1	150	37	420
2	0	0	9.2	1.4	38	3	2	2	210	40	430
2	0	1	14	3.6	42	3	2	3	290	90	1000
2	0	2	20	4.5	42	3	3	0	240	42	1000
2	1	0	15	3.7	42	3	3	1	460	90	2000
2	1	1	20	4.5	42	3	3	2	1100	180	4100
2	1	2	27	8.7	94	3	3	3	>1100	420	—

注1：本表采用3个稀释度 [0.1g（mL）、0.01g（mL）和0.001g（mL）]，每个稀释度接种3管。

注2：表内所列检样量如改用1g（mL）、0.1g（mL）和0.01g（mL）时，表内数字应相应降低10倍；如改用0.01g（mL）、0.001g（mL）和0.0001g（mL）时，表内数字应相应增高10倍，其余类推。

4. 原始记录

检验原始记录应详细记录样品名称、样品型号规格、生产批次、检验日期、所使用的培养基名称和配制日期、培养箱的编号及培养温度和时间，详细记录检验过程中的菌落形态、染色镜检、生化血清反应结果，原始记录上需有检验人员和校核人员的签名，记录如有更改则用双划线划改并签名，一页原始记录上划改处最好不要超过3处。

（五）检验后归位、整理、清理及污物处理

检验完毕后，应及时清理检验现场和检验用具，染菌的用具如移液管或一次性接种环等需经121℃ 20min 高压灭菌后方可做进一步处理。无菌室工作台面、地面和生物安全柜工作区还需用含有效氯 500mg/L～1000mg/L 的消毒液擦拭；定期更换水浴锅内的去离子水；检验过程中所使用的培养基和生化反应管均需经 121℃ 20min 高压灭菌后方可处理。

（六）编制检验报告及判定

按检验项目完成各类检验后，检验报告编制人员应及时根据原始记录填写检验报告，根据各项目的指标要求对检验结果的符合性进行判定，签名后送主管人员核实签名，并加盖单位检验专用章，以示生效。

参考文献

［1］翟滨，王岩．基础化学实验〔M〕．北京：化学工业出版社，2010.

［2］刘珍．化验员读本．化学分析（第四版）〔M〕．北京：化学工业出版社，2005.

［3］李楚芝，王桂芝．分析化学实验（第三版）〔M〕．北京：化学工业出版社，2012.

［4］袁存光，祝优珍，田晶，唐意红．现代仪器分析〔M〕．北京：化学工业出版社，2012.

［5］钱晓荣，郁桂云．仪器分析实验教程〔M〕．上海：华东理工大学出版社，2009.

［6］呼小洲，程小红，夏德强．实验室标准化与质量管理〔M〕．北京：中国石化出版社，2013.

［7］黄晓风．饮料及冷冻饮品质量检验〔M〕．北京：中国计量出版社，2006.

［8］何晋浙．食品分析综合实验指导〔M〕．北京：科技出版社，2014.